SAP HANA 入門

owered by
BM Power Systems

AP HANA on Power Systems
版チーム［著］

はじめに

SAP HANA 2がリリースされ、日本国内では初めての解説書である本書を出版する運びとなりました。

SAP HANAの活用が積極的に検討されている現在、多くの方にSAP HANAを理解していただくために、基本的な技術情報をわかりやすくまとめたものが必要との認識から本書は執筆されました。

本書には、SAP HANAに関する情報を必要とする方が、最初に知っておくべき情報がまとめられています。また、SAP HANAのパフォーマンスを最大限に引き出すために必要不可欠な、ハードウェアプラットフォームとしての情報を、IBMの協力で執筆しています。

本書の構成は以下のようになっています。

第1章：SAP HANAプラットフォームとしての全体の機能説明。

第2章：SAP HANAとIBM Power Systemsの組み合わせによる特徴の説明。

第3章：インメモリーデータベースとしてのアーキテクチャの説明。コアとなる仕組みや機能を概観することができます。

第4章：実際の開発運用の基礎であるテナントデータベースの作成から各種データベースオブジェクトの作成について説明。SAP HANAの特徴の1つであるインフォメーションビューの作成方法についても触れてあります。

第5章：PC上で動作する、SAP HANA, express editionの紹介。入手方法やセットアップの方法を説明しています。

章の終わりに補足として、本書の内容を補完する情報や読後に有用となるオンライン情報を掲載しています。

読者の皆様がSAP HANAに興味を持たれ理解したいと思われた時や、実際に機能を体験したいと思い立った時に、本書が皆様にとって十分役立つものであることを祈念してやみません。

最後に本書の執筆にご尽力いただいた、ベンチュリーコンサルティング株式会社にお礼を申し上げます。

2017年9月

SAP HANA on Power Systems出版チーム

製品のバージョンについて

特段のことわりがない場合、SAP HANAのインストール、操作などは以下のバージョンで行なっています。

SAP HANA 2.0 SPS01

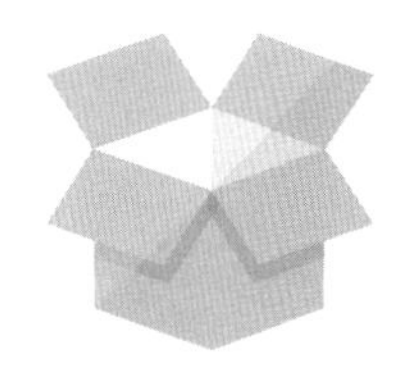

◎――目次

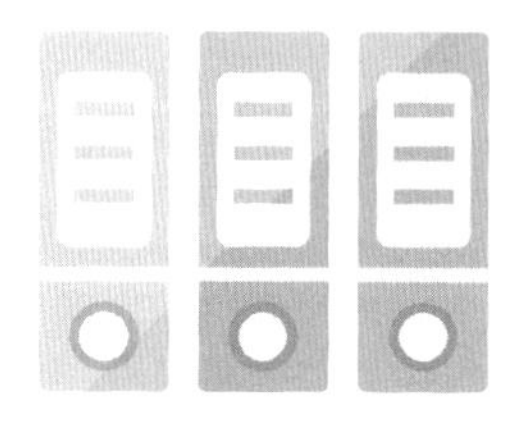

1

SAP HANA
アーキテクチャ概要

1-1 SAP HANA プラットフォーム
1-2 アプリケーションサービス
1-3 SAP HANA の各種エンジン
1-4 インテグレーションサービス
1-5 SAP HANA デリバリーモデル

1-1 SAP HANA プラットフォーム

SAP HANA と聞くと「インメモリー」「カラムストア」「分析専用データベース」といった少し古いイメージを持っている読者も多いかもしれません。しかし、現在のSAP HANA は、データベースとしての機能強化のみならず、「アプリケーションサービス」「プロセッシングサービス」「インテグレーションサービス」といったデータ管理、アプリケーション開発に必要なサービスを包含するプラットフォームとして進化を続けています。

ここでは、本書の主題である SAP HANA のデータベースサービスの話をする前に、SAP HANA プラットフォームが持つデータベース以外のサービスについて簡単に触れておきます。

SAP HANA Platform

アプリケーションサービス
Web サーバ
JavaScript
Fiori UX
グラフィック モデラー
アプリケーション ライフサイクル管理

プロセッシングサービス
空間情報
グラフ
予測
検索
テキスト 分析
ストリーム 分析
系列 データ
ビジネス 関数

インテグレーションサービス
データ仮想化
ELT & レプリケーション
データ 品質
Hadoop & Spark 統合
データ 同期

データベースサービス
カラム型 OLTP+OLAP
マルチコア & 並列処理
高度な 圧縮
マルチテナント
マルチティア ストレージ
データ モデリング
オープン スタンダード
管理 & セキュリティ
HA & DR

図 1-1. SAP HANA プラットフォーム

1-2 アプリケーションサービス

アプリケーションサービスでは、Cloud Foundry をベースとしたアプリケーションの開発、実行環境を提供しています。

Cloud Foundry に準拠することで、オンプレミスの SAP HANA、クラウド上の SAP HANA（Cloud Foundry に準拠していれば SAP HANA 上である必要はありません）の間で、簡単にアプリケーションをデプロイすることが可能になります。

1-2-1. SAP HANA extended application services（XS）

SAP HANA extended application services は、大量のデータを効率的に処理する Web ベースのアプリケーションを構築するのに役立つ SAP HANA プラットフォームのための Web-

Application サーバです。SAP HANA extended application services は、アプリケーションサーバとしてのスケーラビリティを確保するため、データベースサーバとしての SAP HANA とは独立してインストールすることが可能です。また、実行環境として、Java、JavaScript、Node.js、JSON、Open Data Protocol（OData)、および C++ を含む複数のプログラミング言語をサポートしており、マイクロサービスアーキテクチャに基づいたアプリケーションを構築するのに最適です。SAP HANA では、アプリケーション開発のために Git、GitHub、Apache Maven などの様々な管理ツールを使用することができます。

1-2-2. アプリケーション開発ツール

SAP HANA を使用してアプリケーションを開発するために、Web ベース開発ツールを使用できます。SAP Web IDE for SAP HANA は、データモデリング、アプリケーション開発、データベース管理、およびセキュリティ管理のための Web ベースの開発環境です。この SAP Web IDE for SAP HANA も SAP HANA extended application services 上で動作するアプリケーションとなっています。

1-2-3. プロセッシングサービス

プロセッシングサービスでは、インメモリーデータベース上に展開されている膨大なデータを処理するために SQL 以外の様々な手法を提供します。提供されているプロセッシングサービスによる各種エンジンには以下があります。

- **地理空間処理エンジン（Geo Spatial Engine）**
- **テキスト分析エンジン（Text Search/Analysis/Mining Engine）**
- **グラフエンジン（Graph Engine）**
- **時系列エンジン（Time Series Engine）**
- **ストリーム分析エンジン（SAP HANA streaming analytics）**
- **予測分析ライブラリ（Predictive Analysis Library, R Integration）**

これらの各種エンジンおよびライブラリにより、SAP HANA のデータベースで実現可能な OLTP（OnLine Transaction Processing）と OLAP（OnLine Analytical Processing）の融合だけにとどまらず、従来のリレーショナルデータモデルと、リレーショナルデータモデルでは表現できない様々なデータモデルを融合することが可能になります。また、異なる処理エンジン（データベース）間で発生するデータの物理的な移動も発生しないため、真のリアルタイム処理を実現することができます。

1-3 SAP HANAの各種エンジン

1-3-1. 地理空間処理エンジン（Geo Spatial Engine）

SAP HANAは、空間データおよび空間関数をネイティブにサポートしています。空間データの処理で、OGC（Open Geospatial Consortium）、ISO SQL/MM（International Standards Organization rules for multi-media）、およびGeoJSON（Geospatial JavaScript Open Notation）などのオープンスタンダードに準拠することで、サードパーティーの空間ソリューションと連携して、企業全体で空間データをサポートするアプリケーションを開発することができます。SAP HANAには、ロケーションを認識するビジネスアプリケーションの開発を促進するためにベースとなる地図情報も含まれています。

1-3-2. テキスト分析エンジン（Text Search/Analysis/Mining Engine）

SAP HANAのテキスト分析には、セグメンテーション、ステミング、タギング、センチメント分析などの高度な自然言語処理およびエンティティ抽出機能が含まれています。また、いわゆるトリプル（主語、動詞、および目的語）を抽出します。これらの機能は、構造化されていないデータから意味を抽出し、分析のための構造化データに変換するのに役立ちます。SAP HANAは文書マイニングアルゴリズムをサポートし、関連するキーワードを文書の本体に埋め込みます。さらに、SQLを使用して、Adobe PDF、HTML、RTF、MSG、Microsoft Officeドキュメント、フラットテキストファイルなどの複数のカラムやバイナリファイルに対して、すばやくテキスト検索機能を提供できます。また、フルテキスト検索と拡張ファジー検索の両方を32言語で実行できます。

1-3-3. グラフエンジン（Graph Engine）

SAP HANAは、プロパティグラフと呼ばれる動的なデータモデルを使用して、高度に接続されたネットワークデータを保存、処理できます。グラフデータの保存と参照は、SQLとopenCypherプロジェクトのCypherクエリー言語をサポートしています。SAP HANAのグラフエンジンでは、データを別のグラフ専用データベースにコピーや複製したりせずに、完全なトランザクション一貫性を提供します。さらにグラフエンジンには、グラフデータ内の関係をリアルタイムで分析するために､ネイティブなグラフアルゴリズムを提供しています。また、テキスト分析、予測、および地理空間などのSAP HANAが持つ他のプロセッシングエンジンとグラフデータ処理を組み合わせることもできます。SAP HANAの一部として提供されているグラフビューアーは、グラフデータを視覚化して探索するのに役立ちます。

1-3-4. 時系列エンジン（Time Series Engine）

IoT（Internet of Things）などセンサーからのデータは、タイムスタンプと複数の値といった時系列データの形式で生成されます。SAP HANAは、時系列データおよび他の種類の系列データを効率的に処理して、一定期間の傾向を発見します。価格変動、季節変動、機械効率、エネルギー消費、ネットワークフローなど一定期間の時系列データを監視することで、競争力のあるアドバイスに活用できるパターンを発見することができます。

1-3-5. ストリーム分析エンジン（SAP HANA streaming analytics）

SAP HANAプラットフォームのスケーラブルなSAP HANA streaming analyticsを使用して多数のソースからのイベントストリームをリアルタイムでキャプチャーして処理することができます。SAP HANAはストリームをリアルタイムに分析するためにSQLライクな処理言語をサポートしています。スケーラビリティを向上させるために、SAP HANAにデータが到着する前段階でストリームを分析、フィルターできる別コンポーネント（Streaming Lite）をSAP HANAと一緒に使用することも可能です。

1-3-6. 予測分析ライブラリ（Predictive Analysis Library, R Integration)）

SAP HANAによる予測分析には、エキスパートモードと自動化モードの両方に対応するネイティブの高性能予測アルゴリズムが含まれています。さらに、Rサーバとの統合により、SAP HANA上でオープンソースのRスクリプトを実行することができます。いくつかの予測アルゴリズムは､ストリーミング､空間､および時系列データで実行できます。トランザクションデータ全体で予測分析を実行できるため、成果を予測し、ビジネスプロセスの再調整を支援する最新のアプリケーションを開発することができます。

また、SAP HANA 2.0 SPS02のEML (External Machine Leaning)により外部の機械学

習 ライブラリを利用することがサポートされています。現在、EML ではオープンソースの TensorFlow が利用可能です。

1-4 インテグレーションサービス

SAP HANA 自体が、優れたデータ管理のプラットフォームであっても、多くの企業では、既存の多種多様なアプリケーションが存在し、それに合わせてデータベースも複数存在することは珍しくありません。そのような複雑なシステム構成の中、既存のアプリケーション資産やデータ資産を最大限に保護しつつ、SAP HANA によるデータ統合を支援するサービスがインテグレーションサービスです。

1-4-1. SAP HANA smart data integration & SAP HANA smart data quality

SAP HANA smart data integration では、全てのデータ統合シナリオを処理する包括的な機能をサポートしています。これには、トランザクションログ、トリガーベースのリアルタイムデータレプリケーション、ETL（Extract-Transform-Load）による、バルクロード、データ変換、クレンジングサービス、データ集約サービスなどがあります。ETL に対応するデータソースアダプターは、複数のデータベース、クラウド・ソース、および Apache Hadoop からデータをロードするために使用でき、独自のデータソースアダプターを開発するためのソフトウェア開発キットも用意されています。さらに、SAP Agile Data Preparation を使用して、組織にセルフサービス型のデータ準備機能を提供できます。これにより、ユーザーはデータの発見・整形方法をシンプル化できるようになります。

また、SAP HANA smart data quality を利用して、意思決定者に正確で信頼できるデータを提供できるようになります。SAP HANA で全てのドメインとソースデータに関わるデータの品質を管理し、データをクレンジングできます。名前、役職、電話番号、電子メールなどのエンティティを標準化、検証、照合し、精度を高めることができます。

1-4-2 SAP HANA remote data sync

SAP HANA remote data sync を使用すると、IoT などのエッジプロセッシングに最適な、センサーおよびエッジに搭載される軽量データベース（SAP SQL Anywhere）と SAP HANA との双方向によるデータ同期処理をサポートできます。これにより、ネットワーク帯域に問題がある環境や、ネットワーク接続の品質が不安定な遠隔地でエンタープライズデータを利用できるようになります。さらに、SAP HANA remote data sync を使うことで、遠隔地のデバイスを監視するためにリモートデータを収集して分析することができるようになります。

1-5 SAP HANA デリバリーモデル

1-5.1. デリバリーモデル

SAP HANA は、リリース当初からアプライアンスモデルとして提供されています。読者の中には、「SAP HANA = アプライアンス製品」という認識を持つ方もいるでしょう。しかしながら、SAP は、2013 年から SAP HANA tailored datacenter integration（SAP HANA TDI）というアプライアンスモデルとは別のデリバリーモデルも導入しています。ここでは、アプライアンスモデルと SAP HANA TDI モデルについてみていきます。

1-5-2. アプライアンス

SAP HANA のアプライアンスモデルは、あらかじめ組み上げられた SAP HANA をアプライアンスとして提供します。このアプライアンスは、10 社を超える SAP のハードウェアパートナーによって提供される認定済ハードウェアに SAP HANA のソフトウェアをあらかじめインストール、設定した状態で提供されるものです。

このアプライアンスモデルというアプローチにより、SAP HANA のパフォーマンスを最適に設計されたハードウェアが提供されます。また、ハードウェア、OS、および SAP HANA のソフトウェアに関して SAP からのフルサポートを受けることができます。一方で、既存のハードウェア資産を活用できないなど、ハードウェア選択の柔軟性は少ないという特徴があります。SAP HANA のアプライアンスモデルの特徴を次表に示します。

	アプライアンスモデル
ハードウェアの選択	少ない柔軟性 ・複数のベンダーのアプライアンスから選択可能 ・ユーザーのデータセンターで使用中のハードウェアの再利用は不可（ストレージやスイッチなど）
インストール作業と設定	少ないユーザー側での作業 ・事前設定されたハードウェアと事前インストールされたソフトウェア
構成のバリデーション	SAP とハードウェアパートナーにより実施
サポート	SAP により完全なサポートを提供
OS のサポート	アプライアンスベンダーは OS ベンダーのサポートのリセラーとなっている

表 1-1 SAP HANA のアプライアンスモデルの特徴

1-5-3. SAP HANA tailored datacenter integration (SAP HANA TDI)

SAP は 2013 年に、SAP HANA を利用する選択肢を広げるために、アプライアンスモデルの代替となるデリバリーモデルを導入しました。このモデルを利用することで既存のハードウェアと運用プロセスを活用して独自の SAP HANA の環境を構築できるようになります。このデリバリーモデルを SAP HANA tailored datacenter integration（SAP HANA TDI）と呼びます。

アプライアンスモデルと比較して、SAP HANA TDI はサーバ（CPU、メモリー）、ネットワーク、ストレージといったハードウェア機器選択に柔軟性があがります。一方で、ハードウェア機器ごとにハードウェアベンダーとのサポート契約が必要であったり、ユーザー側でインストール、設定作業が必要であったりします。SAP HANA TDI モデルの特徴を次表に示します。

	SAP HANA TDI モデル
ハードウェアの選択	IT 予算と既存の IT 投資の保護 ・認定された様々なストレージを使用可能 ・任意のネットワーク機器を使用可能 ・コンピュートサーバのチップは選択可能（Intel Xeon E5, E7 CPU, IBM POWER 8 CPU）
インストール作業と設定	ハードウェアのみの提供 ・OS を含めユーザーによるインストール作業が必要 ・広範囲にわたるドキュメントの利用が可能（ガイド、SAP ノート）
構成のバリデーション	SAP による SAP HANA Going-Live チェック ・本番環境での利用に問題ないかをチェックするサービス ユーザー自身によるインフラストラクチャのテストは可能 ・SAP HANA HW Configuration Check Tool（SAP HANA HWCCT）を提供
サポート	ハードウェア機器ごとに各ハードウェアベンダーとサポート契約が必要
OS のサポート	ユーザー自身で OS ベンダーとのサポート契約が必要

表 1-2.　SAP HANA TDI モデルの特徴

※SAP は2013年から順次、SAP HANA TDI のフェーズによる段階的な導入を行ってきています。

● SAP HANA TDI フェーズ 1：エンタープライズストレージ

2013 年にまず SAP HANA TDI フェーズ 1 として、既存のストレージを SAP HANA に活用できるようにしました。現在、多くの主要なストレージベンダーの製品が利用できるようになっています。既存のストレージを利用するためには、以下の 3 つの条件を満たす必要があります。

① SAP HANA サーバに認定されたハードウェアを使用すること

SAP HANA アプライアンスとして認定されているサーバを利用する必要があります。

②認定されたストレージを使用すること

データのスループットとレイテンシー要件を満たす必要があります。この要件を満たしているかをチェックするツールとして、SAP HANA Hardware Configuration Check Tool（SAP HANA HWCCT）というツールが提供されています。

③認定エンジニアによって SAP HANA ソフトウェアがインストールされること

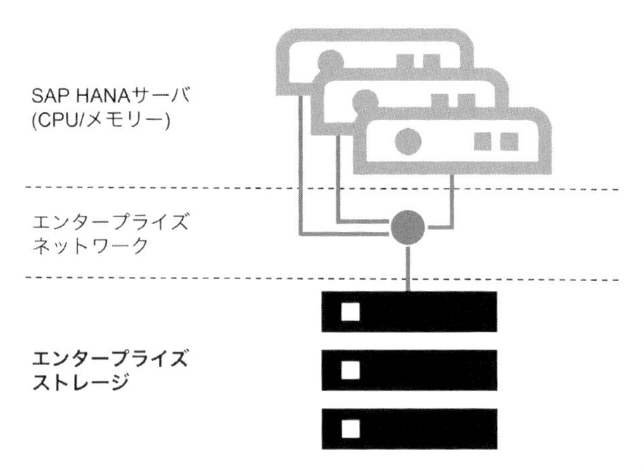

図 1-2. SAP HANA TDI フェーズ 1（エンタープライズストレージ）

●SAP HANA TDI フェーズ 2: エンタープライズネットワーク

2014年には、SAP HANA TDI フェーズ2として、SAP HANA のネットワークに関する必要条件、リファレンスアーキテクチャ、ベストプラクティスを定義しました。これにより、SAP HANA クラスター内のインターノードやサイト間の通信のためのルータ、ブリッジ、スイッチなどのネットワーク環境やネットワーク機器に既存の環境を活用することができるようになりました。SAP は、以下の3つの条件に従うハードウェア構成をサポートします。ちなみに、SAP HANA TDI 構成におけるネットワーク機器に関するハードウェアの認定はありません。

① SAP HANA サーバに認定されたハードウェアを使用すること

エンタープライズストレージの場合と同様、SAP HANA アプライアンスとして認定されているサーバを使用する必要があります。

②マルチノード環境の場合、ノード間の帯域をチェックすること

SAP HANA をスケールアウト構成で利用する場合、インターノードネットワークは最低限の帯域幅（10GbE）が確保されていることが推奨されています。

③認定エンジニアによって SAP HANA ソフトウェアがインストールされること

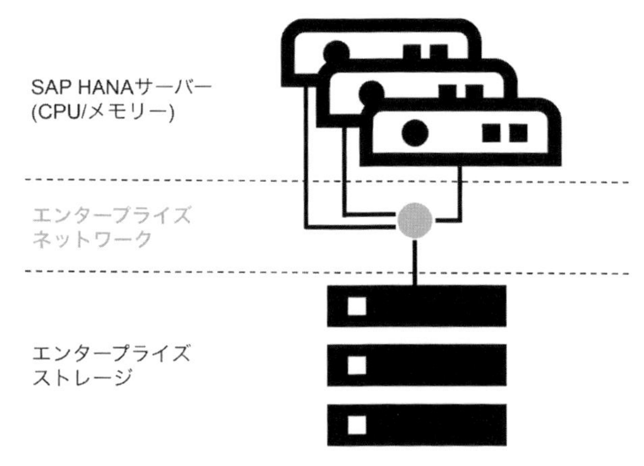

図 1-3.　SAP HANA TDI フェーズ２（エンタープライズネットワーク）

●SAP HANA TDI フェーズ３: エンタープライズサーバ

さらに、2014 年にリリースされた SAP HANA 1.0 SPS09 からは、SAP HANA TDI フェーズ 3 として、Intel の Xeon E5（E5-26xx v2/v3/v4）ファミリーの CPU を本番環境で利用することがサポートされました。これにより、SAP HANA を導入する際のハードウェアコストにシビアなユーザーに柔軟に対応できるようになりました。ただし、Intel Xeon E5 CPU を使用する場合、以下の制限があるので注意が必要です。

①2 ソケットサーバ（8 コア /CPU）をサポート（4 ソケットサーバは未サポート）
②メモリー 128GB から 1.5TB までのシングルサーバをサポート（マルチノードは未サポート）
③認定エンジニアによって SAP HANA ソフトウェアがインストールされること

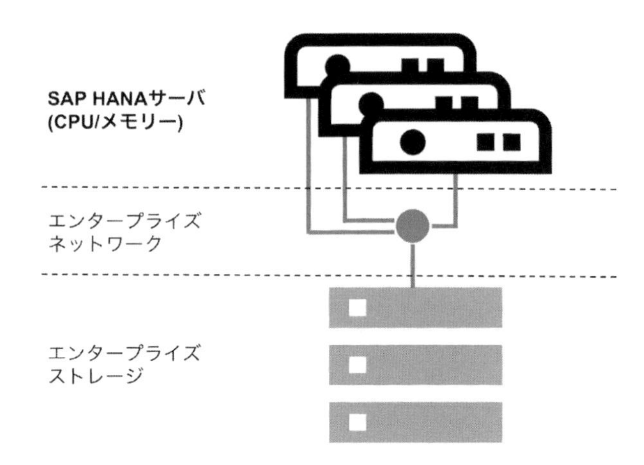

図 1-4.　SAP HANA TDI フェーズ３（エンタープライズサーバ）

● SAP HANA TDI フェーズ 4: IBM Power Systems

また、同じく SAP HANA 1.0 SPS09 においては、従来、Intel ベースのサーバでのみ稼働していた SAP HANA を IBM Power Systems 上で、Intel ベースと同一機能で稼働させることが可能になりました。SAP HANA を IBM Power Systems 上で稼働させるためには、以下の条件を満たす必要があります。

①認定されたストレージを使用すること

ディスク I/O のスループットとレイテンシー要件を満たす必要があります。

② SAP が提供するネットワーク環境のベストプラクティスに従うこと

SAP HANA Network Requirement（http://scn.sap.com/docs/DOC-63221）に記述されているベストプラクティスおよび推奨に従う必要があります。

③認定エンジニアによって SAP HANA ソフトウェアがインストールされること

IBM Power Systems 上で稼働する SAP HANA（SAP HANA on IBM Power Systems）の特徴については、次章で詳しく説明します。

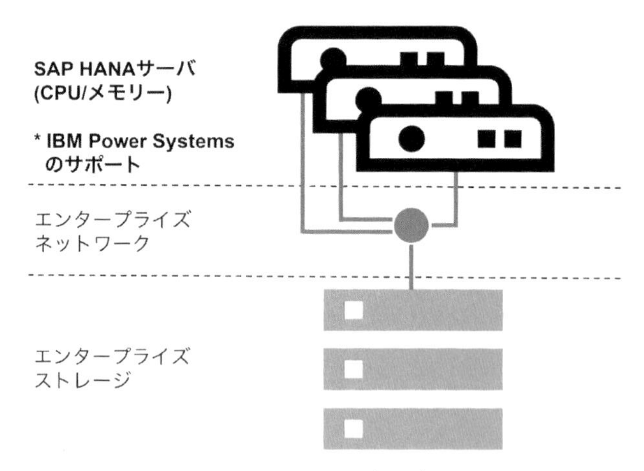

図 1-5. SAP HANA TDI フェーズ 4（IBM Power Systems）

2

SAP HANA on IBM Power Systems

2-1 SAP HANA に最適化された IBM Power Systems
2-2 ユースケース
2-3 IBM Power Systems の機能と特徴

2-1 SAP HANAに最適化されたIBM Power Systems

SAP HANAの価値を最大限に引き出すためには、最適なサーバ・インフラを選択することが重要です。そもそものSAP HANA導入の目的である、超高速インメモリー・データベース構築のためには、その計算処理においてCPU-メモリー間の通信帯域の広さが重要です。また基幹システムとして活用するためには、堅牢で高い信頼性を持つプラットフォームであることが求められます。

SAPはその実現のためにIBMに技術協力を要請し、それに対しIBMは、SAP HANAのデータベース開発に唯一の社外ITベンダーとして参加するとともに、Power Systemsを「データ・セントリック・コンピューティング」プラットフォームとして再定義し、SAP HANAに代表されるインメモリー・データベースを最高性能で稼働できるよう、POWERプロセッサを始めとするサーバ・アーキテクチャを一新しました。

このIBM Power Systemsは、ユーザーごとのインフラ・ニーズに合わせた最適な機器構成が全てサポートされるよう、SAPとIBM共同でのSAP HANAの稼働検証作業を完了しています。つまり、アプライアンス型の提供と異なり、ユーザーが必要とするCPU・メモリー資源をジャストサイズで構成したサーバ機器を導入することができる唯一のプラットフォームなのです。

また、運用フェーズにおいて、SAP HANAユーザーの高い評価を得ている、優れた柔軟性を持っています。

具体的には、仮想化環境でもベアメタル環境と変わらず性能劣化のない仮想化機能（PowerVM：パワーヴイエム、IBM Power Systemsの仮想化技術の総称）を活用して、SAP HANA DB用やその他のアプリケーションのための仮想化区画を作成して、一台のサーバが持つパフォーマンスをフル活用できる唯一のプラットフォームです。

SAPとIBMは、もともとPowerVMでの稼働を前提としてSAP HANAの技術検証をしていますので、ユーザーはPower Systemsの仮想化機能のメリットを最大限に享受できます。さらに、アプライアンス製品とは異なり、その構成も導入後の要件の変化に応じて柔軟に変更可能です。

次表にアプライアンス製品との主な差異を紹介します。

<table>
<tr><th>SAP HANA 構成</th><th>アプライアンス</th><th>IBM Power Systems</th></tr>
<tr><td rowspan="2">CPU コア数</td><td>メモリー容量に応じて固定数</td><td rowspan="4">SAP と IBM で事前に検証済みの構成ガイドラインに基づき、ユーザーが必要な SAP HANA 用メモリー容量での構成が可能</td></tr>
<tr><td>増減不可</td></tr>
<tr><td rowspan="2">メモリー容量</td><td>256GB/512GB/1TB/ ～等で固定</td></tr>
<tr><td>端数不可</td></tr>
<tr><td>ネットワーク構成</td><td>アダプター数、ポート数等固定
構成変更不可</td><td rowspan="3">ユーザーのニーズに基づいた構成が可能
SAP と IBM の事前検証は、全て仮想化 (PowerVM) 前提で実施済み</td></tr>
<tr><td>ストレージ構成</td><td>個数、RAID 構成、アダプター数、
ポート数等固定 (*)
構成変更不可
(*) サーバ機器の内蔵ストレージ構成の場合を想定</td></tr>
<tr><td>仮想化</td><td>個別認定
制約が多い</td></tr>
</table>

表 2.1. サーバ機器構成からみたアプライアンスと IBM Power Systems の違い

SAP HANA を稼動させるプラットフォームには、一般的にその処理性能が重視されますが、IBM Power Systems は、その処理性能の高さに加え、柔軟性･拡張性、信頼性のよさも際立っており、世界中のユーザーから高く評価されています。この章ではまず 4 つのユースケースを通じて SAP HANA 向けの稼動プラットフォームに IBM Power Systems を採用した事案を紹介し、その後、その採用に至った事由である IBM Power Systems の特性、優位点をしてそれぞれ深掘りしていきます。

2-2 ユースケース

ここでは IBM Power Systems の処理性能、柔軟性・拡張性、信頼性の高さが評価され、その採用と導入にいたった事例を紹介しましょう。

2-2-1. 柔軟性・拡張性を評価し、IBM Power Systems へ移行

SAP HANA を採用し Intel Xeon Processor で構成されるアプライアンス製品で稼動させていた製造業ユーザーでは、次の様な課題を抱えてプラットフォーム更改を検討していました。

● 課題 1：柔軟性がない

SAP HANA の適用範囲が広がり、他のアプリケーション用途向けに拡張するニーズがあり、追加の開発/検証/本番環境等々を確保しなければならなかった。しかし、アプライアンス製品は仮想化統合等が容易でないため、用途ごとにそれぞれアプライアンス製品を調達する必要があり、経済的ではなかった。

● 課題 2：拡張性がない

SAP HANA はインメモリー DB なので、ユーザーのビジネスの伸長とともに DB サイズが増えると、サーバに必要とされるメモリー容量もそれに伴い増加する。導入当初に想定していた DB サイズを超える要件が生じたため、メモリー容量を拡張する必要があるが、既存のアプライアンス製品では拡張できないことが判明。メモリー容量を増やすために上位モデルのアプライアンス製品を新たに購入する必要があり、このような継続する増強に対する懸念を抱いた。

こうした課題はアプライアンス製品を使用する SAP HANA ユーザーが直面している典型的なものです。このユーザーに対して、IBM が Power Systems による下記解決案を提案した結果、ユーザーは、SAP HANA 稼動プラットフォームの IBM Power Systems への移行を決断しました。

● 解決策 1：柔軟性の確保

PowerVM の仮想化統合により、1 台のサーバ・ハードウェアへの複数の SAP HANA 環境の実装を提案し採用されました。この環境下では、機器の保有する総メモリー容量の範囲内で各種環境の CPU/ メモリー資源の割当てを柔軟に変更可能としました。

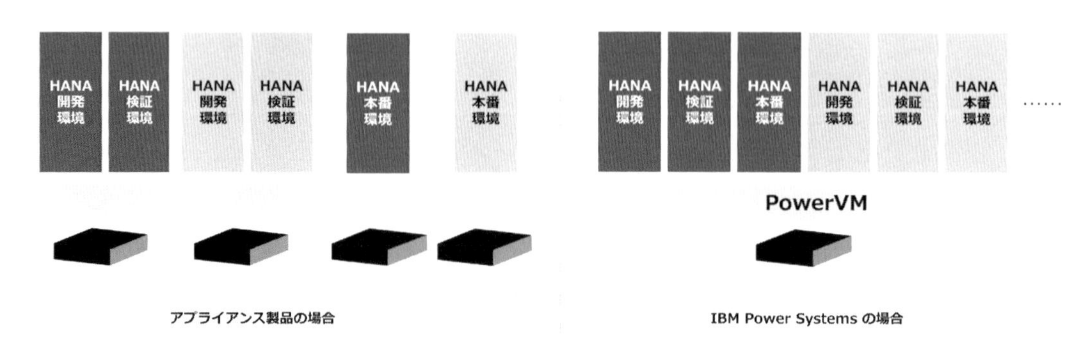

図 2-1. 柔軟性の確保

● 解決策 2：拡張性の確保

将来的に必要となるメモリー容量をあらかじめ見積もり、その容量までの拡張性を保有する機器構成が採用されました。ただし、直近は必要な容量のみの支払いとし、その後の使用量の増加に応じて従量課金とする提案を採用しました。

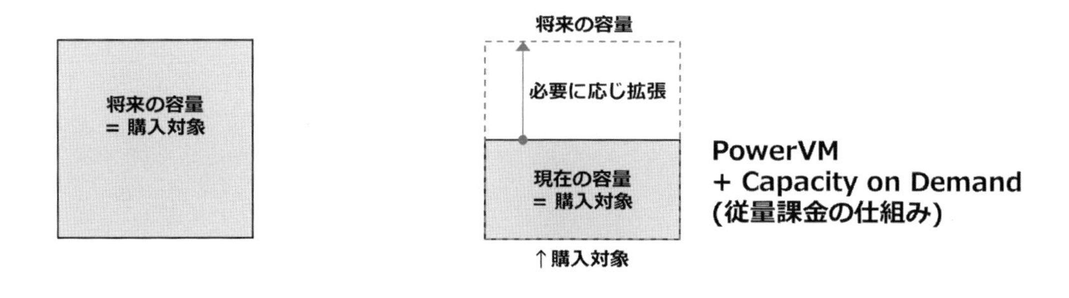

図 2-2. 拡張性の確保

以上の様に IBM Power Systems を採用した場合、従来の SAP HANA アプライアンスと比較して優れた柔軟性・拡張性を実現できることが理解できると思います。このユーザーをはじめ、世界中のユーザーが IBM Power Systems への環境移行をはじめています。

2-2-2. 信頼性を評価し、IBM Power Systems を採用

SAP HANA の一般出荷が開始されて以来、アーリーアダプターともいえる先進ユーザー企業はいち早くインメモリー・データベース技術の業務アプリケーションへの適用を進めてきました。そのアプローチには、まずは業務処理に比較的影響の少ない分野からその適用を開始し、その後に基幹の業務処理への適用を徐々に展開する、という傾向が見られます。このようなアプローチで SAP HANA を展開してきたユーザーが現在注力しているのが高い信頼性を持つシステム基盤の構築です。これまで、ある程度のシステム停止が許容される業務領域での適用が多かったのですが、最近ではシステム停止が許されない領域への適用が始まっています。SAP は SAP HANA の機能拡張の過程においてクラスター構成のサポート、データベース複製機能等を実装してきました。

しかし、これらの可用性向上のための施策は、いわゆる障害発生時の対応が中心であり、障害発生そのものを防ぐ策ではありません。そのため障害発生時においては待機系への処理引継ぎに伴い、状況によってはサービスの一時中断が避けられません。もちろん各種の障害対策は SAP HANA のみで対応するものではなく、ハードウェアや SAP HANA 以外のソフトウェアと組み合わせて対応するべきであり、障害発生を未然に防ぐとなるとハードウェア側での対応

が不可欠となります。こうした事情により、既存 SAP HANA ユーザーは、より信頼性の高い、堅牢な稼動プラットフォームを求める傾向にあります。

このような高いレベルの要求にこたえるため、IBM Power Systems は従来からオートノミック・コンピューティング（自律型コンピューティング）の実装に注力しており、その機能の一つである"自己修復機能（セルフ・ヒーリング）"を Power Systems に装備することにより、ハードウェアのシステムエラー発生時に、Power Systems 自身が再発防止対策を行なうだけでなく、"動的縮退機能"により障害を予測して、該当部分を動的に切り離すことができる機能をも実装しています。

この結果、IBM Power Systems は SAP HANA ユーザーが求める、止まらないシステムを実現する最適なプラットフォームとなっています。特に、大容量のメモリーを搭載し大規模であるがゆえに止まらないことが要求される SAP HANA システムであれば、機器構成要素の二重化とクラスター化によりハードウェア、およびソフトウェア両面から単一障害点（シングル・ポイント・オブ・フェイラー、SPOF）がなくなるようシステムを設計すると同時に、障害が発生した場合でも自律的に障害修復を行うことで、サービスの停止・断絶をなくすことができる IBM Power Systems への移行が魅力ある選択肢となっています。

ドイツの製造業ボッシュは、24 時間 /365 日の絶え間ないグローバルオペレーションをサポートするため、IBM Power Systems の信頼性を評価した結果、自社の SAP HANA 環境の基盤に採用したユーザーの一社です。ボッシュはさらに IBM Power Systems を活用し、SAP HANA 向けのプライベート・クラウド環境も構築しています。本番稼働後は、信頼性に加え、プライベート・クラウド環境に不可欠な IBM Power Systems の柔軟性・拡張性も高く評価しているのです。

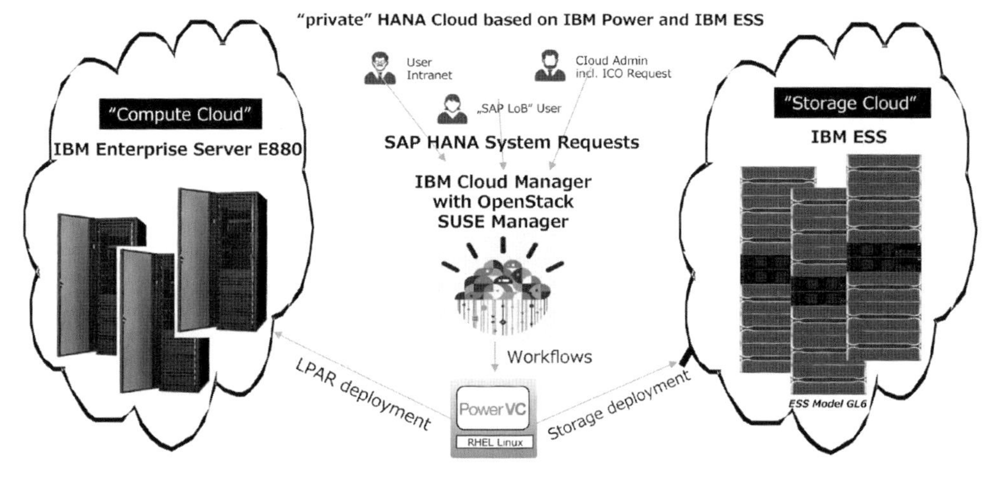

図 2-3. ボッシュ SAP HANA 環境

なお、上述の IBM Power Systems が実現している、システムを止めない仕組みと“自己修復機能（セルフ・ヒーリング）”については、後述の 2-3-5. にて詳しく説明しています。

2-2-3. 柔軟性・拡張性を評価し、IBM Power Systems を採用

超リアルタイム経営の実現のために、SAP HANA を新規アプリケーション・システムのデータベースシステムとして採用することが多くあります。そのような場合、SAP HANA 以外のアプリケーションが稼動するプラットフォームが必要です。また、ここにも SAP HANA と同様に最適なプラットフォームを選択する必要があります。これまで、SAP HANA 向けのプラットフォームは、アプライアンス製品のみが選択肢でしたので、それぞれのレイヤー（データベース・レイヤー、アプリケーション・レイヤー）ごとに最適化の検討を要しますが、その結果が必ずしもアプリケーション・システム全体としての最適解にならない場合がありました。

従来のアプライアンス製品には SAP HANA 以外のアプリケーションを稼動させることは、一部の運用関連のソフトウェア製品を除き推奨されていないので、SAP HANA アプライアンスとそれ以外と個別で検討する必要がありました。

しかし、現在は IBM Power Systems の仮想化統合の PowerVM 機能を活用することによって、この制約がなくなり、容易にアプリケーション・システム全体としての最適化が検討できるようになりました。先進的なユーザー企業は、SAP HANA だけでなく、コグニティブ、IoT、アナリティクス、基幹アプリケーションなどの業務アプリケーションを IBM Power Systems へ統合し始めています。

IBM Power Systemsによるアプリケーション・システム全体としての最適化例を図示すると下図の様になります。

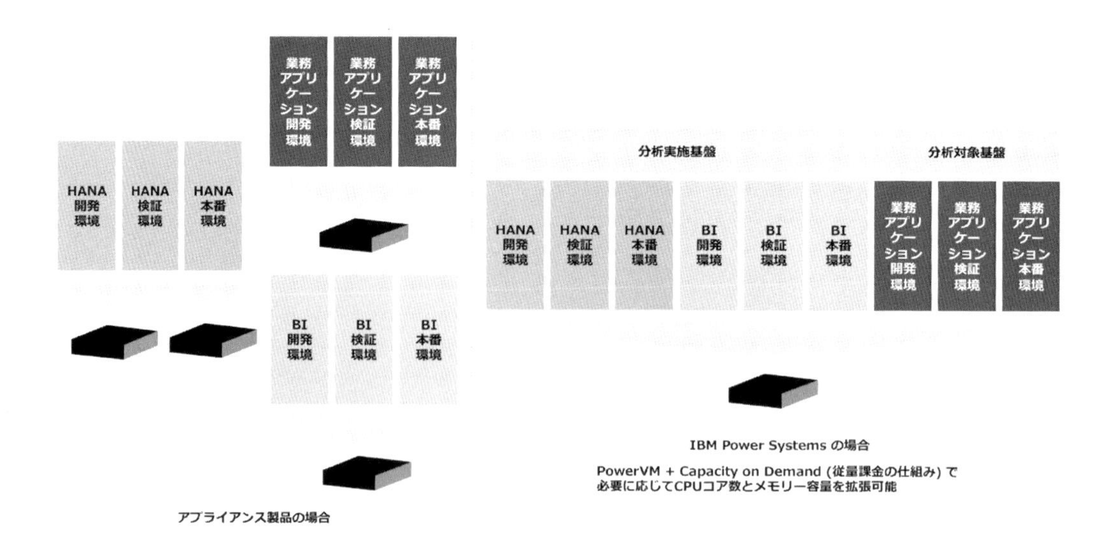

図 2-4. 仮想化統合の最適例

このように、IBM Power SystemsはSAP HANAのみならず、他のアプリケーションも仮想化・統合が可能で、それと同時にワークロードに応じたコンピューティング資源の最適な配分や、将来の拡張への備えも同時に実現しています。

2-2-4. 処理性能を評価し、IBM Power Systemsを採用

IBM Power Systemsは、SAP社標準ベンチマークテスト結果において常にNo.1の地位を占める等、その処理性能の高さは折り紙つきです。これはSAP HANAの場合も同じです。たとえばスイス小売 大手のCoopは、SAP HANAを使用したSAP CAR（Customer Activity Repository）アプリケーションの基盤をIBM Power Systemsで構築しました。

IBM Power Systemsで構築した主な理由は、その処理能力の高さでした。SAP CARアプリケーション特有の高負荷処理について、IBM Power SystemsとIntel Xeonサーバの実測比較を行った結果、IBM Power Systemsが5倍もの高速性能を発揮したのです。SAP HANAへのデータ取り込み処理に関しては、20倍もの高速化を実現しています。ちなみに下に比較表を掲載していますが、IBM Power Systems環境の使用しているCPUコア数はIntel Xeonサーバ環境の1／3に過ぎません。1／3のCPUコア数で5倍の高速化を実現していること

からも IBM Power Systems が SAP HANA 環境においていかに高性能かが理解できます。

パラメーター	Intel Xeon サーバ	IBM Power Systems
構成	8 ノード	1 ノード
	Scale-Out	Scale-Up 構成
仮想化	n/a (ベアメタル)	PowerVM
アプリ構成	SAP HANA x 8 インスタンス	SAP HANA x 1 インスタンス
	SAP CAR x 1 インスタンス	SAP CAR x 1 インスタンス
CPU コア数	320 コア	96 コア
	Xeon E7-4870 2.4GHz	POWER8 4.19GHz

表 2-2. 処理性能

なぜそれほどまで処理性能が高いのか、という疑問には後述の“2-3-2. IBM Power Systems の『処理性能』”にて詳細に説明します。

2-3 IBM Power Systems の機能と特徴

前述にてユースケースを通じて IBM Power Systems の処理性能、柔軟性・拡張性、信頼性の高さを紹介してきました。本節ではそれらを詳細に解説します。

2.3.1. IBM Power Systems のアーキテクチャ

IBM Power Systems は、「POWER」と呼ばれる IBM 製の RISC マイクロプロセッサ（CPU）が搭載されたサーバ製品の総称です。POWER は比較的低いクロックで性能を発揮できるため、消費電力や発熱量を抑えられるという特徴があります。また、クロックアップによりさらなる性能向上が容易であり、スーパーコンピュータなどにも使われている実績が数多くあります。

IBM Power Systems は、SUSE、RedHat、といった主要な Linux ディストリビューションをサポートする他、IBM の開発する UNIX 系 OS である AIX、汎用ビジネスシステム（ミッドレンジコンピュータ）向け OS である IBM i の稼動をサポートしています。

図 2-5. POWER（パワー）プロセッサ

近年は、OpenPOWER Foundation[*1]として設立されたオープン コミュニティにおいてそのPOWERアーキテクチャがチップレベルからシステムレベル、ソフトウェア・スタックまでオープン化（知財公開）されており、IBM以外、OpenPOWER Foundationの356社（2017年8月現在）の参加企業からは、その技術を用いた独自のサーバ製品や関連ハードウェア・ソフトウェアが開発され販売されています。

2-3-2. IBM Power Systemsの処理性能

リアルタイムデータプラットフォームであるSAP HANAは、ビジネス・イノベーションをもたらす圧倒的なパフォーマンスを発揮しますが、その性能を十二分に引き出すには、ハードウェアプラットフォームの高い処理能力が必要不可欠です。

*1 OpenPOWER Foundation ウェブサイト：
https://openpowerfoundation.org/about-us/board-of-directors/
OpenPOWER Foundation 参加企業：
https://openpowerfoundation.org/membership/current-members/

具体的には、

① CPU 処理効率・速度
② CPU - メモリー間の通信効率・速度
③コア - ソケット間の通信効率・速度
④ストレージ間の通信効率・速度

の4つが重要な要素となり、それぞれの処理能力がバランスよく構成されることがSAP HANA システム全体としての処理能力の向上に必要不可欠です。

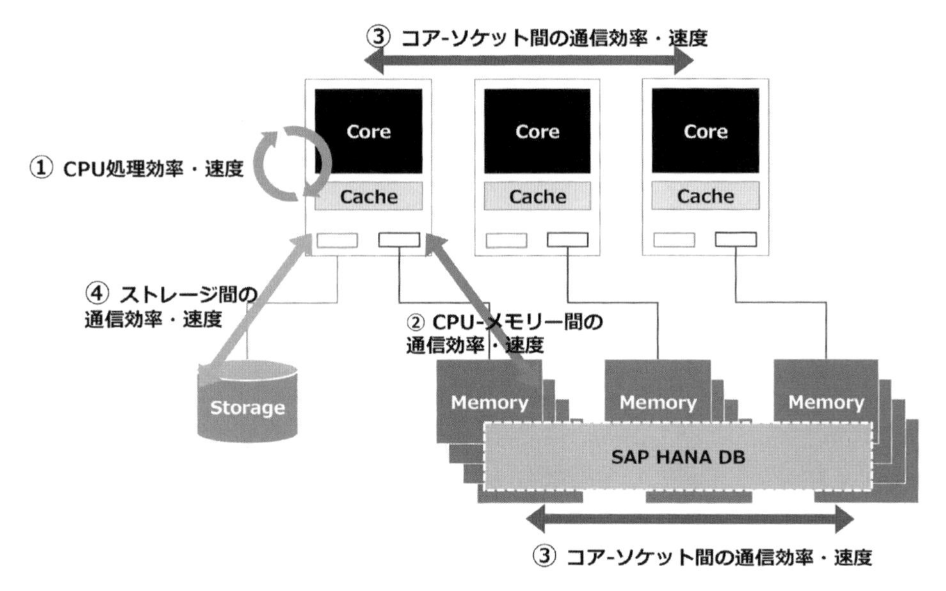

図 2-6. SAP HANA の性能を引き出す要素

① CPU 処理効率・速度

CPU の処理能力を単純にその動作周波数や構成コア数、同時マルチスレッディング数によって性能を比較する事が可能なのは、あくまで同一の CPU アーキテクチャ間の場合ですが、アーキテクチャが同一でなくとも、それぞれの CPU の新製品の開発において、旧来の製品から動作周波数を上げること（クロックアップ）や構成コア数の増加、同時マルチスレッディングの増加を実現しているか、否か、という比較は有効と考えられます。

加えて CPU コア当たりに使用可能なキャッシュ容量が CPU の処理能力に与える影響の大きいことは次図でも確認できると思います。（図は CPU- メモリー間での処理よりも CPU-Cache 間での処理効率が高く、CPU-Cache 間の処理効率の向上が CPU 処理能力向上の鍵であることも示しています）

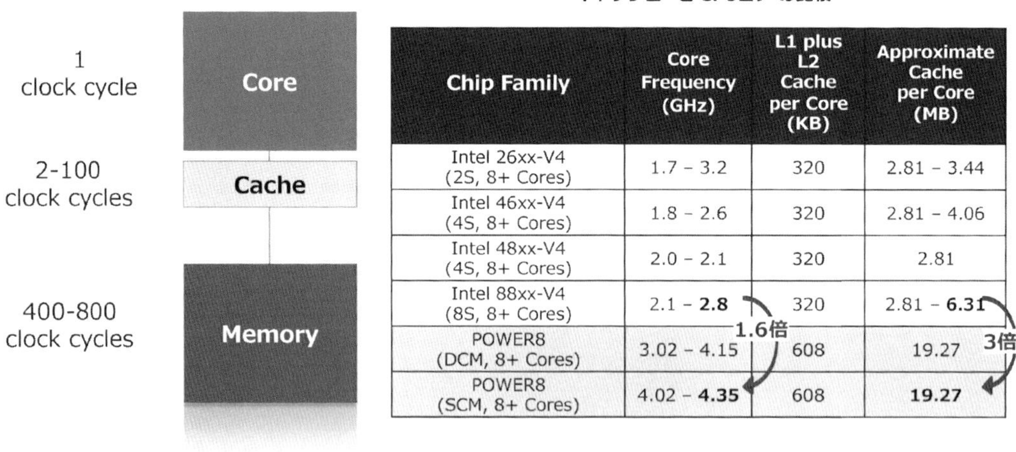

Chip Family	Core Frequency (GHz)	L1 plus L2 Cache per Core (KB)	Approximate Cache per Core (MB)
Intel 26xx-V4 (2S, 8+ Cores)	1.7 - 3.2	320	2.81 - 3.44
Intel 46xx-V4 (4S, 8+ Cores)	1.8 - 2.6	320	2.81 - 4.06
Intel 48xx-V4 (4S, 8+ Cores)	2.0 - 2.1	320	2.81
Intel 88xx-V4 (8S, 8+ Cores)	2.1 - **2.8**	320	2.81 - **6.31**
POWER8 (DCM, 8+ Cores)	3.02 - 4.15	608	19.27
POWER8 (SCM, 8+ Cores)	4.02 - **4.35**	608	**19.27**

図 2-7. POWER プロセッサの仕様

IBM Power Systems が搭載する POWER プロセッサは世代とともに、動作周波数、構成コア数、同時マルチスレッディング数、プロセッサコア当たりのキャッシュ容量の全てを向上させてきました。その結果、現在 POWER CPU が他の製品と比較して高い処理性能を実現していることは SAP 社のベンチマークテストの結果からも証明されています。

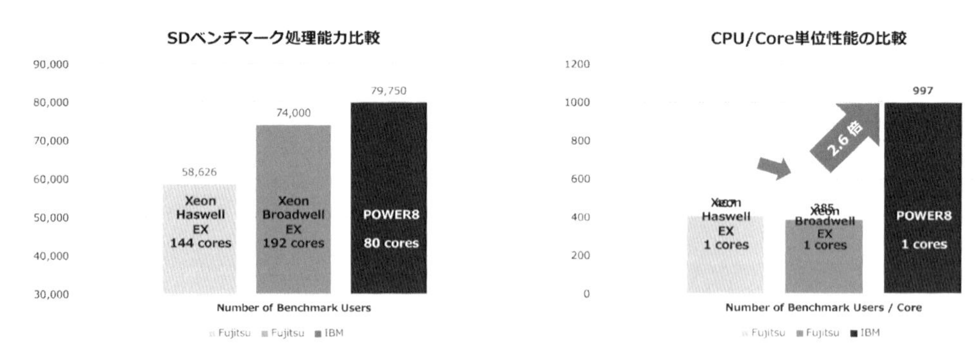

図 2-8. SAP ベンチマーク結果

② CPU- メモリー間の通信効率・速度

SAP HANA は、そのデータ全てをメモリー上に展開した上で様々な処理を行います。それゆえ、CPU- メモリー間の通信効率・速度はSAP HANA システムのパフォーマンスを向上させる上での重要な要素となります。前述の様に、CPU 処理速度や CPU- キャッシュ間の処理速度と比較した場合、CPU- メモリー間の処理には相対的に時間がかかるので、この処理を効率化することが重要なのです。その効率を図る一つの指標が CPU ソケット - メモリー間の通信帯域の広さです。図に示されている通り、IBM Power Systems は広帯域のメモリーバスを持つだけでなく、キャッシュの配置、容量が最適化されており、その結果として CPU ソケット - メモリー間の通信帯域とレイテンシーが x86 に比べて、非常に優れています。

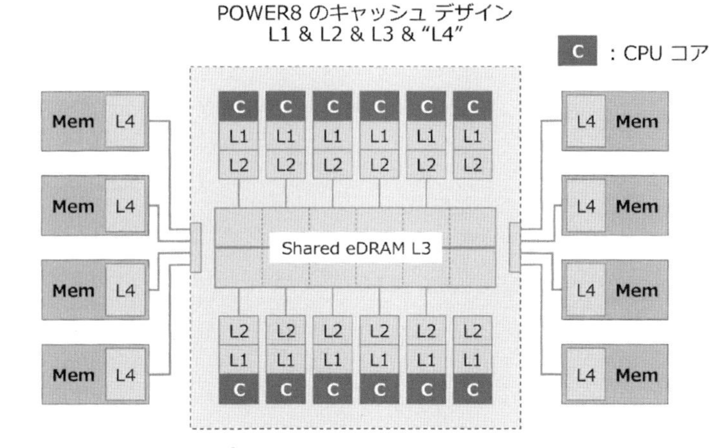

図 2-9. POWER プロセッサのデザイン

Chip Family	Memory Bandwidth per Socket	Peak I/O Bandwidth per Socket	Threads per Core
Intel 26xx-V4 (2S, 8+ Cores)	60 – 77 GB/s	80 GB/s	1,2
Intel 46xx-V4 (4S, 8+ Cores)	68 GB/s	80 GB/s	1,2
Intel 48xx-V4 (4S, 8+ Cores)	102 GB/s	64 GB/s	1,2
Intel 88xx-V4 (8S, 8+ Cores)	102 GB/s	64 GB/s	1,2
POWER8 (DCM, 8+ Cores)	192 GB/s 2.3倍	96 GB/s	1, 2, 4, 8 4倍
POWER8 (SCM, 8+ Cores)	230 GB/s	64 GB/s	1, 2, 4, 8

表 2-3. POWER プロセッサの帯域

②コア - ソケット間の通信効率・速度

SAP HANA のデータ容量はその用途に応じて様々ですが、最低でも数百ギガバイトあり、大規模なケースでは数テラバイトから数十テラバイトという規模になります。この容量は単独のCPU、あるいは単独のCPUソケットが扱える単位ではなく、数多くのCPU、複数のCPUソケットを用いて構成する必要があります。図で示されているように、SAP HANA上の一つのテーブルが、数十のCPUコア、数個のCPUソケットにまたがって配置されることになります。

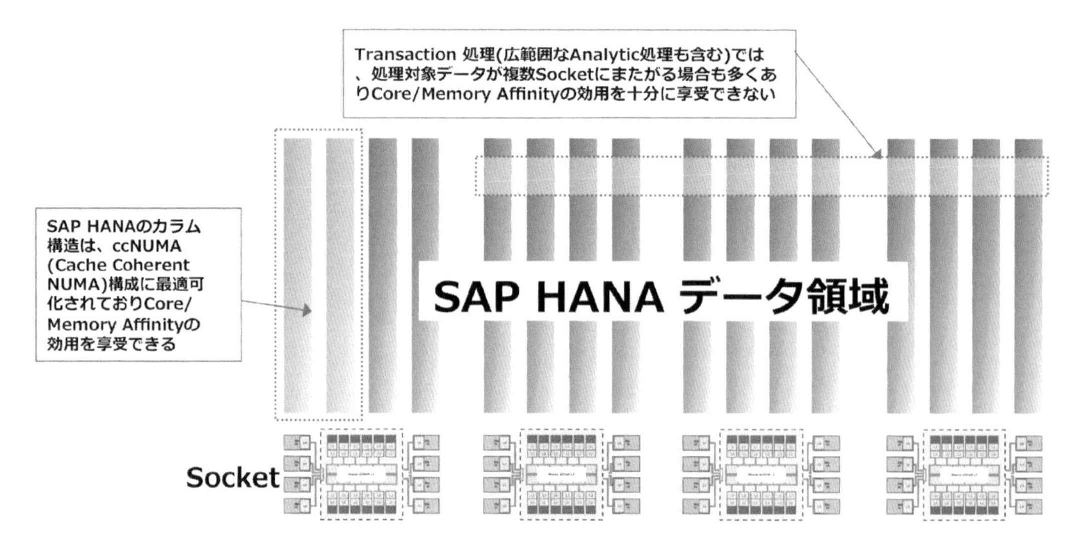

図2-10. SAP HANAのメモリー上の配置例

こうした場合、一つのテーブルに対するクエリー処理がCPUソケットをまたがる処理につながり、CPUソケット間で大量の通信が行われることになります。そのためコア/ソケット間の通信効率や速度もSAP HANAシステムのパフォーマンスを向上させる上での重要な要素となります。IBM Power SystemsはCPUソケットをまたいだ通信を全て2ホップで実現することができるアーキテクチャであり、データがメモリー上のどこに配置されていても効率よいアクセスを実現しています。

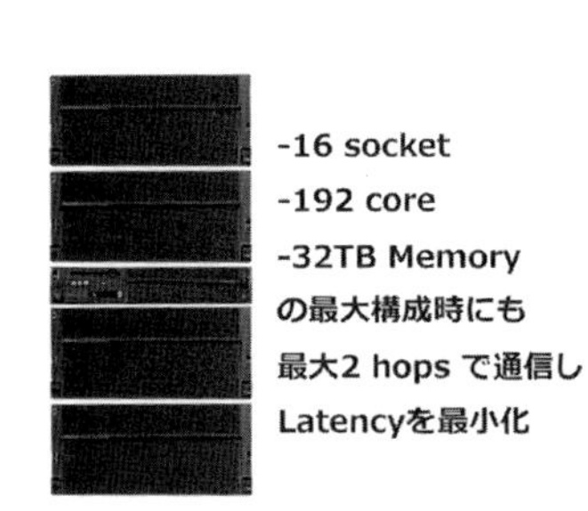

-16 socket
-192 core
-32TB Memory
の最大構成時にも
最大2 hops で通信し
Latencyを最小化

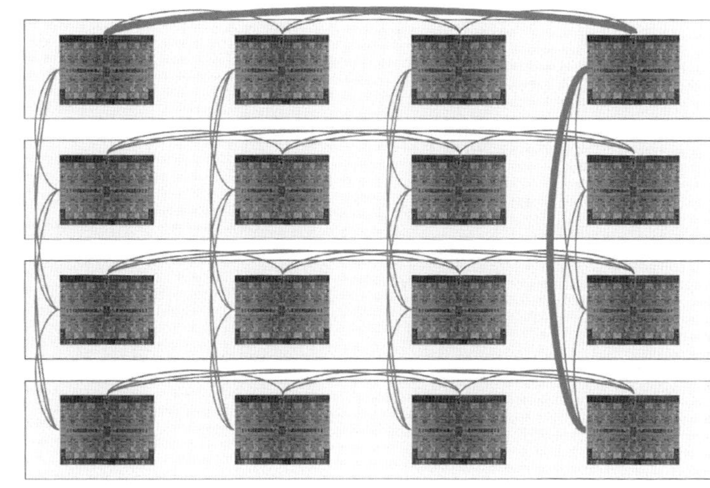

図 2-11．POWER プロセッサのメモリーアクセス

③ストレージ間の通信効率・速度

SAP HANA はインメモリー・データベースですが、その処理の随所でストレージを利用しています。それゆえ SAP HANA 向けに使用されるストレージには、高い I/O 性能と低いレイテンシー、すなわちレスポンスの速さが求められます また、ストレージに障害が生じアクセスが制限された場合には SAP HANA システムは停止するので、ストレージ機器にはサーバ機器と同等以上の高い信頼性が求められます。ここで SAP HANA の利用時にストレージ I/O が発生する以下のプロセスを見てみましょう。

・Write Transactions
・Savepoint
・Snapshot
・Delta merge
・Database restart
・Column store table load
・Failover（host auto failover）
・Takeover（storage replication）
・Takeover（system replication）
・Online Data Backup
・Online Log Backup
・Database Recovery

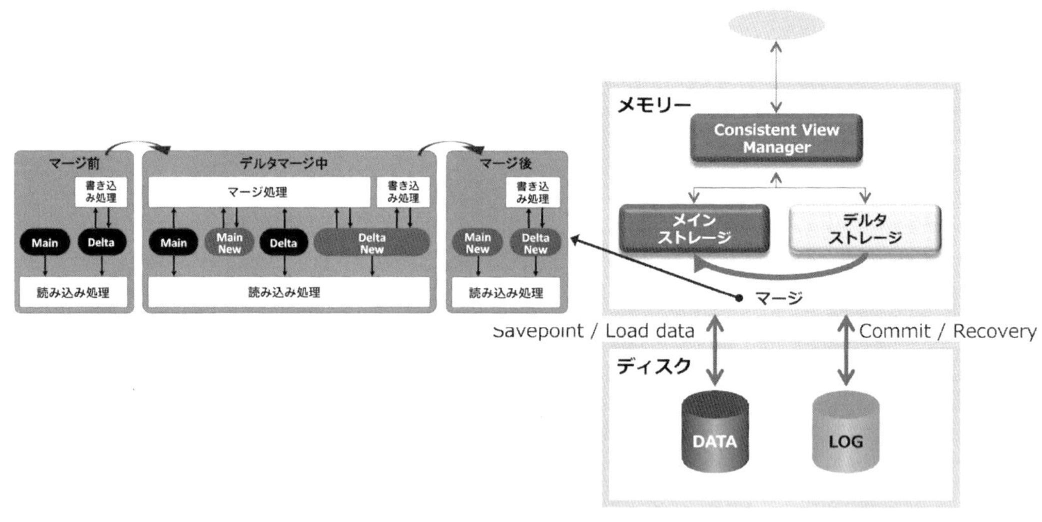

図 2-12. SAP HANA のストレージ利用

SAP HANA による様々なストレージへのアクセス処理を高い I/O 性能と低レイテンシーで実現するために、そのストレージを FlashSystem 機器（IBM の提供するオール フラッシュストレージ製品の総称）で構成する場合も多くあります。これにより下記の様な利点を享受できます。

● トランザクション処理（更新処理）の高速化

更新処理の際に生じるログファイルへの書き込み処理を高速化することにより、個々のトランザクションを高速に処理することが可能になります。同時に、定期的に発生するスナップショット型バックアップによる書き込み、更新処理を高速化するための差分統合処理をも高速化することにより、システム全体のレスポンスを向上することが可能です。

● 各種運用処理の高速化

下記 2 点の実現により、システムのサービス提供時間の拡大が可能となります。

・SAP HANA システムの停止、起動処理を高速化

・バックアップ、リストア、およびリカバリ処理の高速化

さらに、下記 2 点の実現によって、バックグランド処理全般の高速化が可能となります。

・バッチ処理による大量データの投入 (周辺インターフェイスからのデータ投入等)

・大量更新処理 (定期的なデータ、およびマスターの洗い替え等) の高速化

2-3-3. IBM Power Systemsの柔軟性

IBM Power Systemsの柔軟性について紹介する場合、その仮想化技術と、それに付随する関連機能について説明するのが早道です。昨今システムに求められる､下記のアジリティ､スケーラビリティといった能力だけでなく､システムの拡張時における従量課金もサポートしており､オンプレミス環境にありながら、クラウドと同等以上の柔軟性を実現しています。

●**アジリティ（Agility）**…システムに対し、迅速、かつ正確に、リクエストに応じたリソース再配置（追加や削除）ができること
●**スケーラビリティ（Scalability）**…システムを小規模なものからリソース（特にハードウェア）の追加によって大規模なものへと透過的に規模拡張できること。スケールアップ（垂直スケール）やスケールアウト（水平スケール）は、スケーラビリティの向上、すなわち性能・容量向上のための方法

IBM Power Systemsの仮想化は、PowerVMと呼ばれる仮想化ハイパーバイザーにより実装されています。このハイパーバイザーは、ハードウェア（ファームウェア）に埋め込まれているため、高速で信頼性の高い仮想化環境を実現しており、高いパフォーマンスが要求されるSAP HANA環境においても、仮想化によるオーバーヘッド（パフォーマンス劣化）を気にすることなく利用可能です。事実、SAP HANA向けのプラットフォーム稼動認定においては、当初より仮想化環境での使用が認められており、様々な制約、制限のある他社のハイパーバイザーによる仮想化実装手法とは一線を画しています。

PowerVMは、SUSE、RedHatといった主要なLinuxディストリビューションをサポートする他、IBMの開発するUNIX系OSであるAIX、汎用ビジネスシステム（ミッドレンジコンピュータ）向けOSであるIBM iの稼動をサポートしています。

独立区画 x 動的 x 共有 = 安全で効率的なリソース資源の活用が可能です

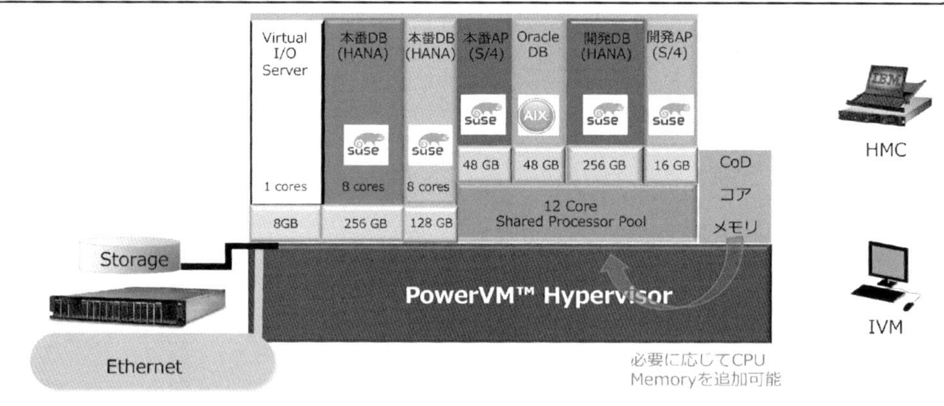

・ハードウェアで実装しているから速い (オーバーヘッド極小化)
・APサーバーとHANA DB間のネットワークは10Gbが推奨だがVirtual Ethernet なら20Gb程度でスイッチ要らずでコストも抑制可能

図 2-13. PowerVM の仮想化

PowerVMは、以下の仮想化機能を提供しており、すべてがSAP HANA向けに利用可能です。

・動的なリソース割当変更が可能なダイナミック・ロジカル・パーティショニング

・1/100 単位の CPU 割当が可能なマイクロ・パーティショニング

・稼働中に物理マシン間の移動が可能なライブ・パーティション・モビリティ

・I/O 仮想化を提供する仮想 I/O サーバ (VIOS) と下記機能

仮想 イーサネット・アダプター

仮想 SCSI

仮想 ファイバー・チャネル（NPIV）

仮想 光学デバイス

仮想テープ

特に、動的なリソース割当変更が可能なダイナミック・ロジカル・パーティショニングの機能を利用することで、ルールやポリシーに基づいたリソース配分の自動化が可能であり、さらに異なるランドスケープ間や異なるアプリケーション間でのリソース配分の最適化も可能になっています。また複数の仮想化区間の間は、高速な内部ネットワーク通信で結ばれるので、ネットワーク経由の遅延を気にせず、アプリケーション全体のスループットの向上もあわせて実現します。

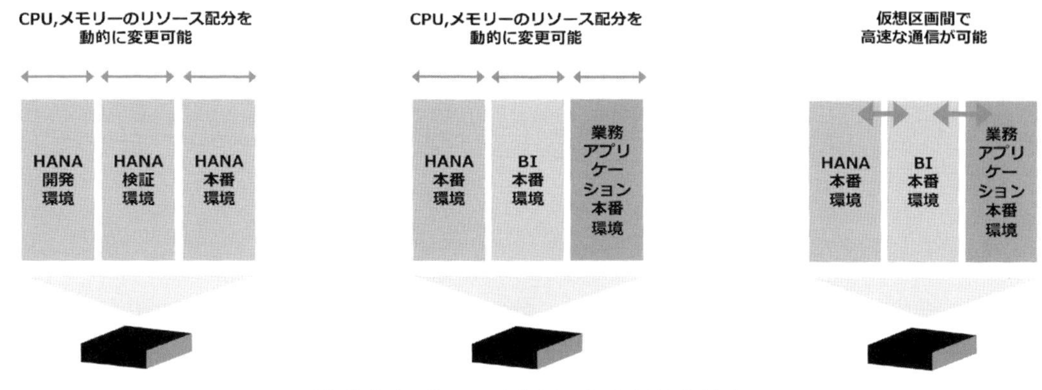

図 2-14. PowerVM による仮想化統合

使用開始後に必要なワークロードが増加し、CPU やメモリー資源の増強が必要になった場合、キャパシティ・オン・デマンド（CoD）機能を活用することにより、あらかじめ機器に搭載されている CPU やメモリーから必要な分量を活性化し、使用した分のみ支払うことが可能です。これにより、初期の SAP HANA 導入・構築時において投資を最小化でき、その後も無駄の無い投資を継続できます。

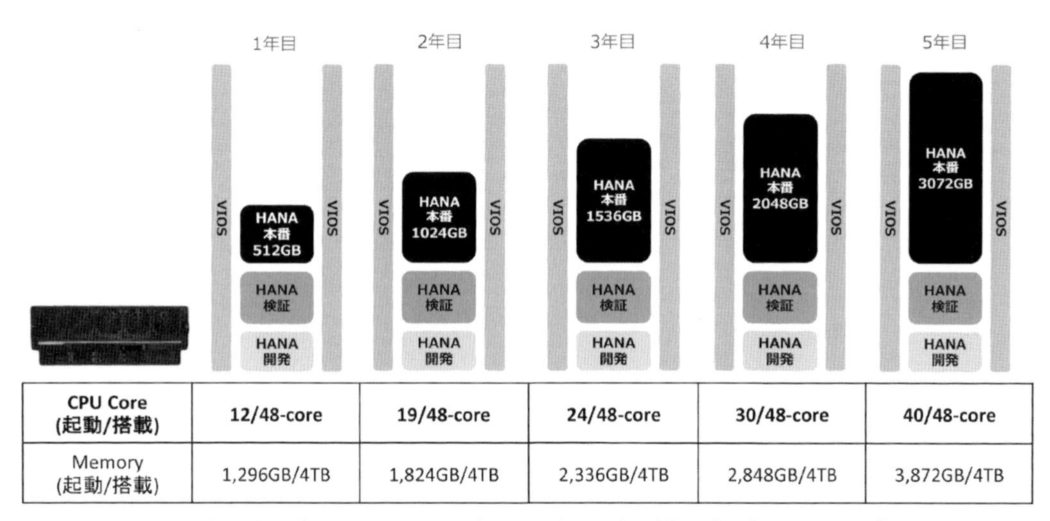

CPU Core (起動/搭載)	12/48-core	19/48-core	24/48-core	30/48-core	40/48-core
Memory (起動/搭載)	1,296GB/4TB	1,824GB/4TB	2,336GB/4TB	2,848GB/4TB	3,872GB/4TB

図 2-15. キャパシティ・オン・デマンド（CoD）オファリング

現在、IBM Power Systems と PowerVM の組み合わせにより SAP HANA の本番環境は単一の筐体内に多数の仮想化統合することが可能となっています。これにより、クラウドサービスを提供する企業のみならず、複数の SAP HANA システムを同時稼動する必要のある大規模なユーザーもその稼動プラットフォームをシンプルに実装することが可能です。

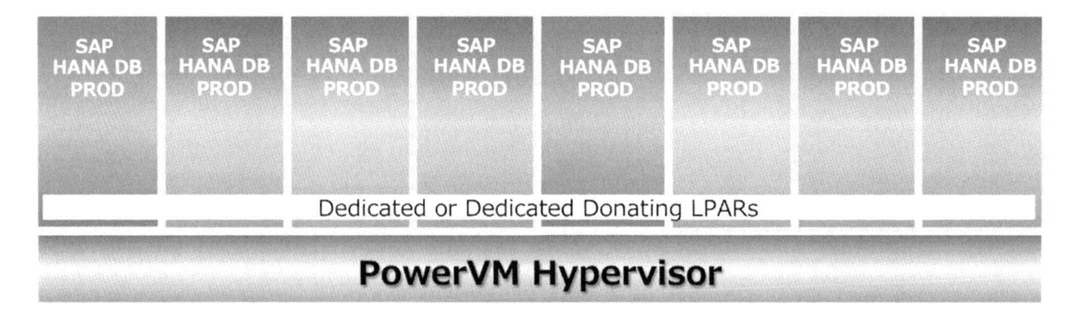

図 2-16. SAP HANA on IBM Power Systems 本番環境の統合

2-3-4. IBM Power Systemsの拡張性

現在、IBM Power Systemsは、小規模なエントリーモデルから大規模なエンタープライズモデルまで全ての製品でSAP HANAの稼動をサポートしています。

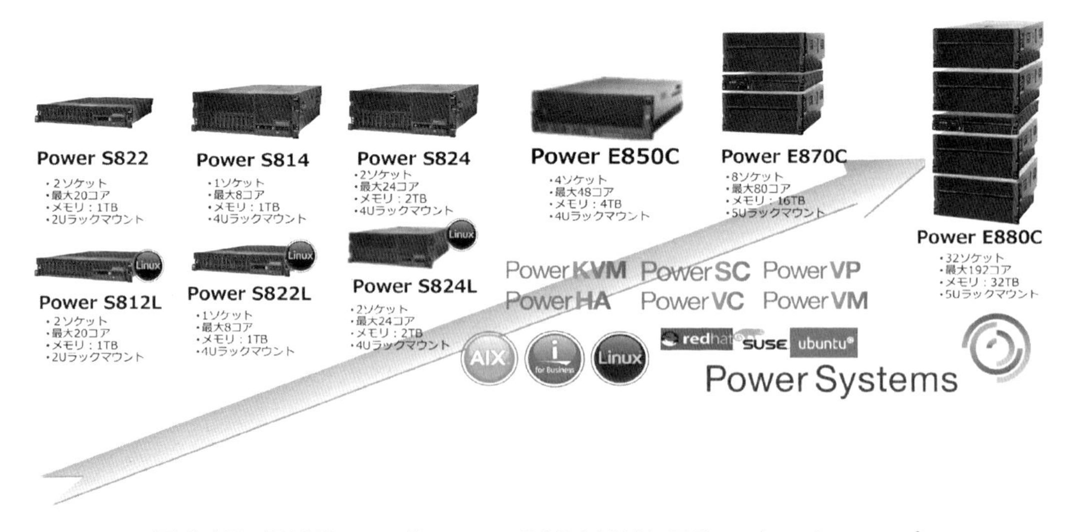

図 2-17. IBM Power Systems SAP HANA 用サーバ ラインアップ

この中でE880Cモデルを紹介します。E880CはPOWER8プロセッサ（4.02GHz）を最大192CPUコアまで搭載可能なハイエンドモデルです。スケーラブルなシステム構築を実現するスタッカブルSMP構成を採用しており、基本ブロックとなる48CPUコア構成のCPUドロワーを最大4つまで接続することにより192CPUコア＋32TBメモリー構成まで拡張可能で、業務の規模や処理量に応じて、最適なコストでシステムの導入および拡張が行えます。

また、CPUドロワーごとに搭載されるCPUコアをいくつ使用するのか、メモリーをどれだけ使用するのかが選択できて、使用されるCPUコア数とメモリー容量分のみが課金対象となります。CPUコアとメモリー容量を増やしたい場合には、後述のキャパシティ・オン・デマンド（CoD）機能を活用することにより、あらかじめ機器に搭載されているCPUコアとメモリー容量から必要な分を活性化し、使用した分のみを支払うことが可能です。

	E880C
Node	48-core 4.02 GHz
1 Node	48 cores
2 Nodes	96 cores
3 Nodes	144 cores
4 Nodes	192 cores

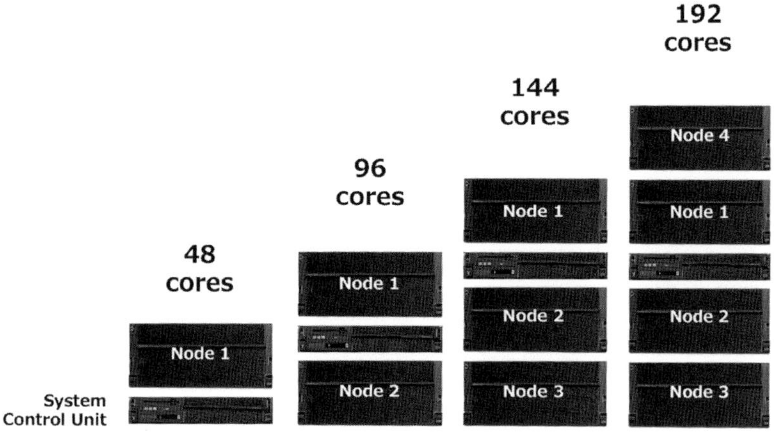

図2-18. IBM Power Systemsの『拡張性』

2-3-5. IBM Power Systemsの信頼性

堅牢なシステムを構築するためには各種障害からの回復を行う必要があり、まずは障害を検知する必要があります。この障害検知を司る仕組みがFFDC（First Failure Data Capture、初期障害データ・キャプチャー機能）と呼ばれる機能で、もとはIBMのメインフレームで利用されてきたものであり、IBM Power Systemsには1977年に採用されました。

FFDCは数万～数十万に及ぶチェック機構が処理実行時に発生する障害情報を記録します。この記録された障害情報をもとに、回復を行うための処理をシステムが自律的に実施します。

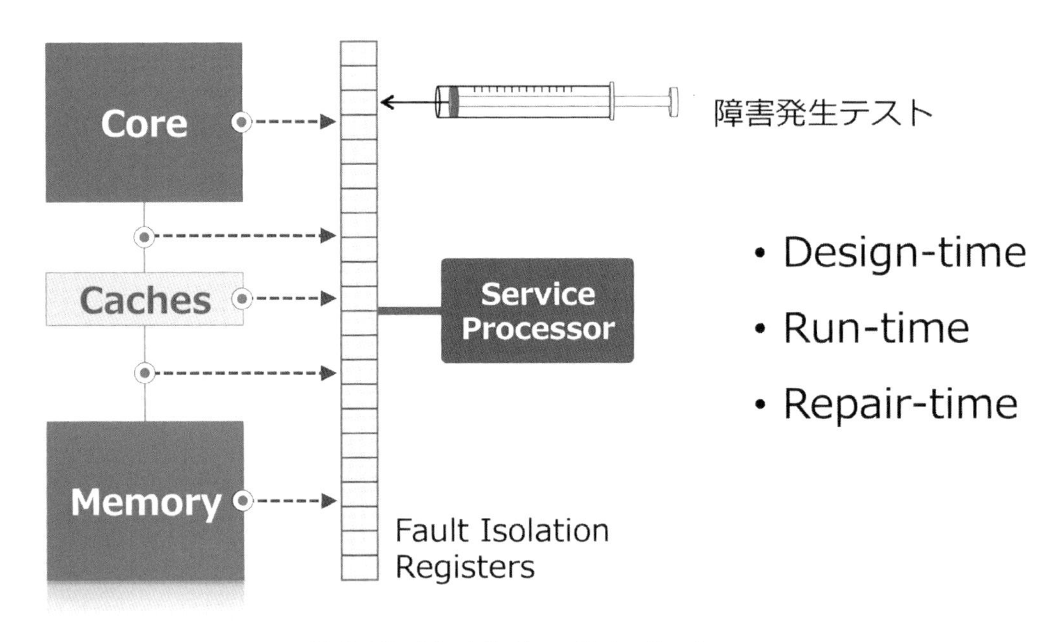

図 2-19. First Failure Data Capture

図 2-19. に表されているように、FFDC の仕組みは IBM Power Systems の設計時にも活用され、意図的に障害を発生させて、設計通りの挙動を確認する試験にも利用されており、製品品質の向上に役立っています。また、製品の保守にも利用されて、障害を再現させることなく障害箇所を特定できるため、速やかな保守作業に役立っています。

具体的な各種障害からの回復を CPU とメモリーにおける例で説明します。

● 動的プロセッサ・スペアリング（ダイナミック・プロセッサ・スペアリング）

動的プロセッサ・スペアリング は、非アクティブ・プロセッサ・コアが、動的スペアとなる機能です。次図を参照してください。稼働中の本番 SAP HANA 区画の CPU コアに障害が発生した場合、自動的に障害の発生している CPU コアを切り離し、遊休の CPU コアがある場合はその CPU コアを新たに本番 SAP HANA 区画へ割り当てることにより、システム、および SAP HANA を停止することなく、また処理能力を逓減することなくサービスを継続する機能です。

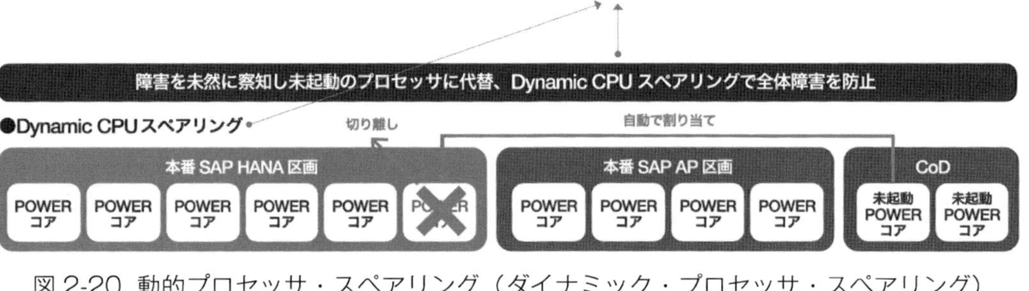

図 2-20. 動的プロセッサ・スペアリング（ダイナミック・プロセッサ・スペアリング）

● 動的メモリー・スペアリング（ダイナミック・メモリー・スペアリング）

IBM Power Systems に搭載されるメモリーは以下の２段階で可用性が高められています。

・Chipkill（チップキル）、および DRAM スペアリング
・動的メモリー・スペアリング

下図に表されているように、メモリーカードは内部に予備の DRAM を搭載しており、メモリーチップの障害発生時には自動的に予備の DRAM が使用されます。メモリーカード自身の障害発生時には、CPU の場合と同様に、動的スペアとしてのメモリーカードを利用することにより、システム、および SAP HANA を停止することなく、また処理能力を逓減することなくサービスを継続する機能があります。

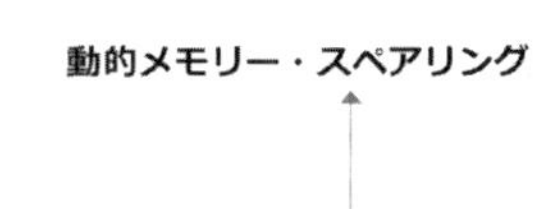

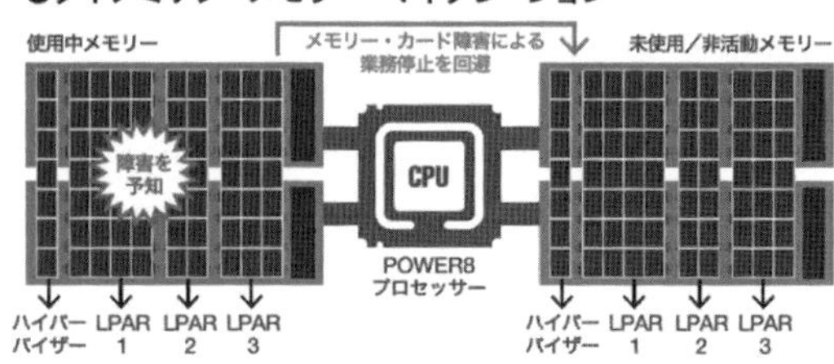

図 2-21. 動的メモリー・スペアリング（ダイナミック・メモリー・スペアリング）

その他、IBM Power Systemsが保有するRAS（信頼性Reliability、可用性Availability、保守性Serviceability）機能には、次表の様なものがあり、これら様々な機能により、SAP HANAシステムを安定的に稼働させる仕組みが実装されています。

●標準　□オプション　■適用なし

RAS項目	POWER8 S&Lモデル	POWER8 E850	POWER8 E870/880
冗長 / ホットスワップ 冷却機構	●	●	●
DASD & メディアのホットスワップ	●	●	□
PCI アダプターのホットスワップ	●	●	●
ファームウェアの活性更新	●	●	●
冗長電源機構のホットスワップ	●	●	●
冗長ディスクコントローラー（分割バックプレーン）	□	□	■
プロセッサ・インストラクション・リトライ	●	●	●
代替プロセッサ・リカバリ	●	●	●
ストレージ・キー	●	●	●
PowerVM/Live Part. Mobility	□	□	●
ダイナミック・プロセッサ・スペアリング w/CUoD	■	□	□
冗長サービス・プロセッサ	■	■	●
冗長システム・クロック	■	■	●
サービス・プロセッサ & システムクロックの動的フェイルオーバー	■	■	●
エンタープライズ・メモリー（メモリー・スペアリング）	●	●	●
統合された電力管理・温度管理機能	●	●	●
Active Memory Mirroring for Hypervisor	■	□	●
Power Enterprise Pools	■	■	□

表2-4. IBM Power Systemsが保有するRAS

3

SAP HANA データベース基盤アーキテクチャ

3-1 SAP HANAデータベース基盤のアーキテクチャ概要

SAP HANAをデータベースの視点で見る場合、従来のディスクアクセスを前提とするデータベースとは異なるインメモリーというアーキテクチャを採用し、大量データを高スループットで処理可能なカラムストアを備えた新しいリレーショナルデータベースといえます。SAP HANAがリリースされた2010年当時（一般提供は2011年）は、インメモリー、カラムストアという特徴を持ったOLAP（OnLine Analytical Processing）専用のデータベースとして利用が進みました。そのため、SAP HANAはOLAP専用のデータベースという印象が強いかもしれません。しかし、現在のSAP HANAはカラムストアでありながら、OLAPのみならずOLTP（OnLine Transaction Processing）のトランザクションを低レイテンシーで処理可能になっており、様々なワークロードを同時に1つのエンジンで処理できる機能豊富なデータベースとなっています。

クライアントからは、一般的なデータベース同様に、JDBC、ODBCを経由してSQL、またはODBOを経由したMDXでアクセスできます。

OLAPに向けた機能として、パーティショニング、パラレルクエリー、データティアリングなど大量データに対するパフォーマンス、管理性の向上を目的とした機能を充実させています。さらに、SAP HANAがインメモリーという構造上、単一のハードウェアで搭載可能なメモリー空間には限界があるため、SAP HANAは複数台のサーバをクラスター構成で単一のデータベースとして稼働させるスケールアウト構成をサポートしています。

また、OLTPに向けて、トランザクション、インデックス、制約、トリガー、シーケンスなどをサポートしています。あわせて、ストアドプロシージャとしてSAP HANA独自言語のSQLScriptをサポートしています。

SAP HANAの同時実行制御としては、行レベルロックによるMVCC（Multi Version Concurrency Control）をサポートしています。

その他、エンタープライズで必要となる高可用性として、アクティブ - スタンバイ構成によるホスト自動フェイルオーバー、データセンター間でデータを同期させるシステムレプリケーションをSAP HANAの機能として構成可能です。さらに、様々な用途のデータベースを集約し、ハードウェアの使用効率を高めるためのマルチテナントデータベースコンテナーによるテナントデータベースをサポートしています。次頁にSAP HANAが持つ機能を抜粋して表示します。

機能	説明
カラムベースのインメモリーデータの格納とアクセス	データアクセスに最適化されたインメモリーデータの格納 カラムストアやローストアへのデータ格納 JSON ドキュメントをネイティブに格納 OLTP、OLAP 双方のワークロードをデータの 2 重持ちや事前集計処理なしに実現 データ圧縮におけるメモリーフットプリントの削減 SQL によるデータアクセスと、SQLScript によるプロシージャアクセスの提供
システムのスケーリング	パフォーマンスの最適化と並列処理に合わせてマルチコアの利用（スケールアップ） 複数ホストへのパーティション配置による負荷の分散とパフォーマンスのスケール（スケールアウト） データベース自身によるデータベースワークロードの管理（ワークロード管理機能の提供）
データのティアリング	SAP HANA のインメモリーと共に、ディスクにもデータを配置することが可能 インメモリーとディスク上のデータは同一テーブル（別パーティション）で管理でき、アプリケーションから Read/Write 共に透過的にアクセス可能
高可用性とディザスタリカバリ	バックアップ、リカバリおよびシステムレプリケーションのメカニズムによる高可用性とディザスタリカバリの提供 サービス自動リスタート、ホスト自動フェイルオーバーによる自動障害復旧
データベースの監視とトラブルシュート	データベースがクリティカルな状況にある可能性がある場合は、アラートの通知 データベース内部の監視インフラによるシステムステータス、パフォーマンス情報、リソース使用状況の取得 トレースや診断ツールによるトラブルシュート、エラー診断、問題分析
ワークロードのテスト	ソースシステムでのワークロードの取得と、ターゲットシステムでのワークロードの再生
データモデリング	SAP HANA 内に複雑なデータモデル（スタースキーマ / スノーフレークスキーマなど）を構築可能 SAP HANA 外のデータを使用した仮想データモデルの定義が可能（Virtual Data Modeling）
セキュリティ	ユーザー管理、ユーザー認証（SSO 含む）、データマスキング、データアクセスの監査、データおよびネットワークの暗号化による確実なセキュリティの確保

表 3-1.　SAP HANA の機能抜粋

3-2 ハードウェアのイノベーション

3-2-1. CPU の進化と今後のトレンド

インメモリーデータベースである SAP HANA を語る上で、近年のメモリー容量の増大と価格低下が重要な要素であることは間違いありません。しかし技術的な観点で見れば、ハードウェアのイノベーションとSAP HANAとの関係はもう少し複雑です。

下のグラフは1970年代から2000年代初頭までの代表的なCPUのパフォーマンスを示しています。2000年までのパフォーマンスの向上率と2000年以降のパフォーマンスの向上率を比較して、最近ではCPU単体としてパフォーマンスの向上が鈍化していることがわかります。

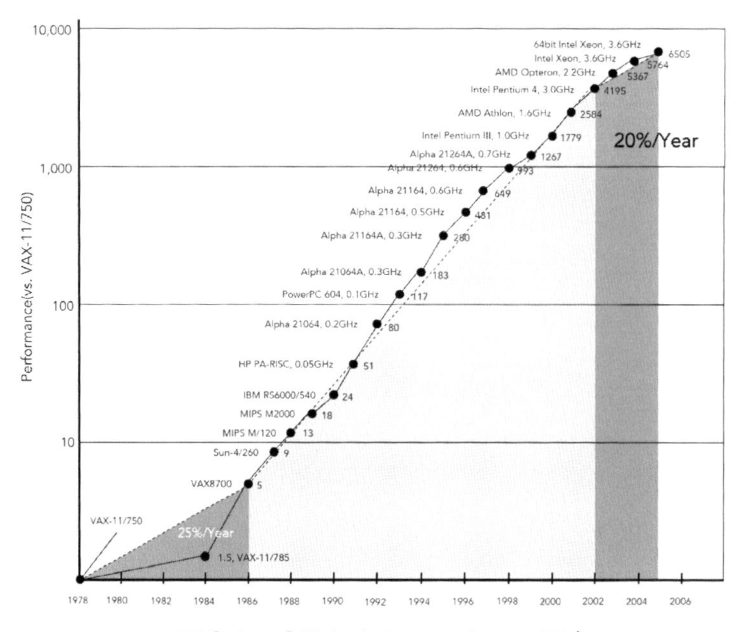

図3-1. CPUパフォーマンスの歴史

このようなCPUのパフォーマンストレンドの中、各CPUベンダーはCPUコア単体の高速化よりも多くのCPUコアを搭載するメニーコア化の方向性になっています。また、CPUコア単体での高速化が鈍化する中においても、単位時間内に多くの処理を行うことが求められます。このようにCPUにおける処理のスループット指標としてIPC（Instruction Per Cycle）があります。これは、CPUの1サイクルあたりに実行したCPU命令数を示します。近年、CPUには各種演算ユニットを並列化し、このIPCの向上を図る傾向にあります。SIMD（Single Instruction Multiple Data）に代表されるベクトル演算による複数データを対象にしたバルク処理をCPUに実装するとともにSIMD自体の演算性能を向上させる傾向にもあります。

SAP HANAはインメモリーデータベースという特性上、ディスクI/O待ちが存在しません。そのため、SAP HANAのパフォーマンスは従来のディスクベースのデータベースと比較して、CPUのパフォーマンスに直接的に影響を受けます。つまり、SAP HANAとしては、今後の

CPUアーキテクチャがどのような方向性にあり、そのアーキテクチャの中でデータベースのパフォーマンス向上をどのように図るべきかを決定することが重要です。

結果として、SAP HANAは複数のCPUコアによる並列処理とともに、CPUに実装されるSIMDに最適化されたアルゴリズムを実装し、データベース処理のスループットを最大化させることに成功しています。また、これは今後増加するCPUコア、CPUにおけるスループットを向上させるSIMDの継続的な性能向上という現代のCPUのパフォーマンス向上の方向性とも合致する合理的な方法だといえます。

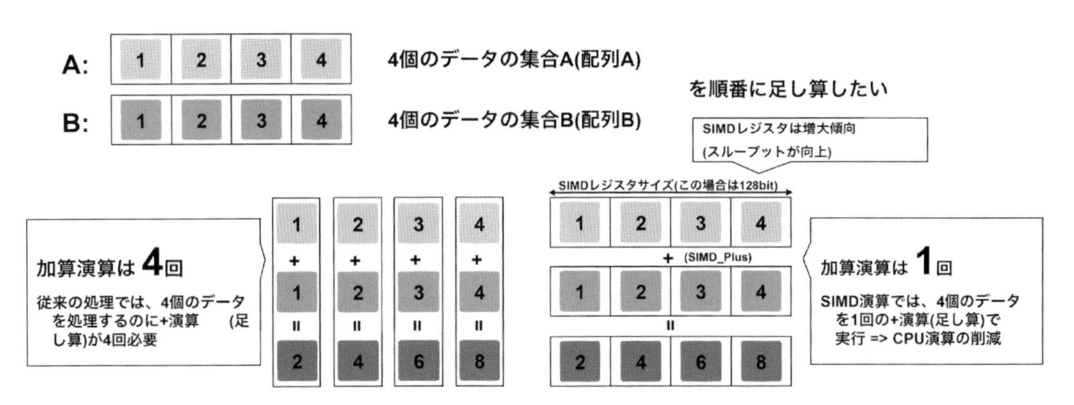

図3-2.　SIMDの概要

3-2-2.　メモリーのパフォーマンス

ハードウェアのイノベーションをさらに別の観点から見てみましょう。先ほどのCPUのパフォーマンスとメモリーのパフォーマンス（レイテンシー）を比較してみます。

2000年代に入りパフォーマンスの向上が鈍化しているとされるCPUと比較しても、メモリーはさらに低速なデバイスであることがわかります。ここから、SAP HANAがインメモリーデータベースであり、低速なディスクから解放されたとはいえ、次のパフォーマンスの壁はメモリーの速度になることは明らかです。

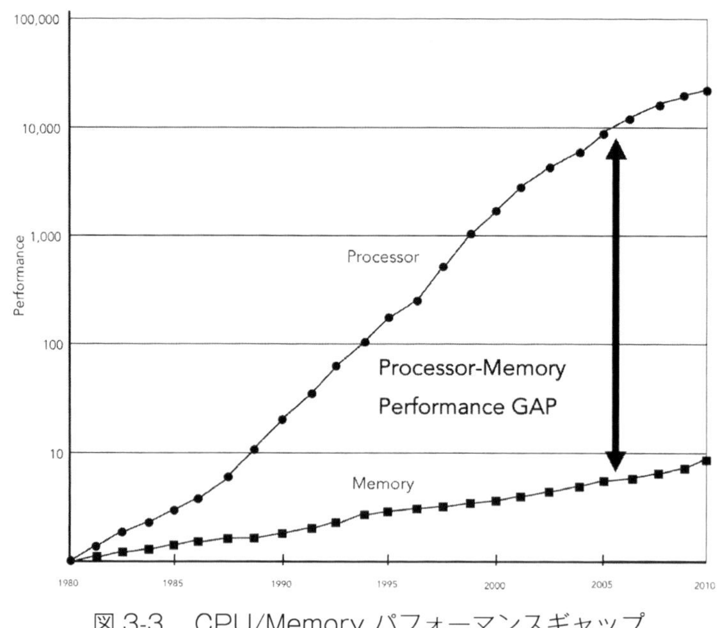

図 3-3. CPU/Memory パフォーマンスギャップ

SAP HANA が目指す理想のパフォーマンスは、メモリーの（CPU と比較して）相対的な低速性をソフトウェアのテクノロジーで隠蔽し、CPU がもつパフォーマンスを最大限活用するものです。このメモリーの低速性を克服するため、SAP HANA では「現代的なデータ処理アルゴリズム」と「データ構造の変更」の 2 つの側面から実現しています。

メモリーチップの低速性を克服するための本質は、次に示すデータアクセスのヒエラルキーにおいてメインメモリーへのアクセスを最小限にすることを意味します。インメモリーデータベースにおいて、メインメモリーへのアクセスを最小限にするという表現に矛盾を感じるかもしれませんが、CPU は、必要なデータを L1/L2 という CPU に近いキャッシュに対して要求します。L1/L2 キャッシュに必要なデータが存在しない場合は、メインメモリーにアクセスします。さらに SAP HANA では基本的に発生しませんが、メインメモリーに必要なデータが存在しない場合は、さらに低速なデバイスであるディスク（ハードディスクもしくは SSD など）にアクセスが発生します。

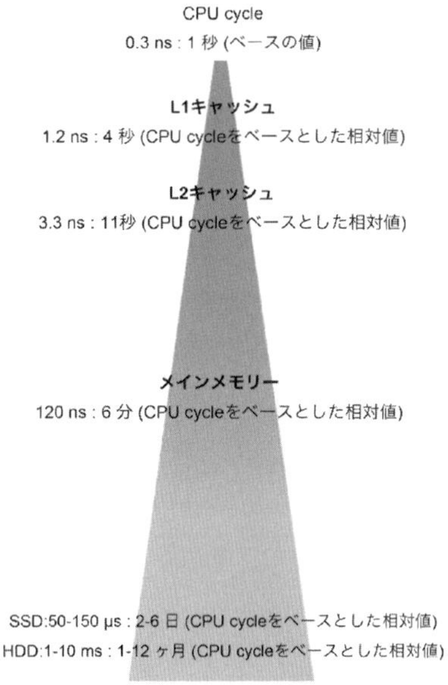

CPU cycle
0.3 ns : 1 秒 (ベースの値)

L1キャッシュ
1.2 ns : 4 秒 (CPU cycleをベースとした相対値)

L2キャッシュ
3.3 ns : 11秒 (CPU cycleをベースとした相対値)

メインメモリー
120 ns : 6 分 (CPU cycleをベースとした相対値)

SSD:50-150 μs : 2-6 日 (CPU cycleをベースとした相対値)
HDD:1-10 ms : 1-12 ヶ月 (CPU cycleをベースとした相対値)

図 3-4. データアクセスのパフォーマンスヒエラルキー

SAP HANAでは必要なデータが可能な限りメインメモリーではなく（必要なデータがメインメモリーに存在するのはSAP HANAでは当たり前の状態）L1/L2キャッシュに存在するように効率的にメインメモリーからプリフェッチするアルゴリズムになっています。ただ、L1/L2キャッシュはメインメモリーに比べて圧倒的に小さな領域なので、全てのデータをL1/L2キャッシュに配置できません。そのため、有効にL1/L2にデータを配置できるようにデータベースで管理するデータ構造を変える必要がありました。

このデータ構造は、SAP HANAの大きな特徴の1つであるカラムストアと呼ばれる構造です。カラムストアの利点はL1/L2キャッシュの有効利用だけにとどまりません。データベース内で高スループットを必要とする処理（一般的にOLAP処理）で、参照時のアクセス対象となるデータ量を最小化することが可能です。

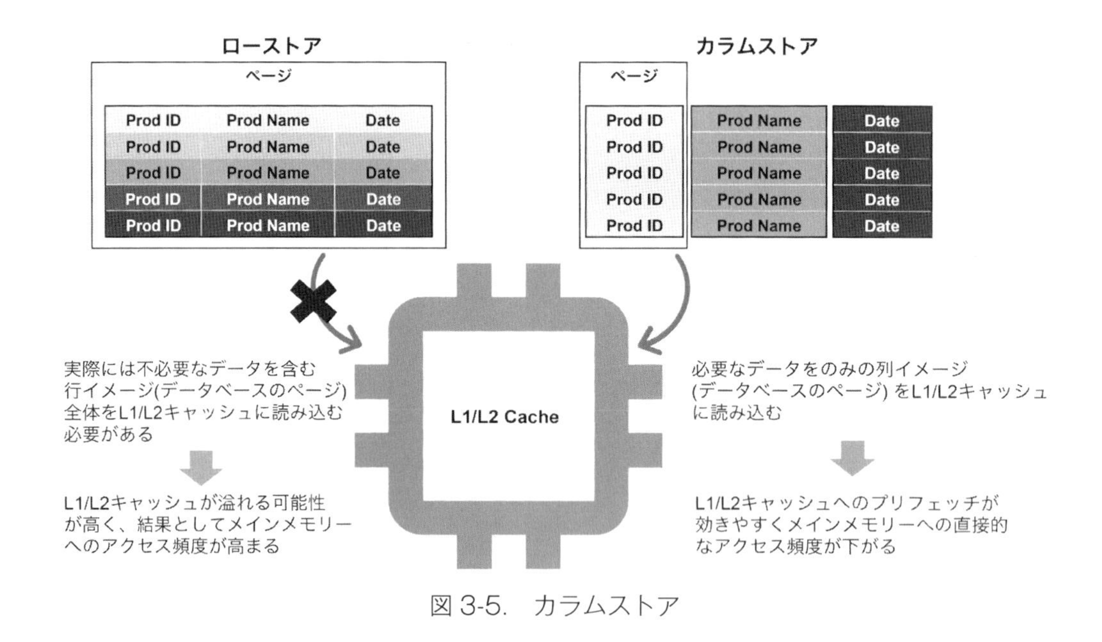

図 3-5. カラムストア

このカラムストアというデータ構造の特徴と、メインメモリーへのアクセスを極少化してCPU キャッシュのヒット率を向上させるアルゴリズム、さらには、SIMD を代表とする CPU が持つ現代的なアーキテクチャの利用により、SAP HANA は、インメモリーのさらに先を行く高速性を実現しているといえます。

3-3 カラムストア

データベースにおけるデータ管理を考える際にデータベースの物理的なデータ構造は非常に重要です。それは、物理的なデータ構造によりデータを管理するアルゴリズムが実装され、様々な局面においてデータを管理する計算コストが決定されるからです。

SAP HANA は物理的なデータ構造としてカラムストアを採用しています。このカラムストアという物理的なデータ構造に最適化されたアルゴリズム、もしくは追加のアーキテクチャを通してデータを参照、更新します。しかし、ユーザーは SAP HANA の物理構造を基本的に意識する必要はありません。カラムストアの使用の有無に関わらず、トランザクション（ACID)、データベースへの接続性（JDBC、ODBC など)、データベースの制約、インデックス、バックアップ & リカバリなどは、読者が想像する一般的な RDBMS（Relational Database Management System）と同様に使用することが可能です。

一般的なデータベースの多くはカラムストアではなく、ローストア（Row Store）を実装しています。SAP HANAは、カラムストア、ローストアの両方を実装するデータベースになります。データベース管理者、および開発者は、カラムストア、ローストアを使い分けることが必要です。一般的に、カラムストア、ローストアの使い分けはアプリケーションのワークロードにより決められますが、全てのワークロードをカラムストアで処理することが可能です。

このため、SAP HANAの場合、データベースの設計時に、ワークロードを考慮してカラムストア、ローストアを使い分ける必要がありません。仮に、カラムストアとローストアを使い分ける場合であっても、アプリケーションで、カラムストア、ローストアを区別してアクセスする必要はありません。

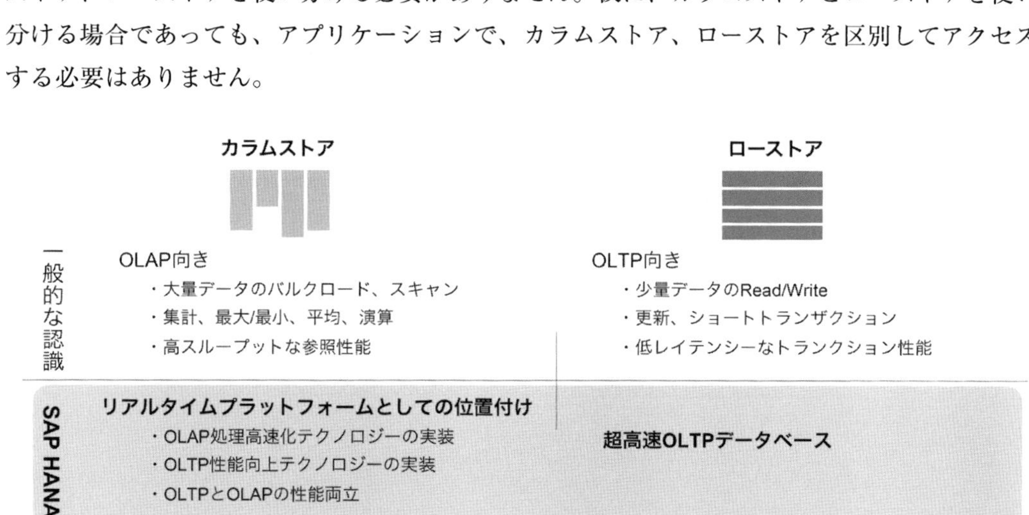

図3-6. カラムストアとローストアの一般的な特徴

上記に示すように、一般論として、カラムストアは大量データに対して集計、レポーティング処理といった各クエリーに高いスループットが必要なOLAPに適しています。一方、OLTPの様な低レイテンシーが求められる処理（特に更新）はカラムストアに適していません。SAP HANAは従来のカラムストアで実現できなかった低レイテンシーでのOLTPをサポートしているため、ユーザーはOLAP、OLTPの双方で、カラムストアの使用が可能です。

以降、一般的なカラムストアのメリット／デメリットの詳細を述べると共に、SAP HANAがカラムストアのデメリットをどのように克服しているのかを見ていくことにします。

3-3-1. 一般的なカラムストアとローストアの特徴

SAP HANA独自のカラムストアの説明の前に、一般的なカラムストアとローストアの特徴をまとめておきます。

まず、以下に示すサンプルの場合、テーブルにはCountry、Product、Salesの3つの属性（カラム）が設定されています。

ローストアの場合は、行単位で、データベースのページにデータが格納されていきます。データベースのページには、Country、Product、Salesの全てのカラムのデータが格納されます。一方、カラムストアの場合は、カラム単位で、ページにデータが格納されます。データベースの同一ページに他のカラムデータが混在することはありません。

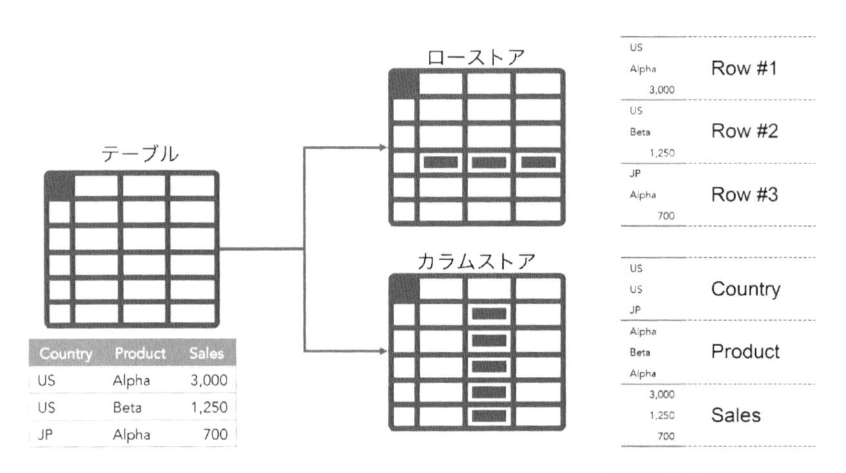

図3-7. カラムストアとローストアのデータ格納

ローストア、カラムストア両方で、上記のサンプルのテーブルのデータから売り上げ（Sales）の合計を計算することを考えてみます。

SQL文で表現すると以下の様になります。

```
SELECT SUM（Sales）FROM Table;
```

まず、上記のSELECT文にて、テーブルに含まれる3つのカラムのうち必要なカラムはSalesカラムのみです。

ローストアの場合、行の一部であるSalesカラムは、テーブルを構成する全てのページに含まれることになります。これは、SELECT文で対象のカラムか否かに関係なく、テーブルを構成する全てのページがスキャン対象となることを意味します。

さらに、CPUキャッシュの効率的な利用という観点からみると、処理に無関係なカラム（この場合は、Country、Product）を含めたデータがCPUキャッシュに乗ることから、CPUキャッシュを効率的に利用しているとはいえません。

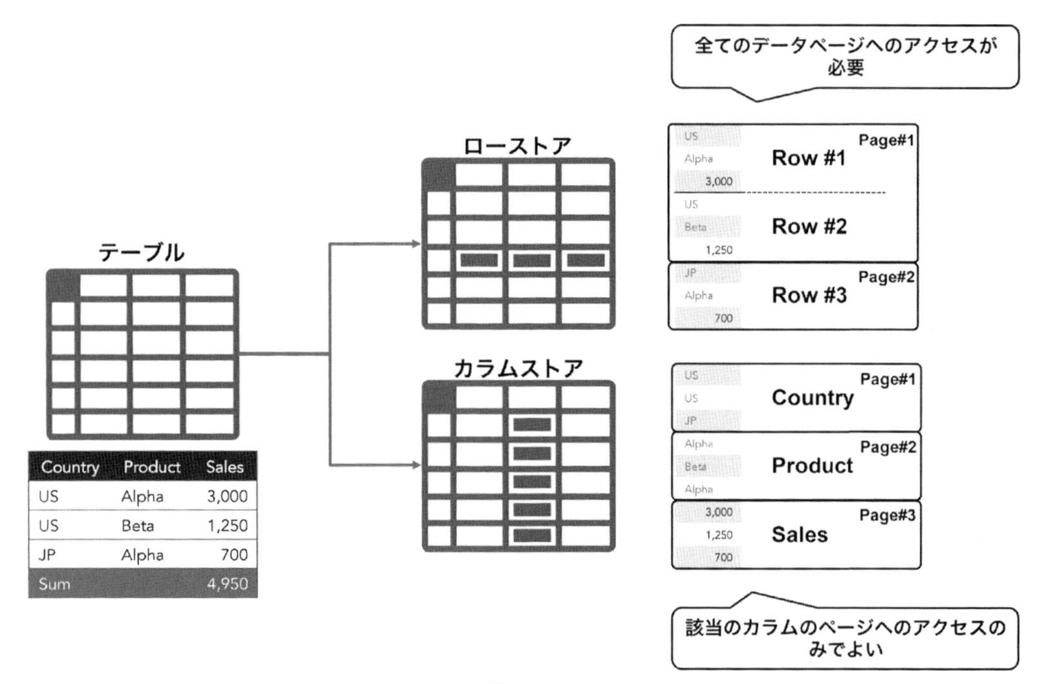

図3-8. 集計処理の場合

一方、カラムストアの場合、カラムごとに物理的に異なるページにデータを配置されます。この例では、SELECT文で必要なカラムはSalesカラムとなり、物理的なスキャン対象もSalesカラムを格納するページのみとなります。また、SELECT文でアクセス対象でないカラムを無駄にアクセスする必要がないためCPUキャッシュも効率良く使えることになります。さらに、プリフェッチの効果も最大限得ることができるようになります。

3-3-2. データ圧縮

一般的に高スループットに重点をおくOLAP用途のデータベースでは、アクセスするデータ量の極小化によるパフォーマンスの向上、およびデータ格納のコスト削減を目的としてデータ圧縮が積極的に利用されます。SAP HANAの場合は、OLAP用途に限定されませんが、物理メモリー自体が、現代のコンピュータリソースにおいて高コストなデバイスであるため、データ圧縮を積極的に行い、より多くのデータがメモリーに配置できるようにしています。

このデータ圧縮を考える場合、ローストアには1つのページに様々なデータタイプを格納する必要があります。この場合、一般的な重複排除をベースとしたデータ圧縮の圧縮効果が低くなります。

一方、カラムストアの場合、カラム単位でデータを分離しているため、ページ単位に同一もしくは重複したデータが集まることになり、重複排除による圧縮効果が得られやすくなるという特徴があります。

SAP HANAの場合、カラムストアにおける圧縮にいくつかのレベルと方法を用意しています。いくつかのレベルとは、全てのデータに対して行われるディクショナリー圧縮と、データ量やデータの偏りにより自動で実行されるアドバンス圧縮の2つです。また、アドバンス圧縮はValue ID配列を圧縮しますが、様々な種類が用意され、SAP HANAが最適な圧縮方法を決定します。使用されている圧縮方法はSAP HANAのシステムビュー（M_CS_COLUMNS）で確認することができます。

圧縮方法		M_CS_COLUMNS	説明
ディクショナリー圧縮（ディクショナリーエンコーディング）		DEFAULT	カラムの値は、メモリー量がはるかに少ない数値（Value ID）にマッピングされるため、一般的にディクショナリー圧縮で大幅なスペース削減が実現できます。
アドバンス圧縮	プレフィックスエンコーディング	PREFIXED	Value ID配列の先頭にある同じ値は、発生回数とともに1回だけ格納されます。
	ランレングスエンコーディング	RLE	連続する値に対して反復を削除して配列の開始位置を保持します。
	クラスターエンコーディング	CLUSTERED	Value ID配列は1024のクラスターに分割されます。クラスター内のValue ID配列が全て同じであれば1文字に置換します。
	インダイレクトエンコーディング	INDIRECT	Value ID配列は1024のクラスターに分割されます。クラスター内のValue ID配列が低カーディナリティであれば再度辞書圧縮を行います。
	スパースエンコーディング	SPARSE	最も頻出する値は、Value ID配列から削除されます。ビットベクターは、値が削除された位置を示します。

表3-2. SAP HANAの圧縮方法

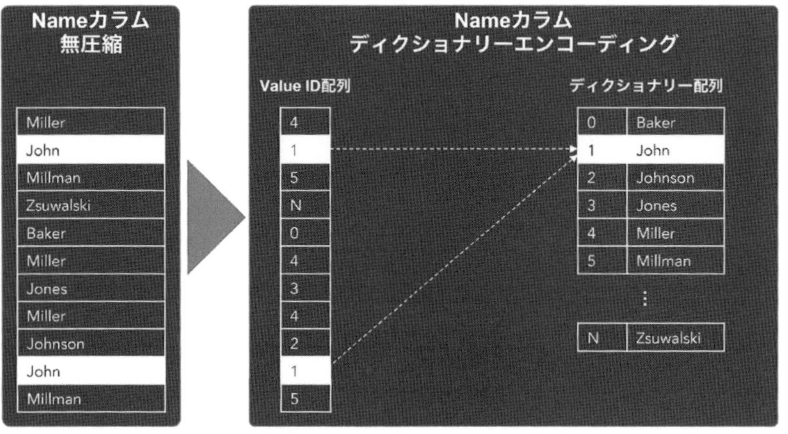

図 3-9.　SAP HANA のディクショナリー圧縮

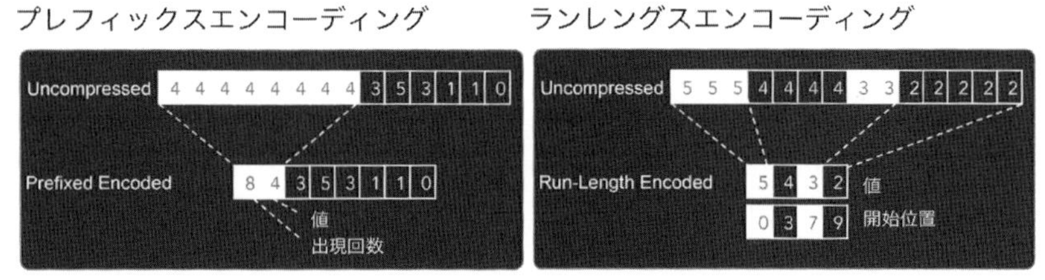

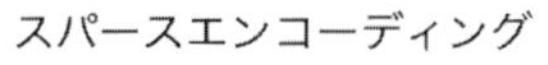

クラスターエンコーディング

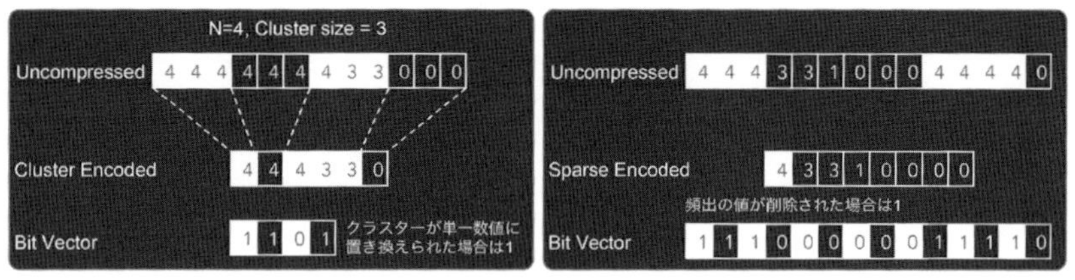

インダイレクトエンコーディング

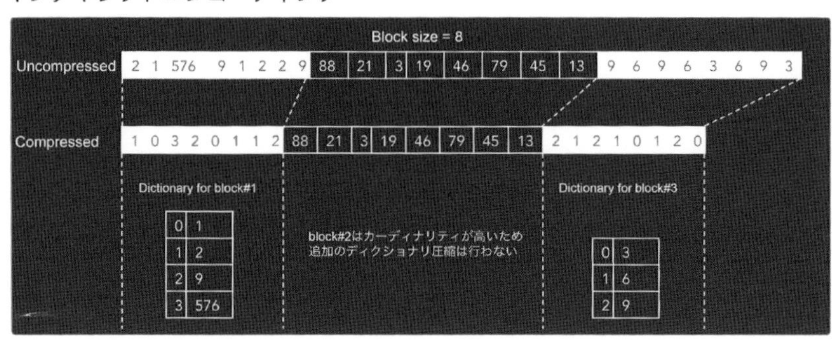

図 3-10.　SAP HANA のアドバンス圧縮

SAP HANAは後述するデルタマージという処理内でアドバンス圧縮の最適化を行います。テーブルが作成された直後のデータはアドバンス圧縮が実施されていません。これは、十分なデータが存在しない場合、どの圧縮方法がカラムに最適か判断ができないためです。テーブルに一定量のデータが挿入され、デルタマージが実施されるとSAP HANAはアドバンス圧縮を実行します。

このように、データ圧縮はSAP HANAがデルタマージの中で自動実行しますが、ユーザーは手動でデータ圧縮を実行することも可能です。データ圧縮を手動で実行するには次のSQL文を実行します。

```
UPDATE table_name WITH PARAMETERS ('OPTIMIZE_COMPRESSION'='YES') ;
```

3-3-3. カラムストアのメモリー管理

SAP HANAは、全てのデータをメモリーに配置しようとします。SAP HANAのローストアは、データベースの起動時にメモリー上にロードされ、アンロードされることはありません。一方、カラムストアは、最初にアクセスされるときにカラム単位でオンデマンドにメモリー上にロードされます。これは遅延ロードと呼ばれることもあります。これにより、使用されていないカラムはロードされず、メモリーの無駄が回避されます。

この遅延ロードはカラムストアのデフォルトの動作です。テーブルの設定として、SAP HANAの起動時に個々のカラムまたはテーブル全体がメモリーにロードされるように指定することができます。SAP HANA起動時にテーブル全体をメモリーにロードするには次のSQL文で設定します。

```
ALTER TABLE table_name PRELOAD ALL;
```

個別のカラムを指定する場合は以下のSQL文を使用します。

```
ALTER TABLE table_name PRELOAD (column_name) ;
```

また、クエリーや他のプロセスが現在SAP HANAが使用可能なメモリーよりも多くのメモリーを必要とする場合、SAP HANAはテーブルや個々のカラムをメモリーからアンロードします。このアンロードは、LRU (Least Recently Used) アルゴリズムに基づいて実行されます。

さらに、メモリー上にロードする単位をカラム全体からページにするようにカラムストアを構成することもできます。これにより、アクセス頻度が低くカラムのデータ全てをメモリーにロードする必要性が低い場合や、データのアクセスに偏りがあり特定のデータのみ頻繁にアクセスされる場合、メモリーを節約しながら、メモリー上の特定のページのみにアクセスすることが可能です。この機能を使用するには、CREATE TABLE または ALTER TABLE 文で PAGE LOADABLE または COLUMN LOADABLE を指定します。カラムストアのデフォルトは COLUMN LOADABLE です。また、PAGE LOADABLE を指定した場合、カラムのデータに対してアドバンス圧縮は実施されないことに注意が必要です。

メモリー管理という意味で、LOB（Large Object）データの扱いは少し特殊です。SAP HANA は、LOB データをディスクに格納することができます。この場合、データは必要なときにのみメモリーにロードされます。また、ハイブリッド LOB を使用することもできます。これは、柔軟性があり、LOB をそのサイズに応じてディスクまたはメモリーに格納します。

LOB データはカラムストア、ローストアの構造内に直接マッピングされておらず、対応するテーブルの LOB カラム内の ID によって参照され、必要に応じてメモリーにロードされます。これにより、LOB データが実際に要求されていない場合、メモリー消費が大幅に削減されます。また、SAP HANA のメモリー不足時、LOB データはカラムまたはテーブルのアンロードより先にメモリーからアンロードされます。

3-3-4. カラムストアの更新処理

ここまで、ローストア、カラムストアにおけるデータの参照についてカラムストアが高スループットを実現可能なこと、また、SAP HANA のデータ圧縮やメモリー管理などを説明しました。しかし、一般的なカラムストアではデータの更新が非常に高コストになるデメリットがあります。

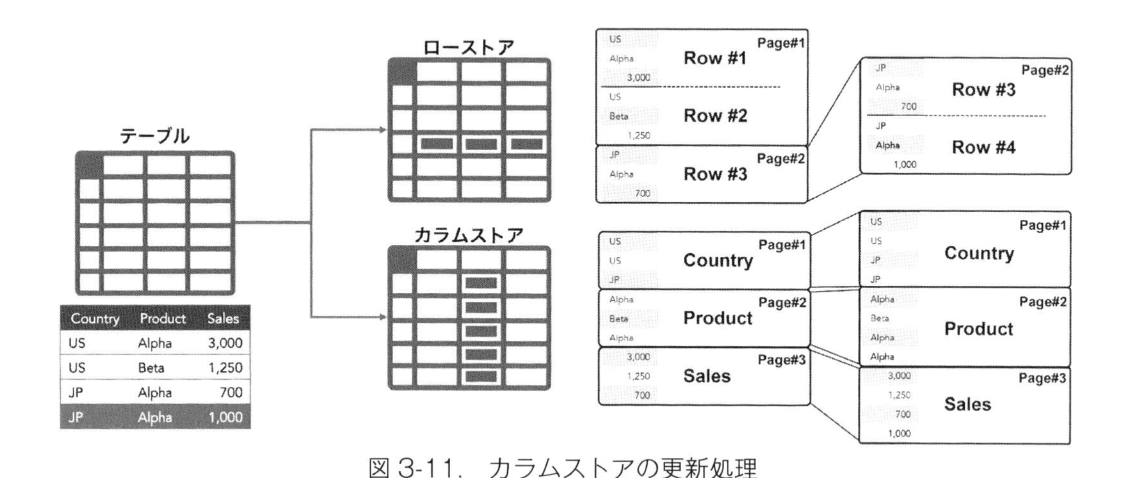

Country	Product	Sales
US	Alpha	3,000
US	Beta	1,250
JP	Alpha	700
JP	Alpha	1,000

図 3-11. カラムストアの更新処理

上記の例で、ローストア、カラムストアそれぞれに1行データを挿入する場合を考えます。SQL 文で表現すると以下の様になります。

```
INSERT INTO Table (Country, Product, Sales) VALUES ('JP' ,' Alpha' ,1000) ;
```

上記 INSERT 文では、3つのカラム（Country, Product, Sales）が使用されています。ローストアの場合、3つのカラムであっても挿入対象のページは1つとなります。一方カラムストアでは、対象のカラム数分のページにアクセス（更新）が必要になります。

カラムストアの場合、この更新時における対象ページへのアクセス数の多さが、OLTP のパフォーマンスのスケールを阻害する大きな要因となります。また、カラムストアと相性の良いデータ圧縮も OLTP ではデメリットになります。INSERT、UPDATE や DELETE といった最終的に物理データ（ページ内の実データ）の更新を伴う処理を行う場合、データの展開、更新、再圧縮という工程が必要です。これらの処理とアプリケーションの更新処理を同期して実行することはパフォーマンスの観点から OLTP では現実的ではありません。

それでは、SAP HANA が圧縮を伴うカラムストアを採用しながら、一般的に不可能（もしくは難しい）といわれる OLTP をどのように実現しているか見てみることにします。

3-4 デルタマージ

カラムストアの最大の特徴は、OLAPに強く、OLTP（特に細かい更新処理）に弱いというものです。SAP HANAは、カラムストアのOLTPに弱いデメリットを克服するためOLTP、OLAPのワークロードの最適化された2つのメモリー領域を使用します。

カラムストアのOLAPに強い特性を最大限活かすための領域はメインストレージと呼ばれます。メインストレージでは、純粋はカラムストアで構成され、データ圧縮で説明したディクショナリー圧縮とともに必要に応じてアドバンス圧縮が実行されます。

一方、カラムストアをOLTPにそのまま適用するとOLTPへのデメリットを避けることはできません。そのため、SAP HANAは更新処理に関しては、デルタストレージと呼ばれる更新専用の準カラムストアで構成される領域を使用します。デルタストレージでは、ディクショナリー圧縮の一部のみ(具体的には、ソート処理を実施しないディクショナリー圧縮)を実施し、更新処理に余計なオーバーヘッドが発生しないようにしています。また、更新処理のオペレーション（追加、変更、削除）は、全てエントリーの追加のみで対応します。これにより、インラインでデータを直接書き換えるより小さなオーバーヘッドでデータの更新を行うことができます。

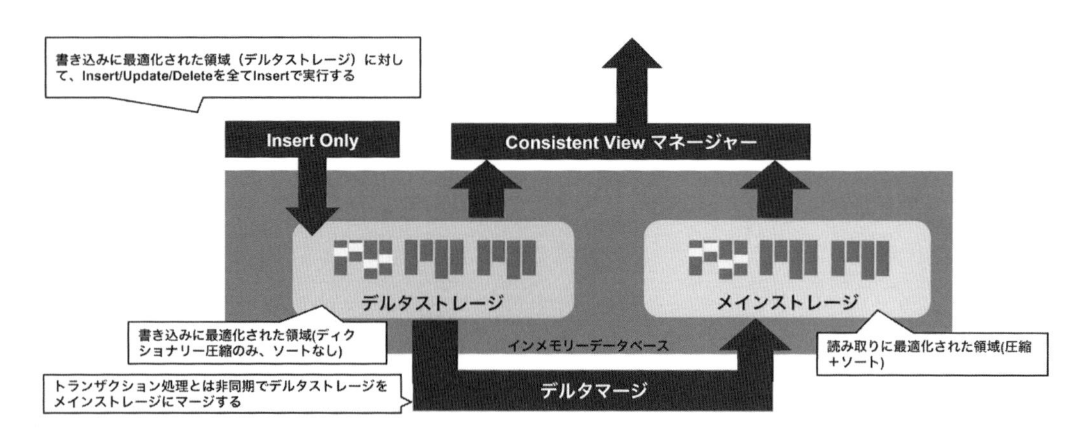

図3-12. デルタマージ

ただし、この場合、デルタストレージが更新処理とともに肥大化することになりメモリーを圧迫することが容易に想像できます。SAP HANAはデルタストレージの更新エントリーのサイズを監視し、デルタストレージが肥大化する前にデルタストレージとメインストレージのマージ処理を実施します。これがデルタマージと呼ばれる処理になります。通常、デルタマージはSAP HANAがバックグランドで自動実行するため、ユーザーが意識する必要はありません。手動でデルタマージを実行させたい場合、以下のSQL文で実行可能です。
(実際には、複数のデルタマージを要求する方法があり、このSQL文はその中の1つの方法です)

```
MERGE DELTA OF table_name [PART partition];
```

このデルタマージによりメモリー上のデルタストレージを再利用可能にして、更新処理によって使用メモリー量が肥大化しない仕組みになっています。また、マージ対象のメインストレージのデータ圧縮も同時に最適化されます。

3-4-1. マージモチベーション

デルタマージの実行要求は、いくつかの方法がサポートされています。これらをマージモチベーションと呼びます。次の図は、様々なマージモチベーションと、それらがどのように実行されるかを示しています。

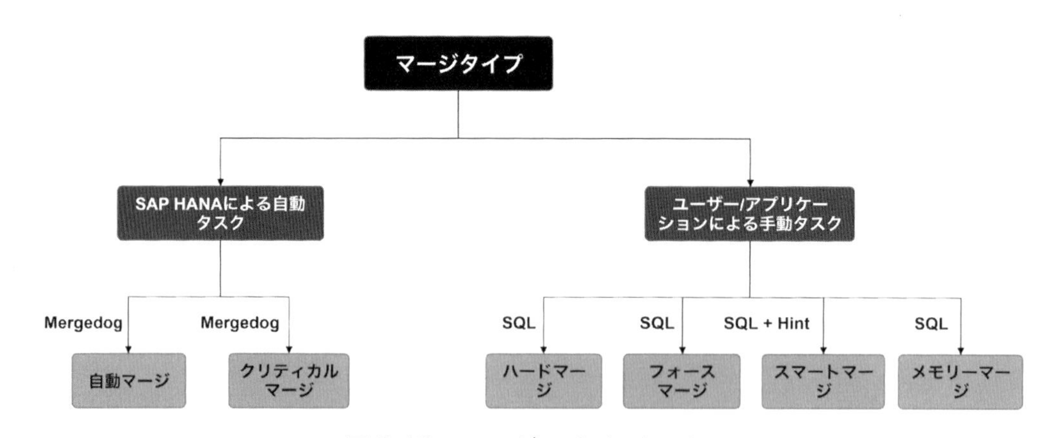

図 3-13.　マージモチベーション

3-4-1-1. 自動マージ

SAP HANAでデルタマージを実行する一般的な方法は自動マージです。 mergedogと呼ばれるスレッドは、メモリーにロードされたカラムストアテーブルを定期的にチェックし、個々のテーブル（またはパーティショニングテーブルの個別のパーティション）に対して、設定可能なしきい値（デルタストレージのサイズ、利用可能なメモリー、最後のデルタマージからの時間など）でデルタマージを行うか否かを決定します。また、自動マージは、テーブルごとに有効、無効を決めることが可能です。

3-4-1-2. スマートマージ

SAP HANA を使用するアプリケーションがデルタマージをより直接的に制御する必要がある場合、デルタマージを有効にするかどうかをアプリケーションが要求する機能をサポートしています。この機能は、スマートマージと呼ばれています。

たとえば、アプリケーションが比較的大容量のデータをインポートする場合、インポート中のデルタマージはインポートのパフォーマンスに影響を与える可能性があります。そこで、アプリケーションは、該当テーブルの自動マージを無効にし、インポートが完了してからデルタマージを行うようにヒントを発行することができます。

スマートマージを実行するヒントは次の SQL 文を実行します。また、スマートマージは、indexserver.ini の [mergedog] smart_merge_enabled パラメーターが yes に設定されている場合に有効になります。

```
MERGE DELTA OF table_name [PART part#] WITH PARAMETERS( ‘SMART_
MERGE’ ='ON');
```

3-4-1-3. ハードマージ、フォースマージ

次の SQL 文を実行すると、テーブルのデルタマージを手動で実行できます。

```
MERGE DELTA OF table_name [PART part#];
```

これはハードマージと呼ばれ、充分なシステムリソースが使用可能な場合、または十分なシステムリソースが使用可能になるとすぐに、デルタマージを実行します。

ただし、ハードマージはマージトークンと呼ばれる SAP HANA のデルタマージのリソース制御メカニズムの対象となります。デルタマージをシステムリソースの状況に関係なくすぐに実行したい場合は、オプションを付与してフォースマージを実行することができます。

フォースマージは、システムの負荷が高い場合でも小さなテーブルをマージする必要がある場合や、特定のデルタマージを実行していないテーブルがパフォーマンスに悪影響を及ぼしている場合に役立ちます。フォースマージを実行するには、次の SQL 文を実行します。

```
MERGE DELTA OF table_name WITH PARAMETERS
('FORCED_MERGE' = 'ON');
```

3-4-1-4. クリティカルマージ

システムを安定した状態に保つために、SAP HANA はクリティカルマージを実行することがあります。たとえば、自動マージが無効にされ、スマートマージヒントが発行されない状況では、デルタストレージが大きくなりすぎてSAP HANA が正常に動作できない可能性があります。このような場合、特定のしきい値を超えると、自動的にクリティカルマージを開始します。

3-4-2. マージトークン

デルタマージは、システムに負荷をかける可能性があります。そのため、デルタマージが全てのシステムリソースを消費しないようにマージオペレーションを制御する必要があります。制御メカニズムは、各マージオペレーションへのマージトークンの割り当てに基づいて行います。

フォースマージを除いて、マージオペレーションはトークンが割り当てられていない限り開始できません。マージトークンの数は有限なので、全てのマージトークンが取得された場合、デルタマージの要求はSAP HANA が実行中のマージオペレーションが完了し、マージトークンが解放されるまで待機する必要があります。

利用可能なマージトークンの数は、システムリソースの使用状況に基づいて調整されます。この数は、indexserver.ini の [mergedog] load_balancing_func パラメーターで設定されたコスト関数に基づいて、定期的に再計算されます。SAP HANA が load_balancing_func でマージトークンの数を判別できない場合は、indexserver.ini の [mergedog] token_per_table パラメーターで設定されたデフォルト値が使用されます。

3-4-3. Consistent View Manager

カラム単位にデルタストレージ、メインストレージと複数の領域が存在するとアプリケーションは、実際のデータが存在する場所を意識する必要があるのではないかと心配されるかもしれません。しかし、SAP HANA は Consistent View Manager というメカニズムにより、デルタストレージ、メインストレージは、アプリケーションから完全に透過的にアクセス可能になっています。

余談ですが、各セッションにおけるトランザクションの同時実行制御（SAP HANA の場合は MVCC: Multi Version Concurrency Control）も、Consistent View Manager により制御されています。

3-4-4. トランザクションとMVCC（Multi Version Concurrency Control）

MVCC（Multi Version Concurrency Control）は、同じデータに同時にアクセスするトランザクションを分離することによって、トランザクション間での同時実行性を失わず、データの一貫性を保証する概念です。

トランザクション間の一貫性を保証するため、MVCCでは複数のバージョンのデータが並行して存在します。また、SAP HANAでのデフォルトでのトランザクション分離レベルはREAD COMMITTEDであるため、各トランザクションは、データにアクセスした時点でコミット済みのバージョンをMVCCによる多数のバージョンのデータから選択します。このMVCCから正しいバージョンのデータを選択する機能は、Consistent View Managerに組み込まれています。

また、MVCCは理論上、多数のバージョンのデータを保持します。古いバージョンのデータは、実行中のトランザクションで誰も参照しなくなった時点で不要となります。これらの不要なバージョンのデータは、メモリーを解放するために削除する必要があります。このプロセスはガベージコレクション（GC）またはバージョンコンソリデーションと呼ばれます。

3-5 ワークロード管理

SAP HANAがOLTP、OLAPの両方のワークロードを同時に実行するための機能を備えたデータベースであっても、実世界で、OLTP、OLAPのそれぞれは別のアプリケーションとしてユーザーに提供される場合が多くあります。

その場合、OLTP、OLAPという両者のワークロードごとに重要度が異なり、SAP HANAという1つのデータベースの中で、その優先度を考慮して使用可能なリソースを調整する必要が出てきます。

SAP HANAのワークロード管理は、OSレベル、システムレベル、ワークロードクラスによるセッションレベルと大きく3つのレベルで管理することができます。また、各レベルで、静的なパラメーターで制御可能なものから、しきい値やルールの定義などで動的に制御するものなど複数の方法でワークロード管理が可能になっています。

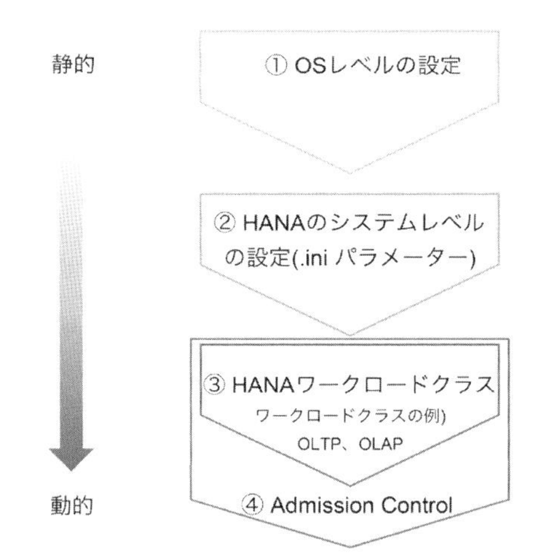

図 3-14. SAP HANA におけるワークロード管理

3-5-1. OS レベルのワークロード管理

OS レベルで提供されるワークロード管理は、SAP HANA のプロセス単位でどの CPU ソケットを使用するか、メモリーのローカリティ制御の方法を指定するといった OS 上での NUMA（Non Uniform Memory Access）を制御する方法を提供します。

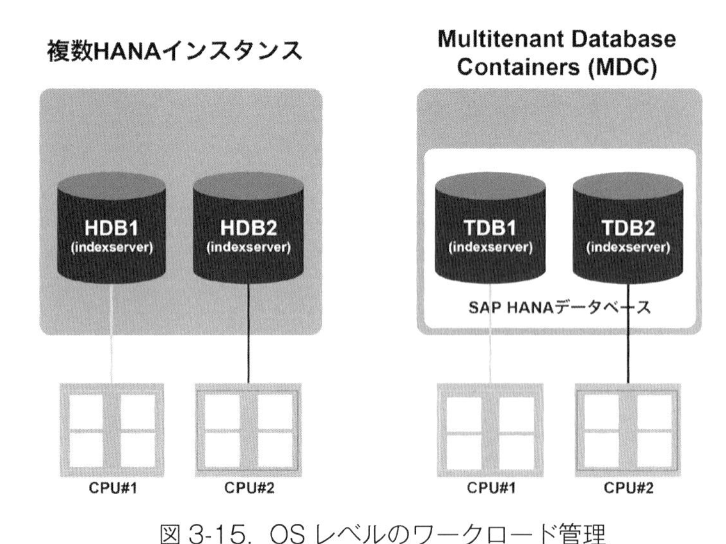

図 3-15. OS レベルのワークロード管理

OS レベルでプロセスが使用する CPU ソケットを固定するためには、各プロセス起動時に使用する CPU ソケット（コア）をバインドする必要があります。そのため daemon.ini に affinity パラメーターを追加します。

```
[indexserver]
instaces = 0
affinity = 0-3

[indexserver.TDB1]
name = HDB Indexserver-TDB1
executable = hdbindexserver
Instanceids = 40
affinity = 4-7

[indexserver.TDB2]
name = HDB Indexserver-TDB2
executable = hdbindexserver
Instanceids = 43
affinity = 9-12
```

図 3-16. CPU ソケットのバインド例

3-5-2. SAP HANA のシステムレベルのワークロード管理

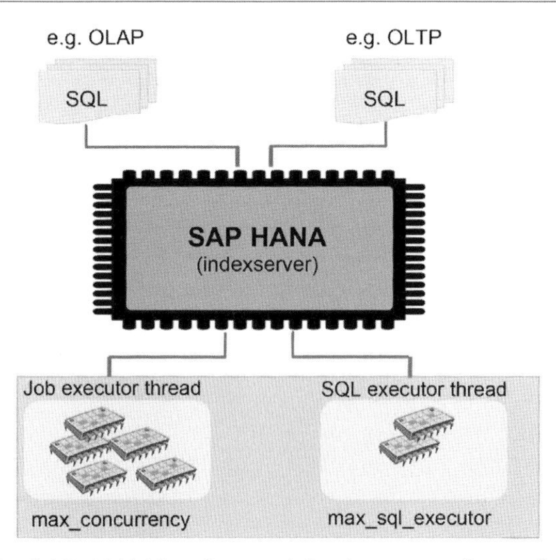

図 3-17. SAP HANA のシステムレベルのワークロード管理

SAP HANA のシステムレベルでのワークロード管理は、SAP HANA の設定ファイルによる使用可能なメモリー量の上限の設定や、OLTP ワークロードの最大同時実行数の制御として OLTP ワークロード実行スレッド（SQL Executor）の最大数の設定、OLAP 用の CPU リソース使用量の制御として、SQL の最大並列数、OLAP ワークロード実行スレッド（JOB

Executor）の最大数の設定、SQL 文の最大メモリー使用量などが設定可能です。

パラメーター	デフォルト値	説明
global_allocation_limit	物理メモリーの 90%	データベースごとに SAP HANA が使用可能なメモリー量の最大値を指定します
statement_memory_limit	0（無制限）	SQL 文ごとに使用可能なメモリー量の最大値を指定します
statement_memory_limit_threashold	0（=statement_memory_limit）	statement_memory_limit_threshold が指定されている場合、statement_memory_limitは、合計使用メモリーが global_allocation_limit を statement_memory_limit_threshold で超えた場合にのみ適用されます

表 3-3. メモリー関連のパラメーター

パラメーター	デフォルト値	説明
max_concurrency	0（全ての論理コアを使用することを意味します）	JOB Executor スレッド（OLAP 系処理スレッド）のスレッドプールにおけるスレッド数の最大値を指定します
max_sql_executors	0（全ての論理コアを使用することを意味します）	SQL Executor スレッド（OLTP 系処理スレッド）のスレッドプールにおけるスレッド数の最大値を指定します
default_statement_concurrency_limit	0（無制限）	SQL 文の実行ごとの使用可能なスレッド数の最大値を指定します
max_concurrency_hint	0（強制しない）	システムレベルでのスレッド数の最大値を強制します

表 3-4. CPU/ 並列度関連のパラメーター

3-5-3. SAP HANA のワークロードクラスでのワークロード管理

SAP HANA のワークロードクラスでのワークロード管理では、SAP HANA のセッションレベルで、セッションに含まれるクライアント情報から、優先度や事前に定義されたワークロードクラスを識別し、該当のワークロードクラスに設定されたリソース制限をセッション内で実行される SQL に対して自動的に設定します。

セッションに含まれるクライアント情報は、SAP HANA に事前定義されるアプリケーション名、OS ユーザー名、データベースユーザー名などの他にユーザーが独自にクライアント情報を定義することも可能です。

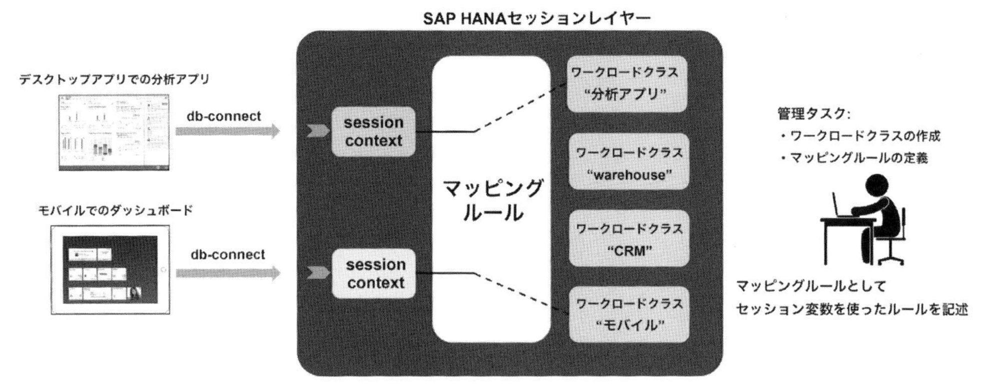

図 3-18. SAP HANA のワークロードクラス

さらに、Admission Control を有効にした場合、ワークロードクラスで設定されたリソース制限とともに、現在のシステムリソース状況を考慮して、さらに実環境に合ったリソース制限を実施することが可能です。

Admission Control を有効にする場合、実環境のシステムリソースの使用状況の KPI を統計情報として取得し、取得された KPI を元にセッションからの SQL 実行リクエストを Admit（許可）、Reject（拒否）、Queue（待機）に分類してワークロードを動的に管理します。これらの SQL の実行許可に関連するパラメーターを以下に記載しておきます。

パラメーター名	説明	単位	デフォルト値	最小値	最大値
enable	セッション単位の Admission Control の有効／無効	―	FALSE		
statistics_collection_interval	KPI の統計情報を取得するインターバル	ms	10s	100ms	unlimited
dequeue_interval	デキューするインターバル	ms	1s	100ms	unlimited
dequeue_size	デキューするリクエスト数	#request	10	1	100
max_queue_size	待機しているリクエストのキューサイズの最大値	#request	10000	1	unlimited
reject_cpu_threshold	拒否する時の CPU 使用率のしきい値	%	90	0	100
reject_memory_threshold	拒否する時のメモリー使用率のしきい値	%	90	0	100
queue_cpu_threshold	エンキュー／デキューする時の CPU 使用率のしきい値	%	90	0	100
queue_memory_threshold	エンキュー／デキューする時のメモリー使用率のしきい値	%	90	0	100
averaging_factor	移動平均係数	%	30	1	100 (no averaging)

表 3-5. Admission Control のパラメーター

3-6 並列処理

3-6-1. NUMA アーキテクチャによるマルチ CPU への最適化

ハードウェアのトレンドは、CPU コア単体のクロック性能の向上から、CPU をマルチコアにしてシステム全体のパフォーマンス向上を図っていく方向に移っています。

SAP HANA は、このハードウェアのトレンドに沿って、マルチコアによる並列処理を行うよう実装されています。また、エンタープライズサーバに採用されるマルチ CPU にも最適化されおり、マルチ CPU におけるマルチコアによるパフォーマンスのスケーラビリティを持っています。

SAP HANA の OLAP ワークロードは、OLAP ワークロード実行用スレッドである JOB Executor（JOB Worker）スレッドで実行されます。複雑な OLAP は、まずオプティマイザーによりロジカルプランに解析され、JOB Executor により、OS のリソース状況、ワークロード管理のルールを考慮して、ロジカルプランの中の各プランオペレーターをさらに並列処理化します。

また、SAP HANA は、マルチ CPU におけるメモリーのローカリティを考慮したテーブルやパーティションの配置を行います。JOB Executor は、この NUMA を考慮し適切な CPU ソケットにジョブ（プランオペレーター）をディスパッチします。

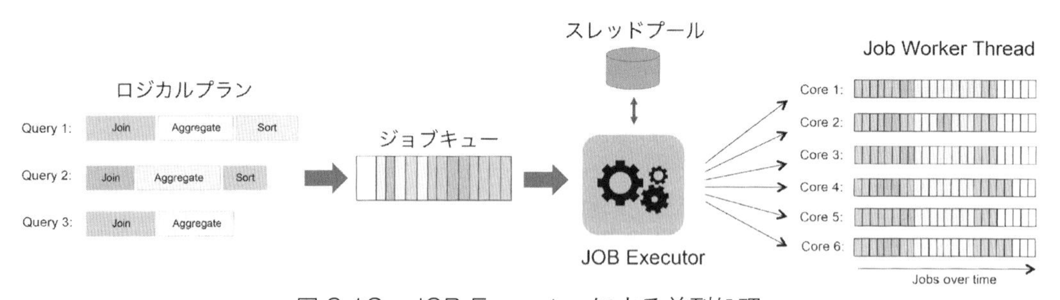

図 3-19. JOB Executor による並列処理

3-6-2. スケールアウトによる超並列処理

さらに、SAP HANA は単一のサーバの性能限界（サーバに物理的に搭載可能な CPU/ メモリーの限界）を超える、複数サーバ（ノード）をクラスター構成で論理的に巨大なサーバクラスターを構築するスケールアウト構成もサポートしています。SAP HANA のスケールアウト構成では、単一の巨大なテーブルをパーティションに分割し、スケールアウト構成のSAP HANAの各ノードに分散配置することが可能です。これにより、単一のサーバ内のマルチCPU、マルチコアの並列処理を超え、クラスター全体でのマルチノード、マルチCPU、マルチコアとシステム全体で並列処理を最適化しています。

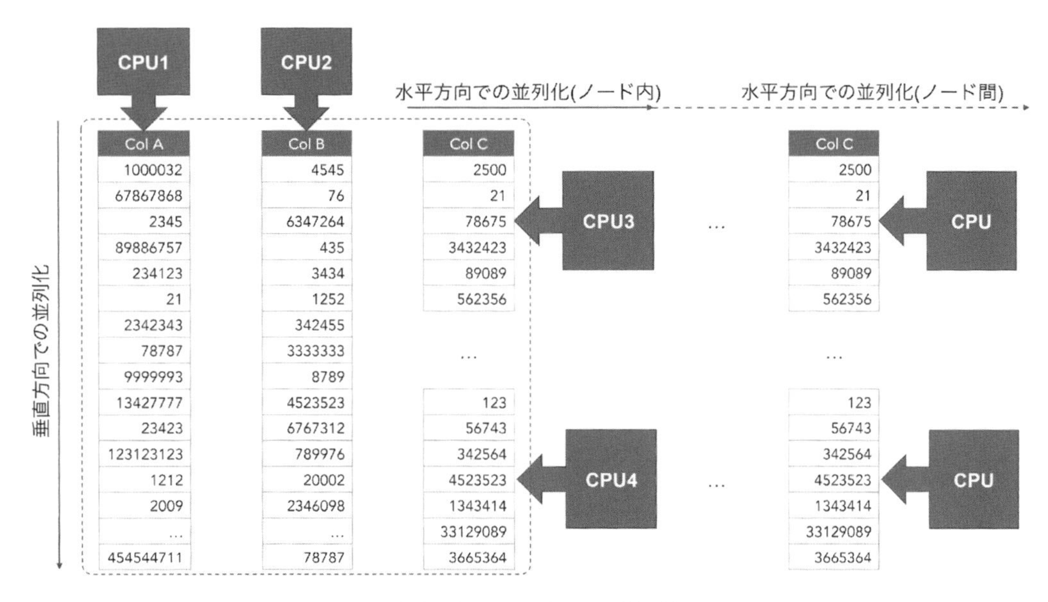

図 3-20. カラムストアの並列処理

3-7 パーティショニング

3-7-1. SAP HANAのパーティショニングの特徴

SAP HANAでは、テーブルを物理的な複数のパーティションに分割して1つの論理テーブルとして管理するパーティショニングテーブルがサポートされています。パーティショニングテーブルには、一般的に以下の効果があります。

・パーティショニングテーブルは通常1つのテーブルの特定のデータにアクセスが集中しがちな更新処理を物理的に異なるパーティションに分散させることでシステム全体のスループットを向上させる効果。(ハッシュパーティション)

・パーティション単位で異なるCPUコアに並列処理させることで、システムの持つCPUリソースをより有効に利用できる。

・パーティションプルーニングにより不必要なパーティションへのアクセスが抑制され、クエリーのパフォーマンスを向上させることが可能。
・パーティション単位で明示的に作成、削除、変更の作業が可能になり大容量のデータを格納するテーブルに対して、柔軟で高速なメンテナンス作業が可能。ただし、SAP HANA特有の理由からパーティショニングテーブルにすることが望ましい場合がある。
・パーティショニングテーブルの個々のパーティションは、スケールアウト構成時には、別のホストに配置することが可能。これによりスケールアウト構成時にクラスター全体で並列処理が可能。
・SAP HANAが1つのテーブル(非パーティショニングテーブル)もしくは1つのパーティションに格納できるレコードは20億件となっているため、1つのテーブルのレコードが20億件を超える場合は、パーティショニングテーブルにする必要がある。
・SAP HANAがOLTPとOLAPのワークロードをサポートするためのメカニズムであるデルタマージはテーブル単位で行われるため、大量データを格納したテーブルのデルタマージに時間がかかる可能性がある[*1]。パーティショニングテーブルの場合、デルタマージがテーブル単位からパーティション単位で実行されるようになり、処理対象のデータが少なくなることからデルタマージの時間を減少させることが可能。

ただし、パーティショニングテーブルにした場合、データ圧縮で常に実行されるディクショナリー圧縮において、ディクショナリー情報がパーティション単位で保持されることになります。これにより、パーティション間で、ディクショナリー情報の重複が発生する可能性があります。これは、非パーティショニングテーブルと比較して、パーティショニングテーブルの圧縮率が低下する可能性があることを意味しています。

3-7-2. パーティショニングタイプ

SAP HANAは単一のパーティショニングタイプで構成されるシングルレベルパーティションとシングルレベルパーティションをネストさせたマルチレベルパーティションをサポートしています。

*1. デルタマージに時間がかかることはSAP HANAに直接影響を与えることはありません。しかし、デルタマージ中はある程度のリソース(CPU/メモリー)を使用するため、通常のSQL処理に影響を与える可能性とデルタマージに関連する内部リソース解放が遅れることによるSAP HANAに間接的な影響を与えるリスクは排除できません。

シングレベルでサポートされているパーティションは以下をサポートしています。

タイプ	説明
ハッシュ	分散する数を指定してパーティショニングします。（パーティションキーがユニークであれば）20 億件を超えるようなテーブルを同一件数でロードバランスするような時に最適なパーティションタイプです。また、ハッシュパーティションでは、管理者は該当テーブルのデータについて深い知識を必要としません。
ラウンドロビン	ラウンドロビンは、ハッシュパーティションと同じように分散する数を指定します。しかし、パーティションキーを指定しません。ラウンドロビンパーティションでは、データは必ずパーティション間で同一となります。（ただし、パーティション追加、削除などの再分散が必要な場合を除きます）一般的に、パーティションプルーニングが効くハッシュパーティションの方が、ラウンドロビンパーティションよりメリットが大きいといえます。
レンジ	レンジパーティションは特定の範囲のデータを特定のパーティションに配置します。データに対して明示的に範囲を指定する必要があることから、該当のテーブルのデータに対して深い知識を必要とします。

表 3-6.

マルチレベルパーティションでは、シングルレベルパーティションでサポートされるパーティションタイプを組み合わせて設定可能です。サポートされる組み合わせは以下となります。

・ハッシュ－レンジ

・ラウンドロビン－レンジ

・ハッシュ－ハッシュ

・レンジ －レンジ

3-7-3. ステートメントルーティング

SAP HANA がスケールアウト構成の場合、クライアントによるステートメントルーティングが実行される場合があります。通常、スケールアウト構成の場合、クライアントとサーバとの接続が確立した SAP HANA のノードでクエリーを実行しようとします。クライアントが接続したノード上にクエリーで必要なデータ（テーブル）が存在しない場合、SAP HANA は必要なデータを他のノードから処理を実行するノードに転送します。処理対象のデータが大量な場合、このデータ転送によるオーバーヘッド（つまり、データのローカリティ）が、パフォーマンス上の大きなボトルネックとなる可能性があります。

そのため、SAP HANA はクライアントライブラリを通して、サーバ側からクライアント側にクエリーで必要なデータを保持するノードのリストを通知し、必要なデータを持つノード上でクライアントがクエリーを実行できるステートメントルーティングという機能を提供しています。

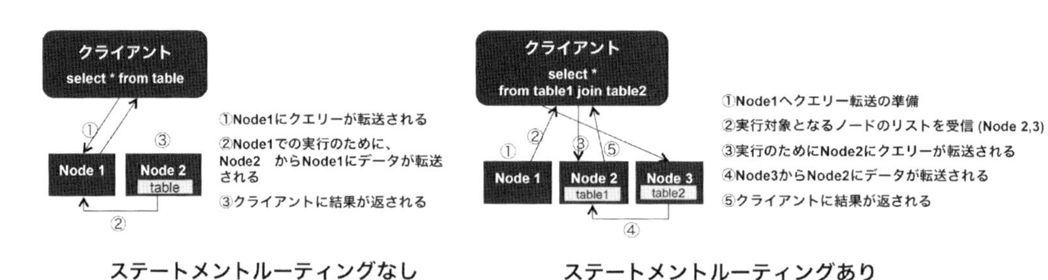

図 3-21.　ステートメントルーティング概要

このクライアント側によるステートメントルーティングはテーブルがパーティショニングされている場合にも有効になります。SAP HANA はパーティショニングによるデータ分散を行うことで、論理的に巨大なテーブルを物理的なパーティションに分割し、パフォーマンスのスケーラビリティと運用の柔軟性を得ることが可能になります。さらに、ステートメントルーティングにより、スケールアウト時に問題となる可能性のあるデータローカリティへの最適化を図ることが可能になっています。

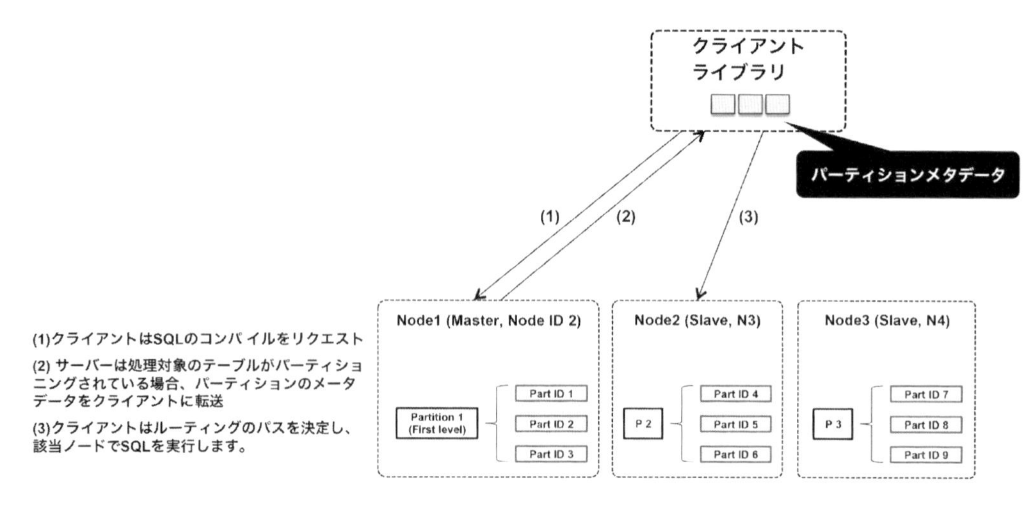

図 3-22.　パーティショニングとステートメントルーティング

3-8 データティアリング

3-8-1. SAP HANA dynamic tiering

一般的にデータベースに格納されるデータのライフサイクルを考える場合、データベースに格納された時点のデータは、アクセス頻度が高く、高速なレスポンスを要求され、更新の可能性も高いという傾向があります。一方、データベースに格納されてから時間が経過するにつれ、アクセス頻度、レスポンスへの要求、更新の可能性は低下する傾向があります。これは、データベースに格納されるデータは格納された時点をピークに時間の経過とともに、データの価値が低下するということを意味します。

SAP HANAは、このようなデータの価値に合わせて、データの配置を最適化するSAP HANA dynamic tieringという機能を持っています。具体的には、価値が高いデータ（Hotデータ）は、OLTP、OLAPともに高いレスポンスで処理できるインメモリーストレージ（デフォルト　ストレージ）に格納し、時間の経過とともに価値の低下したデータ（Warmデータ）は、OLAPの最適化され、かつ、低コストで大容量のデータを管理できるディスクストレージ（拡張ストレージ）に格納することができます。

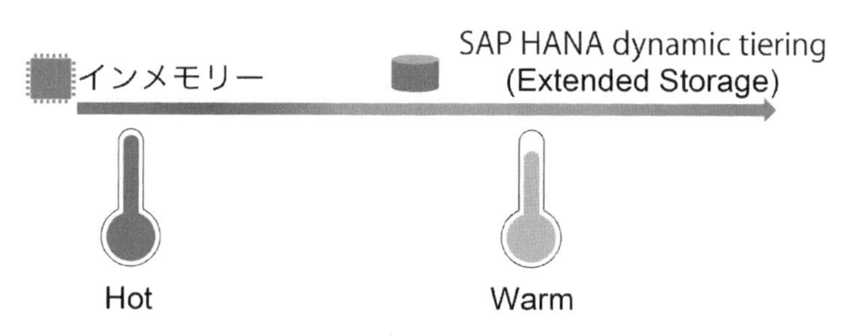

図3-23. SAP HANAにおけるデータティアリングの概念

このSAP HANA dynamic tieringの拡張ストレージは、時間の経過により価値の低下したデータを低コストで管理、処理することに最適化されています。Hotデータを格納するインメモリーストレージは、従来のSAP HANAのインメモリーデータベースで管理、制御されますが、Warmデータを格納するディスクストレージ（拡張ストレージ）は、ディスクに最適化された別のカラムストアを持つデータベースプロセス（ES Server）にて管理、制御されます。ただし、管理するプロセスが異なっていても、従来のSAP HANAの運用を変更する必要はありません。次に示す運用に関するオペレーションは、従来のSAP HANAと完全に統合されています。

- ・インストール、アップグレード
- ・データベースの監視、管理
- ・バックアップ、リカバリ
- ・HA（High Availability）/DR（Disaster Recovery）
- ・トランザクション管理
- ・ユーザーから格納ストレージに依存しない透過的なアクセス
- ・セキュリティ

3-8-2. マルチストアテーブル

SAP HANA dynamic tieringでは、Warmデータをディスクベースのテーブル（拡張テーブル）として管理することが可能ですが、パーティショニングテーブルの特定パーティションをディスク上に配置するマルチストアテーブルとして管理することも可能です。

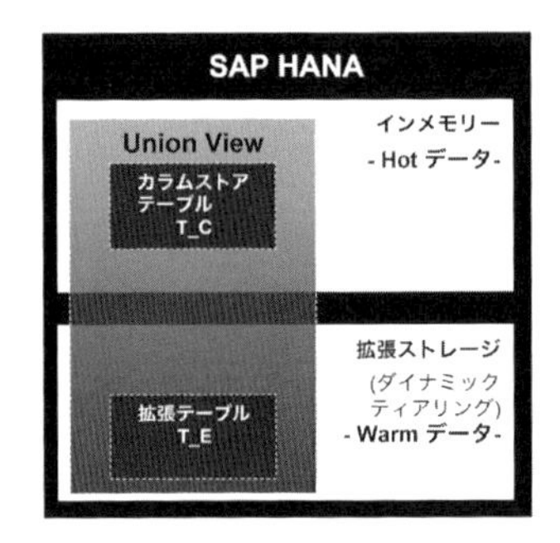

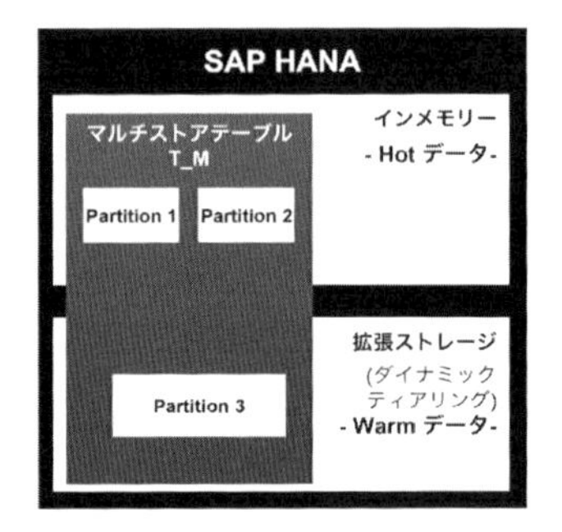

ダイナミックティアリング+ 拡張テーブル　　ダイナミックティアリング + マルチストアテーブル

図 3-24. 拡張テーブルとマルチストアテーブル

上記のマルチストアテーブルでは、SAP HANAのレンジパーティション（レンジ、ハッシュ-レンジ、レンジ-レンジ）を使用したパーティショニングテーブルを基本として特定のレンジのデータ（Hotデータ）はメモリー上、別のレンジのデータ（Warmデータ）はディスク上に配置するといった設定が柔軟に行えます。また、アプリケーションからマルチストアテーブルは1つの論理的なパーティショニングテーブルに見えるため、データの配置場所に依存せず、マルチストアテーブルに対して直接データの参照、更新を行うことが可能です。

さらに、データのメンテナンスに関しても、マルチストアテーブル内のパーティションの追加、削除、移動（メモリーからディスクへ、およびその逆）に関してはALTER TABLE文で、簡単かつ柔軟に実行可能です。

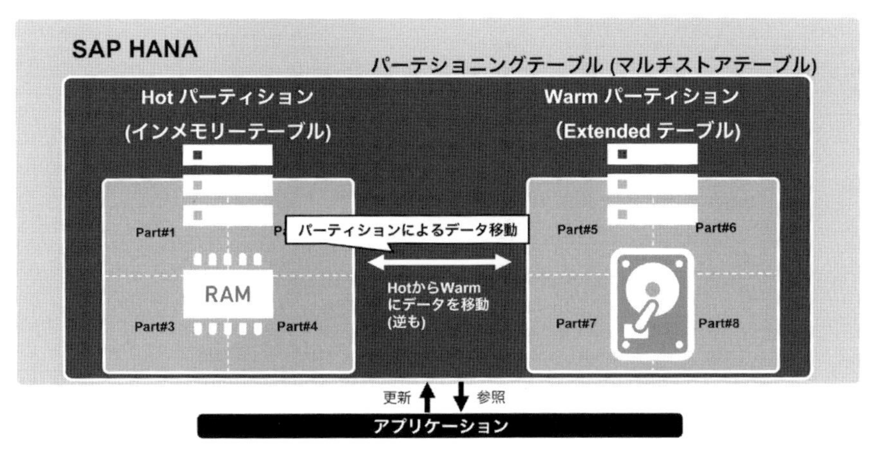

図 3-25. マルチストアテーブル

3-8-3. データライフサイクル管理

SAP HANA dynamic tieringを使用することで、SAP HANAのメモリー上で管理すべきデータのフットプリントの管理が可能になります。これは、データの価値に合わせ、データ処理、配置のコストを管理するという意味で非常に重要です。

しかし、データベースの管理、ここではバックアップやリカバリを考えた場合、SAP HANA dynamic tieringでデータの格納場所を変えても、データベースで管理すべきデータ量は変化しません。データベースで管理すべきデータが増量し、一部をディスクに格納しても、データベース全体のバックアップ時間はデータ量に依存して長くかかるようになり運用に支障をきたすことも想像できます。

このデータベース全体のデータ量を管理する最も単純な方法は、データの物理的な削除です。マルチストアテーブルを例にすると ALTER TABLE <TABLE> DROP PARTITION <PARTITION> 文で、古くなり必要のなくなったパーティションを削除すれば良いことになります。

しかし、アクセス頻度が極端に低いデータでも法的な制約などにより、一定期間（たとえば10年間など）データの保持が必要な場合があります。このような削除できないデータのライフサイクル管理を柔軟に行うために、SAP HANAでは、SAP HANA dynamic tieringに加えて、データのアーカイブ手法をツールベースで提供しています。

データのアーカイブでは、SAP HANAとは別のデータベースもしくはデータストアに、アクセス頻度が非常に低い、更新は発生しない、といった特徴のデータを移動させます。一般的に、更新可能なアクティブなSAP HANA上のデータ(Hotデータ、Warmデータ)と非アクティブなアーカイブ先のColdデータのSLA(Service Level Agreement)は異なります。具体的には、バックアップの頻度や、リカバリで復旧させるための許容時間などが挙げられます。

SAP HANAのアーカイブは、適切なSLAにそった外部データベース、データストアにSAP HANA上のデータをアーカブすることが可能です。現時点でサポートされている外部データベースはSAP IQ、外部データソースはHadoop（HDFS）となっています。

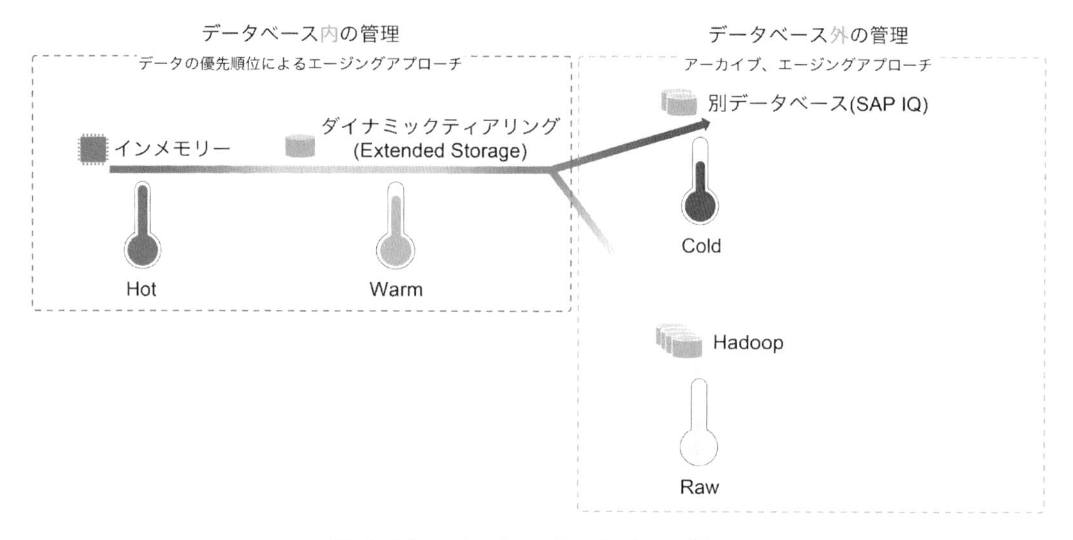

図3-26. データライフサイクル管理

SAP HANAでは、このデータのライフサイクル管理を効率よく実施するためにData Warehousing Foundationというツールを提供しています。Data Warehousing Foundationはいくつかのツールが含まれていますが、データライフサイクル管理を行うためのツールは、Data Lifecycle Managerになります。

Data Lifecycle Managerは、以下の手順でデータのライフサイクル管理にかかる作業を自動化できます。

・データソースの定義（SAP HANA上のカラムストアテーブル）
・エージング、アーカイブ先のターゲットの定義(SAP IQのテーブル、Hadoop(HDFS)上のディレクトリ)
・データを移動させる際のポリシー定義（移動の条件）
・データ移動を自動化させるためのスケジュール定義

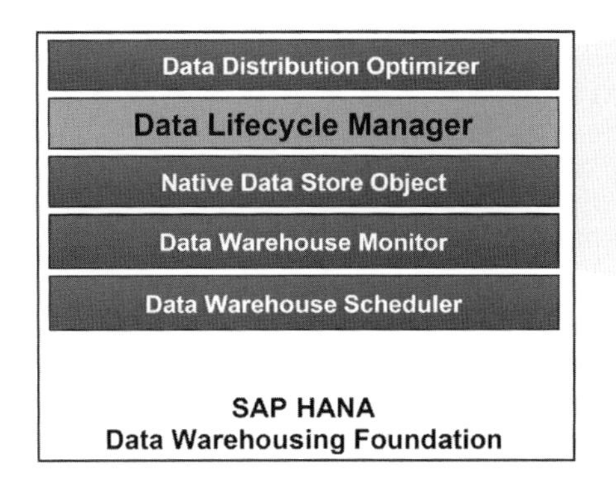

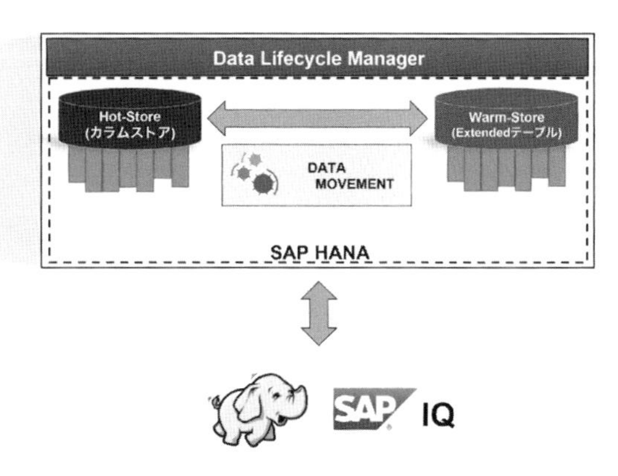

図 3-27.　Data Lifecycle Manager

3-9 データ仮想化（フェデレーション）

3-9-1. SAP HANA smart data access

多くの企業では、複数のシステムが連携しながら日々の業務を行っており、システムごとに異なるデータベースを使用していることは珍しくありません。SAP HANA を新規に導入した場合、全ての既存システムのデータ（この場合は、既存のデータベースのデータ）を SAP HANA に移行することを検討する必要があります。しかし、既存のアプリケーションおよびそのデータベースへの投資を保護し、現在のシステム構成をなるべく変えずに、SAP HANA の導入効果を素早く得ることも ROI（Return On Investment）の観点から非常に重要になってきます。

SAP HANA では、既存システムのデータベースに存在するデータを仮想化し、あたかも SAP HANA 上に既存データベースのデータが存在しているかのように振る舞うことが可能な仮想テーブルをサポートしています。仮想テーブルなどデータ仮想化の機能を総称して SAP HANA smart data access と呼びます。

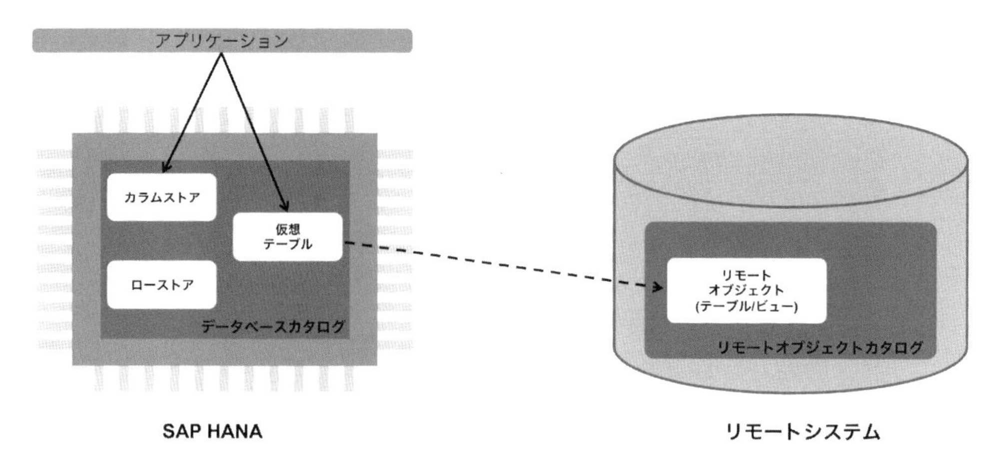

図 3-28. 仮想テーブル

SAP HANA smart data access では、SAP HANA にリモート（外部のデータベース）に存在するデータに関して仮想テーブルを経由してアクセス可能です。ユーザーは SAP HANA を単一のアクセスポイントとして、様々なデータソースに仮想的にアクセスすることが可能になります。また、仮想テーブルに対して、SAP HANA の SQL 文でアクセスできます。その際、SAP HANA と他のデータベース間でのデータ型の違いを SAP HANA smart data access の持つアダプターフレームワークが吸収し、SQL 関数の有無、SQL 関数仕様の違いなどを SAP HANA のオプティマイザーが吸収します。

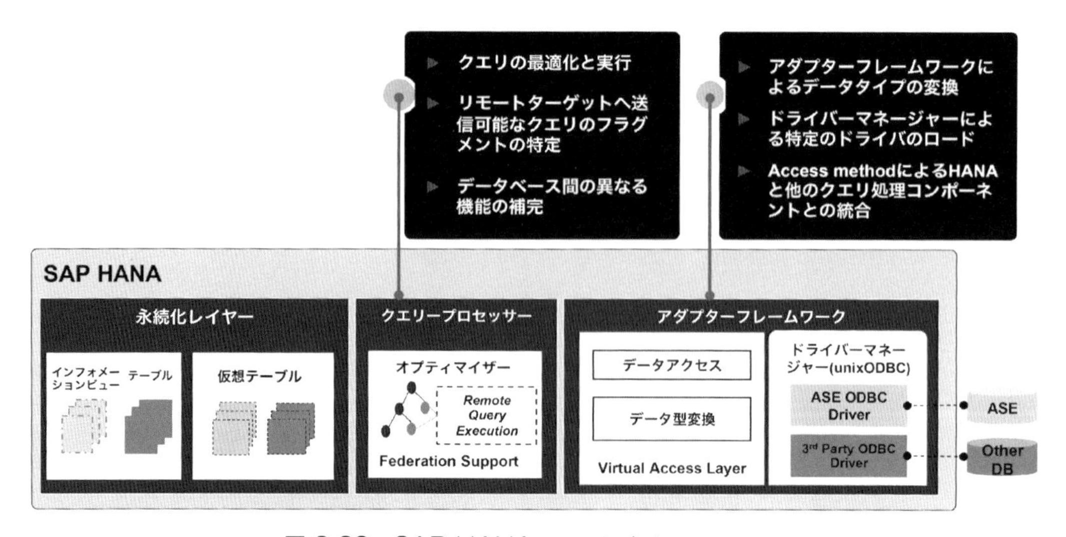

図 3-29. SAP HANA smart data access

さらに、SAP HANAが持つローカルのインメモリーテーブルと仮想テーブルとのジョインも完全にサポートされます。このジョインにおいてもSAP HANAのオプティマイザーは、ジョインを実行する場所の再配置（JOIN Relocation）、セミジョインの削減（Semi-JOIN Reduction）によってパフォーマンスを最適化させます。SAP HANAのオプティマイザーは、SAP HANA smart data accessでクエリー実行時にSAP HANAとリモートデータソース間でデータ転送を最小限にするよう最適化を図ります。このため通常のSAP HANAでは必要のない統計情報の取得が一部のデータソースでは必要になることに注意が必要です。

以下にSAP HANA smart data accessの機能概要の一覧を記載します。

機能	説明
サポートされるデータソース	Oracle Database 12c, Microsoft SQL Server 2012, IBM DB2, SAP HANA, SAP IQ, SAP ASE, SAP MaxDB, SAP ESP, SAP SDS, Teradata, Netezza, Hadoop, Spark
クエリー/DML/DDLのサポート	SELECT, INSERT, UPDATE, DELETE リモートソースの作成、削除（CREATE/DROP REMOTE SOURCE） （SAP HANAからリモートデータベースへの接続定義の作成、削除） 仮想テーブルの作成、削除（CREATE/DROP VIRTUAL TABLE）
クエリーの最適化	WHERE句、集約関数のプッシュダウン、セミジョインの削減、ジョインの再配置 （ローカル、リモート）の最適化など
クエリーの実行	異なるデータベース間での機能の補完 異なるデータベース間での関数の変換 並列実行
セキュリティ	リモートデータベースのユーザー、パスワードで認証するテクニカルユーザー認証、SAP HANAのユーザーとリモートデータベースのユーザーとをマッピングするセカンダリー認証
アダプターフレームワーク	ODBCによる異なるデータベースへ接続 異なるデータベースとSAP HANA間でのデータ型のマッピング

表3-7. SAP HANA smart data accessの機能概要一覧

3-10 Hadoop 連携と SAP Vora

3-10-1. Hadoop 連携

近年、膨大なデータの分析環境として Hadoop をプラットフォームとして大規模な分散処理を実行する企業も少なくありません。SAP HANA をリレーショナルデータベースとして利用する場合、格納されるデータが正規化された企業のビジネス継続を支える構造化データであるのに対して、Hadoop では構造化を前提としない非構造、半構造の生データ（Raw Data）の状態、かつ、データ量が膨大にあるというという特徴があります。

SAP HANA と Hadoop を含めたプラットフォーム全体を見たとき、2 つの視点があります。

1 つ目は SAP HANA からの視点です。この視点では、Hadoop はデータライフサイクル管理のための外部データストレージとしての利用が主な目的となります。SAP HANA のエージング、アーカイブの考え方により、SAP HANA では管理する必要がなくなった、もしくは管理するコストを下げたいデータを、Hadoop の HDFS に移動することができます。Hadoop に移動したデータは、SAP HANA smart data access の仮想テーブルを経由することで、SAP HANA からシームレスにデータを参照することが可能になります。

SAP HANA では、SAP HANA 1.0 SPS06 から SAP HANA smart data access のリモートソースとして Hadoop（Apache Hive）をサポートして以来、MapReduce ジョブを仮想ユーザー定義関数（vUDF）として SAP HANA から実行、リモートソースとして Apache Spark のサポートなど Hadoop の連携機能を拡張しています。現在では、Hadoop 上で Apache Spark 互換 API を備える SAP Vora をリモートソースとすることもサポートされています。

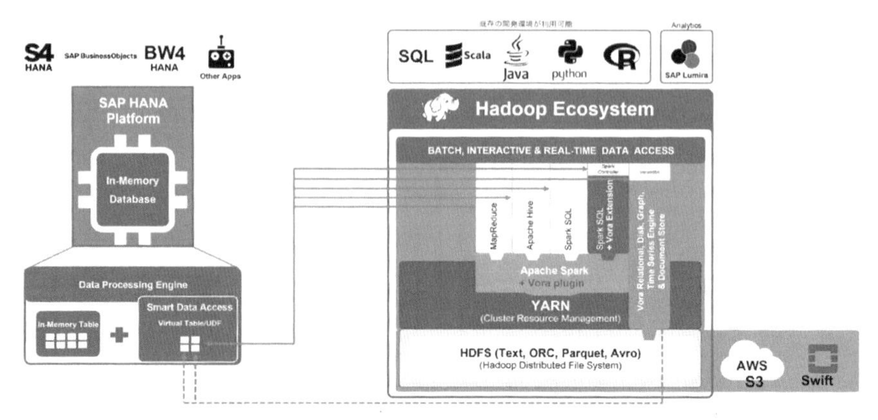

図 3-30. SAP HANA の Hadoop 連携

2つ目は、Hadoopからの視点です。Hadoopには、データの特性上、または技術的にSAP HANAでは管理対象とできない（もしくは、管理対象としない）データが大量に格納されています。また、Hadoop上では、Apache Hive、Apache Sparkによる主にバッチプログラムを作成し、大量データに対して多くの分析処理が行われています。この場合、分析処理に必要な最新の分析軸（製品マスター、部品マスター、顧客マスターなどのビジネスコンテキスト）は、Hadoop上に存在せず、SAP HANAをデータベースとした業務アプリケーションで管理されています。これらのSAP HANAで管理されているデータとHadoop上のデータをHadoopからの視点でリアルタイムにつなぐソリューションが必要です。さらには、Hadoopでの大量データによる分析結果を各業務アプリケーションにリアルタイムに通知、連携することも求められます。

3-10-2. SAP Vora

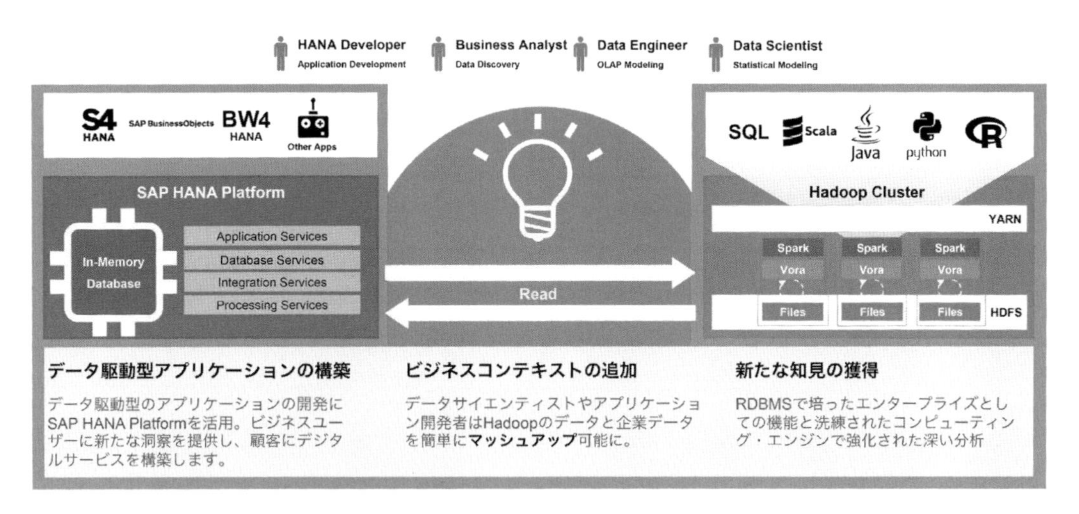

図3-31. SAP Voraの価値

SAP HANAを拡張するための外部データソースとしてHadoopを見る場合、SAP HANAが要求するリアルタイム処理性能をHadoopが満たさないことが、SAP HANAとHadoopを連携させる上で問題となっていました。これは、Hadoopがバッチの処理基盤として最適化されていることが大きな要因でした。

この問題を解決するため、SAPは現在Hadoop上での処理基盤として一般的なSpark SQLのAPIに互換性を持つSAP Voraを2015年（一般提供は2016年）より提供しています。これにより、SQLやその他SAP Voraが持つプロセッシングエンジンを利用してHadoop上のデータの活用にリアルタイム性をもたらすことが可能になります。また、SAP VoraはSpark SQLを利用するアプリケーションをSAP Voraに容易にマイグレーションすることが可能です。さらに、SAP Voraが拡張APIとして提供するSAP HANA用のSparkデータソースAPIを利用することで、SAP VoraとSAP HANAはリアルタイムにつながることができます。これにより、SAP HANAが持つビジネスコンテンツを自由にHadoop側で利用することができるようになります。

SAP VoraはSAP HANAと連携を深める目的から、Hadoop上のデータをSQLでアクセスするだけではなく、様々なプロセッシングエンジンからアクセスすることができます。SAP HANAと同様に、1つのデータを複数のエンジンで処理できるため、個別のプロセッシングエンジン間での物理的なデータ移動、コピーが必要なくなり、膨大なデータのより効率的な運用が可能になります。

下表はSAP Voraが持つプロセッシングエンジンです。

プロセッシングエンジン	説明
Relational Engine	Local, HDFS, Amazon S3, Swiftのファイルシステムからファイル（TEXT, ORC, Parquet, AVRO）をメモリー上にローディングし、Spark SQL互換（SAPの拡張を含む）のクエリーで高速な処理が可能
HANA Data Source（Engine）	SAP HANAのテーブルを使用する場合に指定します。SAP HANAテーブルの使用はSpark SQLを通じてSparkに完全に統合されています。
Disk Engine	データサイズの問題により全てのデータをメモリー上にローディングすることができない場合でもリレーショナルなクエリー機能を提供します
Graph Engine	リアルタイムでのグラフ分析のためのインメモリーのグラフデータベースを内蔵しています。主に読み込み専用の巨大なグラフ構造に対する分析クエリーが対象となります
Time Series Engine	高度に分散された時系列分析エンジンとストアを提供します。効率的（メモリーサイズと時間）な時系列圧縮を行うことで標準的なAggregation, Granularization, Advanced Analyticsをサポートします。SAP Voraは時系列データと他のリレーショナルモデルのデータを効率的なSQLモデルで構築することを可能にします
Document Store	NoSQLのDocument Storeを使うことでJSONドキュメントを扱うことができます。このDocument Storeは水平にスケールするSchema-less tableによりフィールドの追加や削除といった柔軟性を提供します

表3-8. SAP Voraのプロセッシングエンジン（SAP Vora 1.4）

3-11 仮想データモデル（Virtual Data Model）

これまでのレガシーなシステムでは、OLTP と OLAP のワークロードを混在させることは、OLTP（基幹システム）に与えるパフォーマンス影響のリスクが高く現実的ではない、もしくは非常に複雑なシステム運用が必要でした。

そのため、通常のシステム設計では、基幹システムとは別に分析システムを用意し、基幹システムでは OLTP に最適化し、分析システムは OLAP に最適化させるといったワークロードの分離という手法が一般的に取られています。この手法のメリットは、ワークロードの異なる個別システムで個別最適化が図ることで、両者にパフォーマンス的な影響を与えない設計が可能になることです。一方、基幹システムのデータは、分析に必要な対象データを決定し、ETL（Extract Transform Load）としてのバッチ処理で分析システムに連携させる必要があります。このバッチ処理は、データのリアルタイム性を大きく損なうことを意味します。データが発生して、分析可能になるためには ETL のバッチ処理を待つ必要があるからです。さらに、分析対象が追加、変更された場合、ETL のバッチ処理を改修する必要があり、この ETL バッチ処理の設計、実装、テストも分析のリアルタイム性と柔軟性を大きく損なう要因となります。

ETL のバッチ処理は、基幹システムから分析システムへ物理的なデータのコピーとなることから、データを移動させるための時間（パフォーマンス）的なコストが発生します。分析システムでは、物理的にデータのコピーを持つことからシステム全体ではデータの重複が発生し、データを格納するためのストレージコストおよびデータのメンテナンスコストが増加します。

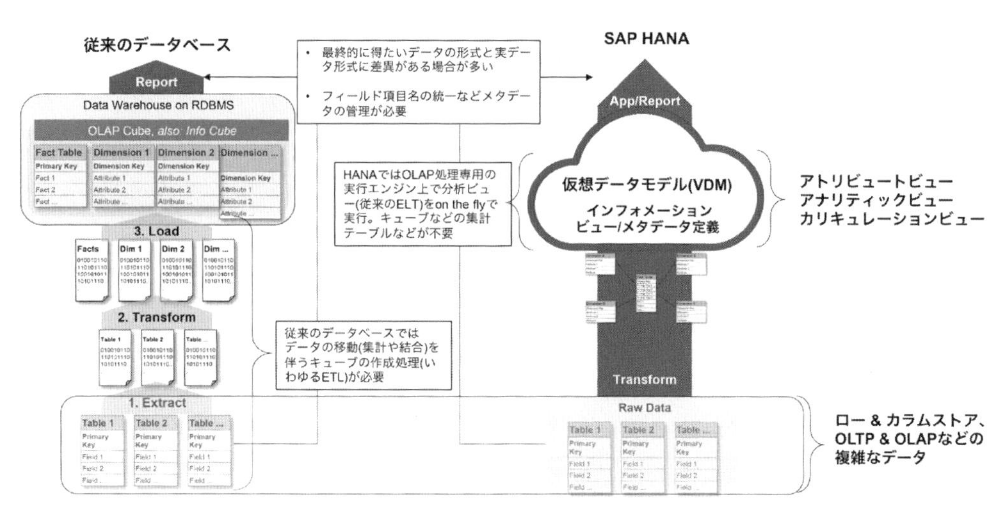

図 3-32. 従来のデータベースと SAP HANA のリアルタイム分析アプローチの違い

従来の分析システムでは、必要なデータの品質を担保するため、ETLのバッチ処理内で、システムごとに個別で異なるマスター値の付け替えなどを行っています。さらに、データモデリングの一環として、分析処理のパフォーマンスを最適化させるためユーザーの要件に応じた分析軸ごとに事前集計を行うキューブや、分析対象のサブセットを切り出したマートなどを別途バッチ処理で用意することが一般的です。

この方法も、ユーザーの要件の変更に対して、物理的にバッチ処理の設計、実装、テストが発生します。また、分析処理による正確な結果は、バッチ処理によるキューブ、マートの作成を待つ必要もあります。さらには、基幹システムでの実データ、分析システムにバッチ処理で取り込まれた分析用データ、その後、バッチ処理で、事前集計、分割されたキューブ、マートのデータといった、実データのコピーが複数存在することで、データを格納するためのコストは増加します。さらにネストした複雑なバッチ処理は、データを管理するための運用コストとリスクを高めます。

しかし、SAP HANAの登場で状況は大きく変わりました。SAP HANAではOLTPとOLAPのワークロードの混在を前提に設計され、特に複雑な運用をユーザーに強いることはありません。これにより、SAP HANAでETLなどのバッチ処理を必要とせず、基幹システムのビジネスデータは、発生、変更した時点で、分析可能なOLAP対象のデータとなります。

また、分析モデルの作成では、キューブやマートなど本来不必要なパフォーマンスの最適化は必要ありません。SAP HANAではデータ準備のための物理的なデータ編集や事前集計を必要としないインフォメーションビューと呼ばれる仮想データモデルで分析モデルを作成することができます。

たとえば、多くの異なるシステムのデータを統合して分析する際、システムごとに異なる項目名や項目IDの管理の違いを調整する必要があります。SAP HANAの場合は、ETLによる物理的なデータ編集ではなく、仮想データモデル（インフォメーションビュー）として定義します。この仮想データモデル自体は物理的なデータを持たず、モデルで定義された物理的なデータの場所（テーブル）や分析時の項目名、必要であれば項目IDと項目名をマッチングさせるための結合条件などを保持したビューとして定義されます。実際のデータ取得は、仮想データモデルがユーザーからリクエストされた時となります。これは、SAP HANAのインメモリー、カラムストア、並列処理などのOLAPに最適化された高速性を前提としており、とてもモダンなアプローチといえます。

この仮想データモデルのアプローチでは、物理的なキューブ、マートが不要となり開発生産性が劇的に向上するとともに、その開発コスト、データの重複によりストレージコストなどを低減させることができます。また、データが発生してから分析結果を得るまでのレスポンスタイムが飛躍的に向上します。さらに、SAP HANA smart data accessによる仮想テーブルも

SAP HANA の物理テーブルと同様に仮想データモデルに含めることで、SAP HANA にデータを持たない論理的なデータウェアハウスをモデリングすることも可能になります。

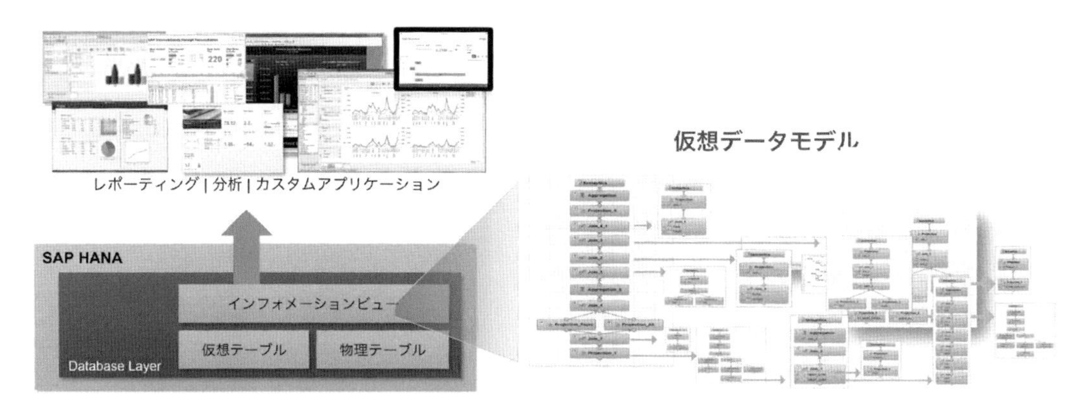

図 3-33. SAP HANA の仮想データモデル

3-11-1. モデリングプロセスとインフォメーションビュー

SAP HANA におけるモデリングとは、ビジネスシナリオを表すビューを作成することで、データベース内のデータをより価値のあるデータとして意味付けるアクティビティを指します。このビューは、レポーティングおよび意思決定に使用できます。

モデリングプロセスには、Customer、Product、および Sales など各エンティティの関係性の定義が含まれます。モデリングで定義したエンティティの関係性は、SAP BusinessObjects や Microsoft Office などの分析アプリケーションで使用できます。SAP HANA では、これらのモデリングによって作成されるビューをインフォメーションビューと呼びます。

インフォメーションビューは、ビジネスシナリオをモデル化するために、コンテンツデータ(非メタデータ)の様々な組み合わせを使用します。コンテンツデータは次の様に分類できます。

- **アトリビュート**：顧客 ID、都市、国などの属性データ

- **メジャー**：収益、販売数量、カウンタなどの定量化可能なデータ

SAP HANA では、エンティティをモデル化するためのツールとして標準で付属する SAP Web IDE for SAP HANA など複数のツールをサポートしています。これらのツールは、データモデルとストアドプロシージャを作成、編集できるグラフィカルデータモデリングツールが含まれています。

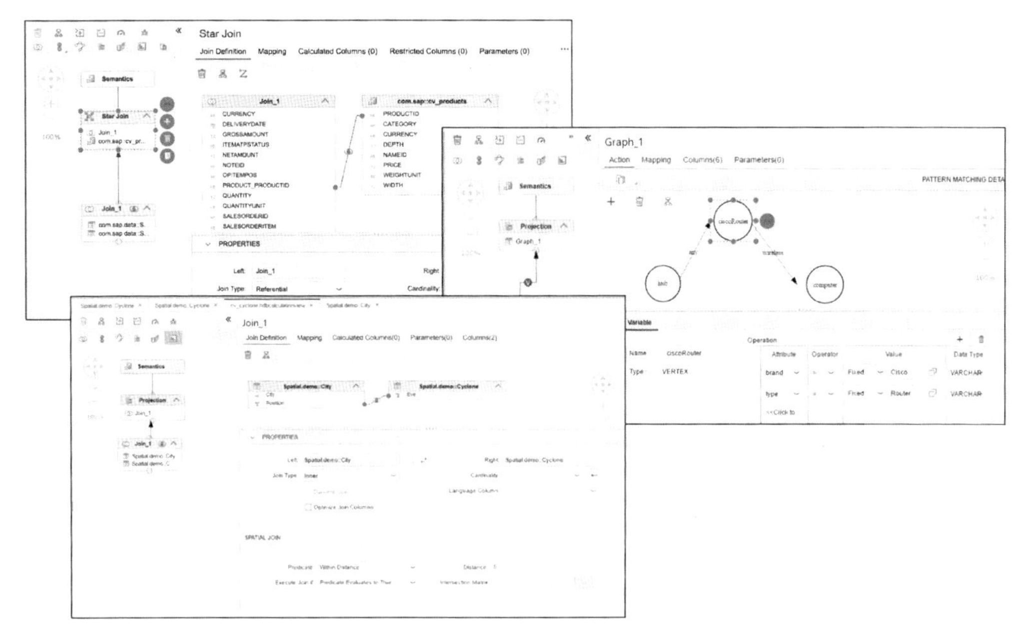

図 3-34.　SAP Web IDE for SAP HANA

また、SAP HANAがサポートするインフォメーションビューには次の3つのタイプをサポートしています。ただし、現在のSAP HANAの推奨は全てのタイプのインフォメーションビューはカリキュレーションビューとして作成することです。

タイプ	説明	備考
アトリビュートビュー	複数のソーステーブルに含まれるアトリビュート間の関係に基づいてエンティティをモデル化するために使用されます。 いわゆる分析軸に相当するデータをモデル化します。顧客軸で分析する際の顧客 ID や、国別、都市別などの地理的なデータも含みます。また、国、都市など階層化されたモデルを扱う場合もあります。	現在は、カリキュレーションビューの Dimension タイプでのモデリングが推奨されています。
アナリティックビュー	メジャーを含むデータをモデル化するために使用されます。 たとえば、受注履歴を表すデータマートには、数量、価格などのメジャーが含まれます。	現在は、カリキュレーションビューの Cube タイプもしくは Star Join タイプでのモデリングが推奨されています。
カリキュレーションビュー	SAP HANA データベースのデータに対してより高度なモデルを定義するために使用されます。アトリビュートビューとアナリティックビューの両方にある機能を含んでいます。さらに、通常、ビジネスユースケースのモデリングにおいて、アトリビュートビュー、アナリティックビューではカバーされていない高度なロジックが必要な場合に使用されます。	

表 3-9. インフォメーションビューのタイプ

3-12 SAP HANAのプロセス(サービス)アーキテクチャ

SAP HANAはデータベースを構成する複数のプロセス（サービス）から構成されています。基本的な構成に加えて、オプションなど追加のコンポーネント（例、SAP HANA dynamic tiering）をインストールするとプロセス（サービス）が追加される場合があります。

3-12-1. SAP HANAのプロセス（サービス）

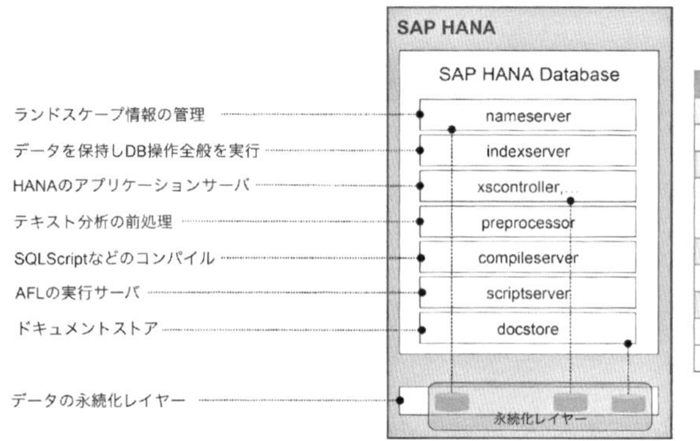

サーバーコンポーネント	OSプロセス	サービス名
インデックスサーバー	hdbindexserver	indexserver
ネームサーバー	hdbnameserver	nameserver
プリプロセッササーバー	hdbpreprocessor	preprocessor
XS Advance Runtime	hdbxscontroller hdbxsexeagent hdixsuaaserver	xscontroller xsexeagent hdixsuaaserver
コンパイルサーバー	hdbcompileserver	compileserver
スクリプトサーバー	hdbscriptserver	scriptserver
ドキュメントストアサーバー	hdbdocstore	docstore
SAP start service	sapstartsrv	sapstartsrv
Daemon	hdb.sap<SID>_HDB<xx>	hdbdaemon

図3-35. SAP HANAのプロセス

SAP HANAのデータベースの中心的なプロセスはネームサーバとインデックスサーバです。ネームサーバではマルチテナントデータベースコンテナーのシステムデータベースが稼働しています。また、スケールアウト構成時のクラスター全体のトポロジー情報を管理します。これは、クラスター内のどのノードで、どのテナントデータベースが稼働しているかも含みます。

インデックスサーバは、インメモリーデータベースとしての実データを格納するとともに、メモリー上のデータを処理するエンジンそのものです。(SAP HANAではJSONをネイティブに格納、処理するためのドキュメントストアサーバも用意されています。ドキュメントストアに関してはインデックスサーバではなく、別サービスであるドキュメントストアサーバがデータを管理するとともに、データ操作の処理を行います)

インデックスサーバの様なデータベースに直接関係するプロセスの他に、SAP HANA上の各サービスの起動、停止を外部コマンド、APIから受け付けるためのSAP start serviceがあります。さらにSAP start serviceからのリクエストを実行およびサービスの状態の監視を行う hdbdaemon などの管理プロセスも SAP HANA に含まれています。

SAP HANA 上のプロセス（例、インデックスサーバ）に関する詳細情報は M_SERVICES システムビューを参照することで、どこのホストで実行中なのか、実行中の OS 上でのプロセス ID、ユーザーに対するリスニング中のポート番号などが確認できます。

また、システムのメタデータやユーザーのデータそのものを管理するプロセス（ネームサーバ、インデックスサーバやドキュメントストアサーバなど）はディスク上に独自のデータファイルを持ちます。これらの物理的なデータファイルを SAP HANA の永続化レイヤーと呼びます。

3-12-2. SAP HANA のスレッド

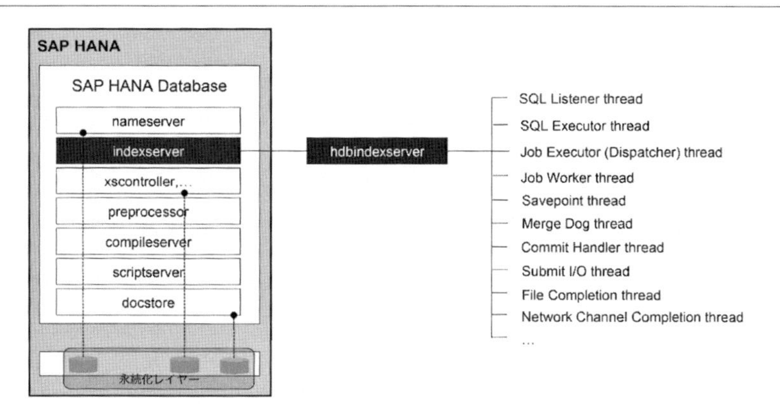

図 3-36. SAP HANA のスレッド

SAP HANA はマルチプロセスのアプリケーションですが、各プロセス内（上記の例ではインデックスサーバ）ではマルチスレッドで動作するように実装されています。これにより、少ないオーバーヘッドでマルチコアにパフォーマンスがスケールできるようになっています。各スレッドは事前に獲得されるスレッドプールから必要になった数だけ取得されます。スレッドプールの大きさはパラメーターファイルによる静的な値によるものや、システムの状況に応じて動的に変化するようなワークロード管理など柔軟に運用することが可能です。

各スレッドの情報は M_SERVICE_THREADS システムビューを参照することで、現在起動中のサービスで、アクティブなスレッドの詳細情報を見ることができます。あわせて、起動しているスレッドの OS 上でのスレッド ID、スレッドの状態（待機状態か否かなど）やスレッドの起動の親子関係（Calling、Caller）などが確認できます。

SAP HANA のマニュアルで SAP HANA のスレッド名やその役割などに関する明確な記述はありませんが、一般的によく見るスレッドについて次の表にに概要を記載しておきます。

処理	スレッド（SAP HANA） M_SERVICE_THREADS. THREAD_TYPE	スレッド（OS） ps コマンドの結果
コネクション確立のためのリスナー	SqlListener	PoolThread
シンプルな SQL の実行	SqlExecutor	PoolThread
複雑な SQL の実行	JobWorker	JobWrk#### （#### は数値）
SQL プランキャッシュのメンテナンス	SQLPlanCacheThread	SQLPlanCacheTh
JobWorker の制御やディスパッチ（管理者ガイドでは JobExecutor という表記）	JobexMainDispatcher	JobexMainDispat
セーブポイント	PeriodicSavepoint	Savepoint
デルタマージ（自動）	MergedogMonitor MergedogMerger	PoolThread
ログの自動バックアップ	LogBackupThread	LogBackupThread
組み込み Statistics Server によるアクティビティ	WorkerThread (StatisticsServer)	WorkerThread (S
非同期 I/O 発行のための専用スレッド	SubmitThread-DATA-# SubmitThread-LOG-# SubmitThread-DATA_BACKUP-# SubmitThread-LOG_BACKUP-#	SubmitThread-DA SubmitThread-LO
非同期 I/O の完了状態を監視、通知	FileCompletionThread-DATA-# FileCompletionThread-LOG-# FileCompletionThread-DATA_BACKU FileCompletionThread-LOG_BACKUP	FileCompletionThread-DA FileCompletionThread-LO
データボリュームへの書き込みを制御	FlushResourcesThread	FlushResourcesT

表 3-10. SAP HANA のスレッド例

3-13 マルチテナントデータベースコンテナー[*2]

SAP HANAでは、単一のサーバ上で複数の独立したデータベースを効率よく管理するためデータベースをコンテナー化する機能を提供しています。これによりワークロード特性の異なる複数のシステムを1つの物理的なサーバに集約し､効率よく管理することが可能になります。

マルチテナントデータベースコンテナーを使用せずに複数のデータベースの集約を考える際、主に2つの方法が取られていました。

1つ目は、複数のデータベースを1つのデータベースのスキーマにマッピングする方法ですが、多くの場合アプリケーションのコードを修正する必要があります。また、本番、開発などのシステムを集約する場合は､それぞれでスキーマを切り替える必要もあります。さらに､バックアップ、リカバリなど運用面からも、スキーマ単位で物理的なバックアップ、リカバリを分離することが難しいという特徴があります。

2つ目は、1つのサーバに複数のSAP HANAをインストールする方法です。先ほどの例にある、本番、開発などのシステム集約を考えた場合、アプリケーションからみたシステムは完全に分離されます。またバックアップ、リカバリも個別に独立した運用が可能です。しかし、この方法では、システムの持つリソースを、独立したSAP HANAに静的に割り当てるため、本番用のシステムのリソースが枯渇している場合、開発用のシステムのリソースに余裕があっても柔軟に両者でリソースを共有することはできません。

マルチテナントデータベースコンテナーを使うことで、物理的なサーバ上にアプリケーションからの接続、オブジェクト、バックアップ、リカバリなど完全に独立したデータベースを構築することができます。さらに、物理的なシステムリソースを複数のデータベース間で柔軟に共有することで、物理サーバのシステムリソースの使用効率を高めることが可能になります。

3-13-1. マルチテナントデータベースコンテナーの概要

インストールされたSAP HANAは､単一のシステムID(SID)で識別されます｡テナントデータベースは、SIDとデータベース名によって識別されます。管理の観点からは、システムレベ

---

*2. SAP HANA 2.0 SPS01よりマルチテナントデータベースコンテナー構成のみがサポートされています。旧バージョンで非マルチテナントデータベースコンテナーを使用している場合は、SAP HANA 2.0 SPS01以降にアップグレードする際にマルチテナントデータベースコンテナー構成に変換されます。

ルで実行されるタスクとテナントデータベースレベルで実行されるタスクとの間に区別があります。クライアントは、特定のテナントデータベースに接続します。

全てのテナントデータベースは、ソフトウェアモジュール、システムリソース（システムリソースはSAP HANAのワークロード管理によりテナントデータベースごとに静的に分離することも可能）、およびシステム管理を共有します。ただし、各テナントデータベースは自己完結型で、完全に独立しています。次のオブジェクトは各テナントデータベースで独立して管理されます。

・データベースユーザー
・データベースカタログ
・リポジトリ
・永続化レイヤー
・バックアップ&リカバリ
・トレース、ログ
・スキーマ
・テーブル、ビュー、プロシージャなどのデータベースオブジェクト

基本的に、データベースオブジェクトは、テナントデータベース内でのみアクセスが可能ですが、設定によりテナントデータベース間でのクエリーも実行可能です。

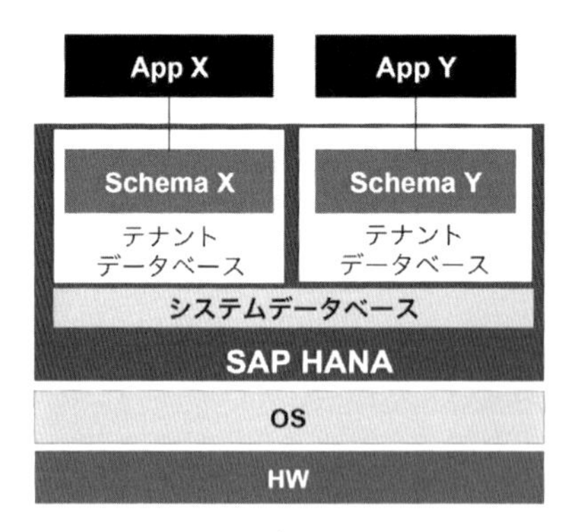

図 3-37.　マルチテナントデータベースコンテナーの仕組み

3-13-2. テナントデータベースの仕組み

SAP HANAは、ネームサーバ、インデックスサーバ、プリプロセッササーバなど、複数のサービスで構成されています。SAP HANAは、これらのサービスの様々な組み合わせを実行します。

システムデータベースのみネームサーバが実行されます。ネームサーバには、テナントデータベースが存在するかどうかなど、システム全体に関する情報が含まれています。

テナントデータベースには独自のインデックスサーバのみが必要です。コンパイルサーバやプリプロセッササーバなど、データを保持しないサービスはシステムデータベース上で実行され、全てのテナントデータベースに対応します。

3-13-3. システムデータベース

マルチテナントデータベースコンテナー環境には、システムデータベースが1つだけあります。システムのインストール中またはマルチテナントデータベースコンテナーがサポートされる以前のバージョンからのアップグレード時に作成されます。これには、システム管理のためのデータとユーザーが含まれています。SAP HANA cockpit や SAP HANA studio などのシステム管理ツールは、このデータベースに接続できます。システムデータベースには、システム内に存在するテナントデータベースの情報を含む全体的な情報が格納されます。ただし、データベース関連のトポロジー情報、つまりテナントデータベース内のテーブルおよびテーブルパーティションの場所に関する情報は所有していません。データベース関連のトポロジー情報は、関連するテナントデータベースのカタログに格納されます。

システムデータベースで実行される管理タスクは、システム全体およびその全てのテナントデータベース（システムレベルの構成設定など）に適用されるか、特定のテナントデータベース（テナントデータベースのバックアップなど）を対象とすることができます。

また、システムデータベースについて重要なことを以下に示します。

- システムデータベースは、完全な SQL サポートを備えたデータベースではありません（ユーザー用のデータを保持するデータベースとして使用しないでください）
- システムデータベースを複数のホストに分散できません。つまりスケールアウトは不可能です
- SAP HANA としてフル機能のデータベースが必要な場合は、常に少なくとも1つのテナントデータベースを作成する必要があります
- システムデータベースは、各テナントデータベースの監視用データ（システムビュー）を参照できますが、テナントデータベースのユーザーデータにはアクセスできません

3-13-4. クロスデータベースアクセス

通常、データベース分離の観点からマルチテナントデータベースコンテナー環境の各テナントデータベース間のアクセスは許可されていません。ただし、SAP HANA は、データベース

の高い分離性とデータアクセスの柔軟性のバランスをとりながら、テナントデータベース間の読み取り専用クエリーが可能です。これにより、テナントデータベースをまたがるアプリケーション間のレポート作成などがサポートできます。この場合、テナントデータベース間のアクセスを明示的に有効にする必要があります。

クロスデータベースアクセスを使用して、リモートのテナントデータベース上の次のオブジェクトタイプにアクセスできます。

・スキーマ
・ローストアテーブルとカラムストアテーブル（仮想テーブルは含まない）
・SQL ビュー（システムビューを除く）
・一部のカリキュレーションビュー
・シノニム

テナントデータベースの次のオブジェクトは、リモートのテナントデータベースのオブジェクトにアクセスできます。

・SQL ビュー
・スクリプトやグラフィカルでのカリキュレーションビュー
・プロシージャ
・シノニム

3-13-5. データベースの分離性

全てのテナントデータベースは、ユーザー、データベースカタログ、リポジトリ、ログなどが個々のテナントデータベース間で独立しています。ただし、OS レベルでの不正なアクセスから保護するために、OS ユーザーの分離とデータベース内での認証された通信を通じて、分離性をさらに強化することができます。

デフォルトでは、全てのデータベースプロセスはデフォルトの OS ユーザー（<sid>adm）で実行されます。共通の OS ユーザーに起因する個々のテナントデータベースへの攻撃リスクを軽減することが重要な場合は、高い分離性を実現するようにシステムを構成できます。高い分離性を設定した場合、個々のテナントデータベースのプロセスは、共通の OS ユーザー（<sid>adm）*3 で実行されるのではなく、専用 OS グループに属する専用 OS ユーザーで実行されます。その後、ファイルシステム上のテナントデータベース固有のデータファイルは、標

*3. 高い分離性が設定された場合、<sid>adm はシステムデータベースの管理 OS ユーザーとなります

準のOSのアクセス権を使用して保護されます。

さらに、高い分離性が設定されると、内部データベース通信はTLS（Transport Layer Security）/SSL（Secure Sockets Layer）プロトコルを使用して保護されます。証明書ベースの認証は、同じデータベースに属するプロセスだけが互いに通信できるようにするために使用されます。データベース内の全てのデータ通信が暗号化されるように内部通信を構成することもできます。

3-13-6. テナントデータベースの管理

SAP HANAでは、システムレベルで実行される管理タスクとテナントデータベースレベルで実行される管理タスクに区別されます。

マルチテナントデータベースコンテナーには2つのレベルの管理があります。いくつかの管理タスクはシステムデータベースで実行され、システムとその全てのテナントデータベースに適用されます。たとえば、次の様なものがあります。

- **システム全体の起動と停止**
- **システムの監視**
- **システムレベルでの設定ファイルの設定**
- **テナントデータベースの設定：**
  - テナントデータベースの作成と削除
  - テナントデータベースの機能を無効にする
  - システムやテナントデータベース固有のパラメーターの設定
- **テナントデータベースをスケールアウトする**
- **テナントデータベースの起動、停止**
- **テナントデータベースのバックアップ**
- **テナントデータベースのリカバリ**

一部の管理タスクはテナントデータベースで実行され、そのデータベースにのみ適用されます。たとえば、次の様なものがあります。

- **テナントデータベースの監視**
- **テナントデータベースユーザーの作成や削除**
- **テナントデータベース内のスキーマ、表、および索引の作成や削除**
- **テナントデータベースのバックアップ**
- **テナントデータベース固有のパラメーターの設定**

3-13-7. テナントデータベースへの接続

全てのテナントデータベースには、3つの通信ポートが必要です。1つ目は、SQLベースの外部のクライアント通信用のポートです。2つ目は、内部通信専用の通信ポートになります。最後は、SAP HANA XSクラシックサービスを介したHTTPベースのクライアント通信用のポートになります。

これらの通信ポートに関して、標準的なポート番号の割り当てはありません。各テナントデータベースが使用するポート番号は、テナントデータベースの作成時またはサービス追加時の空き状況に応じて、使用可能なポート番号の範囲から自動的に割り当てられます。管理者は、テナントデータベースの作成時またはサービスの追加時に、使用するポート番号を明示的に指定することもできます。

このポートアサインに関する唯一の例外は、非マルチテナントデータベースコンテナーをマルチテナントデータベースコンテナーに変換する際に自動的に作成されるテナントデータベースです。このデータベースには、3<instance number>03（内部通信）、3<instance number>15（SQL）、および3<instance number>08（SAP HANA XSクラシックサービス経由のHTTP用ポート）という、変換前のデータベースのポート番号が保持されます。その後に追加されるテナントデータベースのポートは、その時点での空き状況に応じて自動的に割り当てられます。

テナントデータベースのデフォルトのポート番号範囲は、3<instance number>40-3<instance number>99です。これは、インスタンスごとに作成できるテナントデータベースの最大数が20であることを意味します。ただし、それ以上のインスタンスのポート番号を予約することで作成可能なテナントデータベース数を増やすことができます。global.iniの[multidb] reserved_instance_numbersパラメーターを設定することで、追加のポート番号の予約を行います。このパラメーターのデフォルト値は0です。値を1に変更すると、3<instance number>40-3<instance number+1>99。2に変更すると、3<instance number>40-3<instance number+2>99の様に使用可能なポート番号が増加し、結果、作成可能なテナントデータベースの数が増加します。

3-14 データの永続化レイヤー

SAP HANAはインメモリーのデータベースであり、データが保持されるメモリーは揮発性のデバイスであるため、サーバのシャットダウンによりメモリー上のデータは消えてしまいます。このため、現時点では、インメモリーデータベースといえども、メモリー上だけではデータの永続化は不可能です。SAP HANAは、データの永続化レイヤーとしてディスクベースのストレージを利用しています。

データベースを常に最新の状態にリカバリできるようにするため、メモリー上のデータベース内のデータの変更は定期的にディスクに永続化されます。データ変更や特定のイベントを含むトランザクションログも定期的にディスクに保存されます。システムのデータとログはそれぞれのボリュームに格納されます。

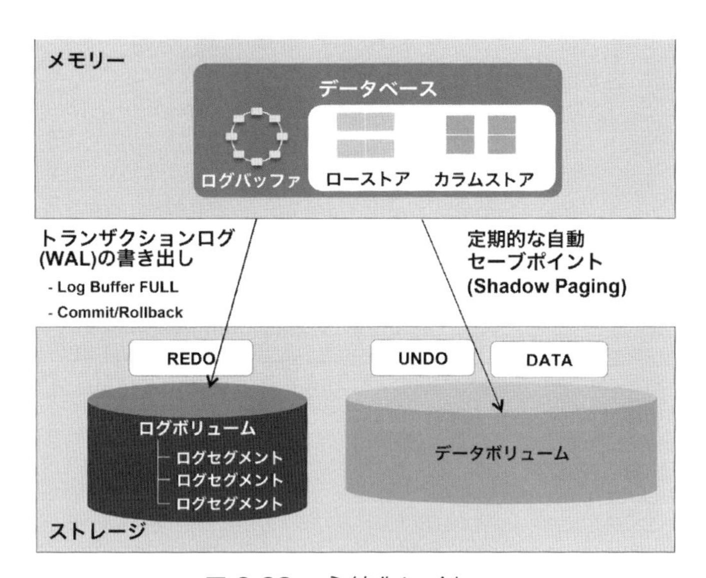

図3-38. 永続化レイヤー

3-14-1. データボリューム

データボリュームではSAP HANAのサービスに対して個別のデータファイルを格納します。(データファイルを必要としないサービスも存在します) このサービスごとのデータファイルは基本的に1つのファイルで構成されます。SAP HANAは、一定期間でメモリー上に変更のあったデータをデータボリュームに書き出します。このデータボリュームへの書き出し処理をSAP HANAではセーブポイントと呼びます。各SAP HANAサービスには、独自のセーブポイントがあります。セーブポイントでは、ディスク上のデータを一貫性のある状態にして、次のセーブポイントが完了するまで保持します。セーブポイントが実行される頻度は、global.ini の [persistence] savepoint_interval_s パラメーター（デフォルトでは5分）で設定できます。セーブポイントは、データのバックアップやデータベースのシャットダウン、再起動など、様々な操作によって自動的に起動されます。ALTER SYSTEM SAVEPOINT 文でセーブポイントを手動で実行することも可能です。

3-14-2. ログボリューム

ログボリュームには2つ以上のログセグメントが格納されます。ログセグメントは、メモリー上の全てのトランザクションログであるREDOログが書き出されるログバッファー（デフォルトで8個（global.ini の [persistence] log_buffer_coun)、1MB（global.ini の [persistence] log_buffer_size_kb)）をディスク上に書き出す先のファイルとなります。これにより、データベースの再起動（クラッシュ後の再起動を含む）の場合は、最後に完了したセーブポイントのデータをデータボリュームから読み込み、最後のセーブポイント以降のログセグメントに書き込まれたREDOログエントリーを再生することができます。デフォルトではログセグメントがしきい値（デフォルトでは1GB（global.ini の [persistence] log_segment_size_mb)）を超えたサイズになった場合、バックアップを取得すると同時に別のログセグメントに書き込み対象をスイッチします（デフォルト値は normal（global.ini の [persistence] log_mode)）。ログセグメントのスイッチによって不要になったログセグメントは適切なタイミングで再利用可能に設定されます。

また、データとログを保存するのに十分なスペースがディスクにあることを常に確認する必要があります。ディスクに十分なスペースが存在しない場合、ディスクフルにより、データベースは停止します。

3-14-3. セーブポイント

SAP HANA のデータベース操作では、変更されたデータは定期的にセーブポイントでメモリーからディスクに自動的に保存されます。セーブポイントはバックアップ中も含めて、デフォルトで5分ごとに発生するように設定されています。また、セーブポイントはトランザクション処理をブロックしません。さらに、正しく構成されたハードウェア上でSAP HANAを実行する場合、セーブポイントのパフォーマンスへの影響はごくわずかです。これは、メモリー上の変更データをデータファイルに書き出すセーブポイントは、トランザクション処理とは非同期で実行されるためトランザクション処理に影響を与えるようなパフォーマンス上のクリティカルパスにはならないからです。

SAP HANAはセーブポイントによる物理的な書き込み処理を行う際、更新されたメモリー上の論理ページに対応するディスク上の物理ページを上書きせず、常に新しい物理ページを割り当てます。データの更新により永続化レイヤーの物理ページは新旧が混在した状態になりますが、変換テーブルによって論理ページと物理ページの対応が決まるようになっています。これは、いわゆるシャドーページングと呼ばれる手法ですが、シャドーページングによりデータの書き込み中に障害が発生した場合でもデータベースとして整合性のある状態を保持することができるようになります。また、旧物理ページを上書き可能にするタイミングと変換テーブルのバージョンを管理することで、過去のある時点のスナップショットをデータベース内に保持することも可能になります。

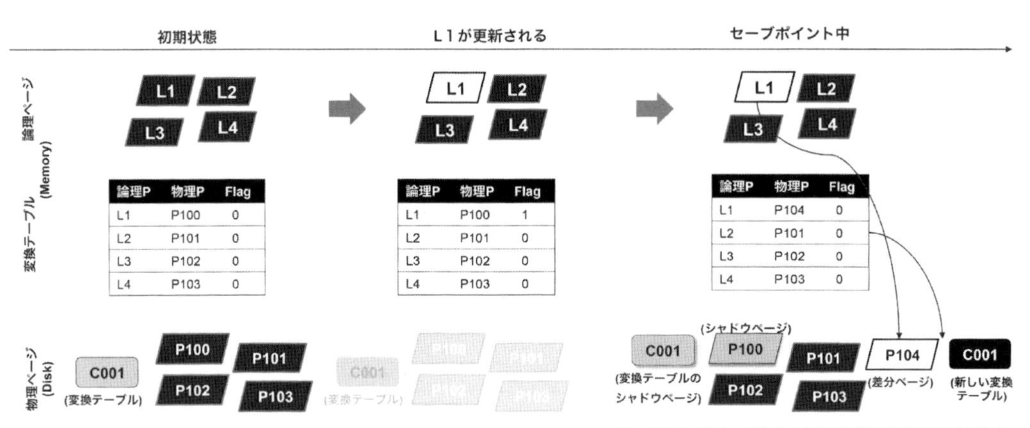

図3-39. セーブポイント時のシャドーページ

3-14-4. REDOログ

SAP HANAによる全てのデータ変更はログバッファーに記録されます。データベースでトランザクションがコミットされると、ログバッファーの内容はディスク上のログセグメントに書き出されます。また､ログバッファーがいっぱいになるとコミットが実行されていなくても、ログバッファーはディスクに書き込まれます。さらに、セーブポイント実行時にもログバッファーの書き込みが発生します。

ここで重要なのは、REDOログの書き込みとトランザクションを確定させるコミット処理は同期書き込みされる点です。つまり、コミット処理ではディスク上のログセグメントにログバッファーの内容の書き込みが完了するまでユーザーにトランザクションの完了を返しません。これは、従来のディスクベースのデータベースと同様のアーキテクチャであり、データ変更のパフォーマンスは、インメモリーデータベースであっても、REDO ログを格納するログボリュームのディスク性能によって制限されることを意味します。そのため、SAP HANA のアプライアンスでは、厳密に各ボリュームが満たすべきパフォーマンス指標が定められています。

3-14-5. データベーススナップショット

セーブポイントにおける古いバージョンのシャドーページおよび変換テーブルは、セーブポイントが完了すると再利用されます。SAP HANA はバックアップ時にデータベースの一貫性のある状態を作成するために、内部的に再利用（上書き）されないセーブポイントを発行することが可能です。これをデータベーススナップショットと呼びます。

データベーススナップショットで作成さる変換テーブルとそれに関連する一貫性のある物理ページ群（データベーススナップショット後に論理ページが更新された場合の更新前の物理ページ）は、明示的にデータベーススナップショットを削除するまでデータベース内に残すことが可能です。

セーブポイントでも説明しましたが、データベーススナップショットでシャドーページとして保持される物理ページは、データベーススナップショット発行時点から更新のあったページのみであることが重要です。データベーススナップショットとしてデータベース全体のコピーがされるわけではなく、データベーススナップショット自体は高速かつディスク上に無駄な領域を必要としない点が大きな特徴です。

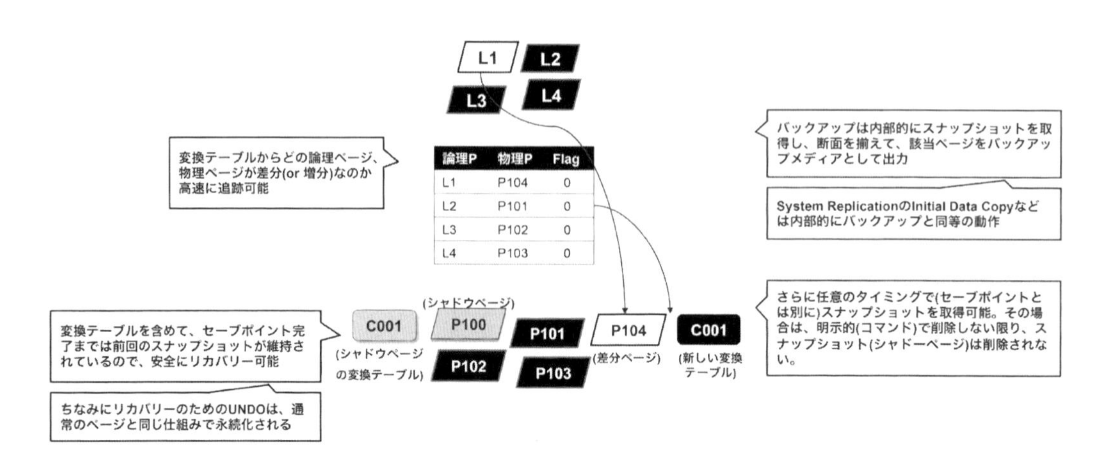

図 3-40. データベーススナップショット

3-14-6. 物理I/Oのシナリオと I/Oパターン

SAP HANA が物理的にディスク I/O を行うシナリオとその I/O パターンを以下に記載しておきます。

シナリオ	データボリューム	ログボリューム	バックアップストレージ
書き込みトランザクション	-	**書き込み（同期 I/O）** OLTP – 概ね 4KB のシーケンシャル I/O OLAP – より大きな I/O サイズ（1 MB を上限に可変）	-
セーブポイント、スナップショット、デルタマージ	**書き込み** 4 KB – 64 MB 非同期、並列 I/O（データ量はシステム負荷に依存）	-	-
DB 再起動、フェイルオーバー、テイクオーバー	**読み込み** 4 KB – 64 MB 非同期、並列 I/O（データ量はローストアのサイズに依存）	**読み込み** 256 KB 非同期 I/O	-
カラムストアテーブルのロード	**読み込み** 4 KB – 16 MB 非同期、並列 I/O	-	-
データボリュームのバックアップ	**読み込み** 4 KB – 64 MB 非同期 I/O（バッファーサイズは 512 MB）	-	**書き込み** 512 MB シーケンシャル I/O（設定可能）
ログボリュームのバックアップ	-	**読み込み** 4 KB – 128 MB 非同期 I/O（バッファーサイズは 128 MB）	**書き込み** 4 KB – 128 MB シーケンシャル I/O
リカバリ	**書き込み** 4 KB – 64 MB 非同期、並列 I/O	**読み込み** 256 KB 非同期 I/O	**読み込み** データバックアップ：512 MB のバッファー I/O ログバックアップ：128 MB のバッファー I/O

表 3-11. 物理 I/O のシナリオと I/O パターン

3-15 バックアップ & リカバリ

SAP HANAのデータ永続化は物理メモリー上のデータではなく、セーブポイントにて非同期で書き込まれるデータボリュームと、トランザクション確定時に同期で書き込まれるログボリューム内のログセグメントです。SAP HANAのバックアップとは、この永続化された物理ファイルをバックアップストレージに退避することを意味します。

バックアップには、データボリュームやログボリュームなどいくつかのバックアップ対象が存在します。また､それぞれ実運用に合わせ複数のバックアップ手法がサポートされています。

SAP HANAのリカバリは、バックアップしたデータボリュームをリストアすることで過去のある時点にデータベースを戻すとともに、バックアップされたデータボリューム以降のREDOログを適用（ロールフォワードもしくはロールバック）することで、データベースを過去のある任意の時点（ポイントインタイムリカバリ)､もしくは障害直前の最新の状態にデータベースを復元することを意味します。障害直前の状態にデータベースをリカバリするには、バックアップされていない障害発生時にアクティブだったログセグメントが使用可能である必要があります。

データベースのリカバリはディスク上の永続化されたデータのリカバリに加えて、メモリー上にデータをロードする一般的なSAP HANAの起動と同様の処理が必要です。

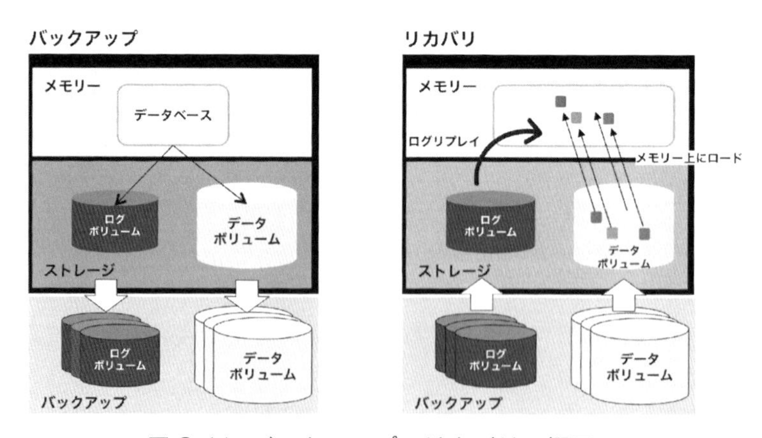

図3-41. バックアップ、リカバリの概要

3-15-1 バックアップ

SAP HANAのバックアップにおけるバックアップ対象は､データボリューム内のデータファ

イルおよびログボリューム内のログセグメントになります。また、SAP HANA では、バックアップ方法として標準で用意している手動でバックアップを取得する方法と、SAP HANA のバックアップと外部ツールを統合するための API（Backint）をサポートしたサードパーティーのバックアップソフトウェアでバックアップを取得する方法の 2 種類をサポートしています。

Backint API を使うことで、SAP HANA のバックアップを名前付きパイプ経由で外部のストレージに転送することができるようになります。また、Backint API 経由の場合、複数のデータボリューム、ログボリューム間でバックアップ処理が並列実行されます。

HANAのバックアップコマンドを利用した方式

HANAのバックアップコマンドの出力先としてNFSマウントされたバックアップストレージを使用する方法

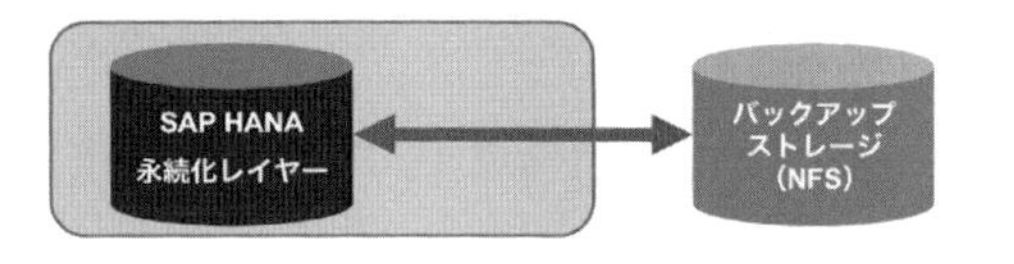

3rdパーティバックアップツールを利用した方式

3rdパーティバックアップツールを介して出力先としてNFSマウントされたバックアップストレージを使用する方法

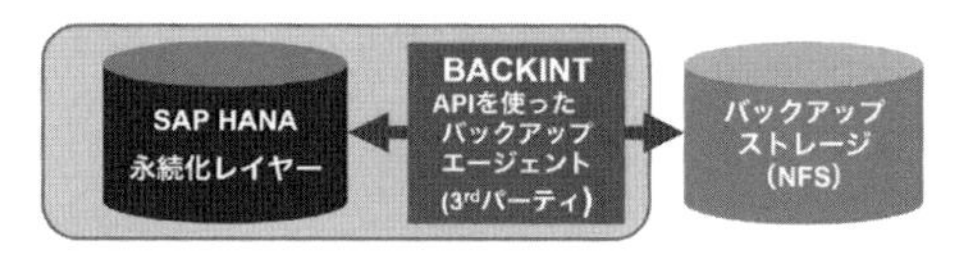

図 3-42. ファイルベースのバックアップ方法

ファイルベースのバックアップの他にストレージスナップショットによるバックアップもサポートされています。これにより、バックアップ取得時にデータベースへのパフォーマンスの影響を最小限にしたバックアップが可能になります。

以降で説明する SAP HANA のバックアップ対象におけるバックアップ手法の概要を以下にまとめておきます。

バックアップ対象	バックアップ単位	バックアップ方法	
		Backint を含めたファイルベース	スナップショットベース
データボリューム	フルバックアップ	データボリューム全体をバックアップ	ストレージのスナップショット機能を使用する内部的にはSAP HANA のデータベーススナップショット機能で論理的な静止点を作成 デルタバックアップとの併用も可能
	デルタバックアップ 差分（INCREMENTAL） 増分（DIFFERRENTIAL）	直近のフルバックアップ以降の増分をバックアップ	
		直近のフルバックアップもしくはデルタバックアップ以降の差分をバックアップ	
ログボリューム	ログセグメント	SAP HANA により自動バックアップ	

表 3-12. バックアップ対象とバックアップ方法の一覧

3-15-1-1. データボリュームのバックアップ

データボリュームのバックアップでは、データベースが稼働中でも他のトランザクションをブロックしないオンラインバックアップを使用します。また、標準およびBackint経由のファイルベースのバックアップの場合、データベース中の空き領域を含まない純粋にデータベースが使用中のデータ（ペイロード）のみがバックアップされます。さらに、各サービスのデータボリュームは並列でバックアップされます。合わせてファイルベースのバックアップでは、ページレベルでのチェックサムにより、ページレベルで整合性のあるバックアップを作成することが可能になっています。

データボリュームのバックアップではバックアップ対象のデータボリューム全体をバックアップするフルバックアップに加えてデルタバックアップもサポートしています。デルタバックアップでは、フルバックアップと比較してバックアップ対象のデータ量が削減されるためバックアップ時間が少なくなります。さらに特定の時点からのリカバリを考える場合、フルバックアップからREDOログエントリーを適用するのに比べ、フルバックアップ、デルタバックアップを組み合わせることで、リカバリに必要なREDOログエントリーが削減され、リカバリにかかる時間も少なくなることが期待できます。

データボリュームのバックアップでは内部的にはデータベーススナップショットが取得されます。このデータベーススナップショットを取得することでデータベースに論理的な静止点が作成され、SAP HANAが稼働中でもデータの整合性を持ったバックアップが可能になっています。（ただし、データボリュームのバックアップで作成されるデータベーススナップショットはバックアップ終了後にSAP HANAにより自動的に削除されます）また、データベーススナップショットで取得される変換テーブルのバージョンを比較することでデータベースの更新済みページを効率良く探すことが可能です。これによりデルタバックアップが実現されています。

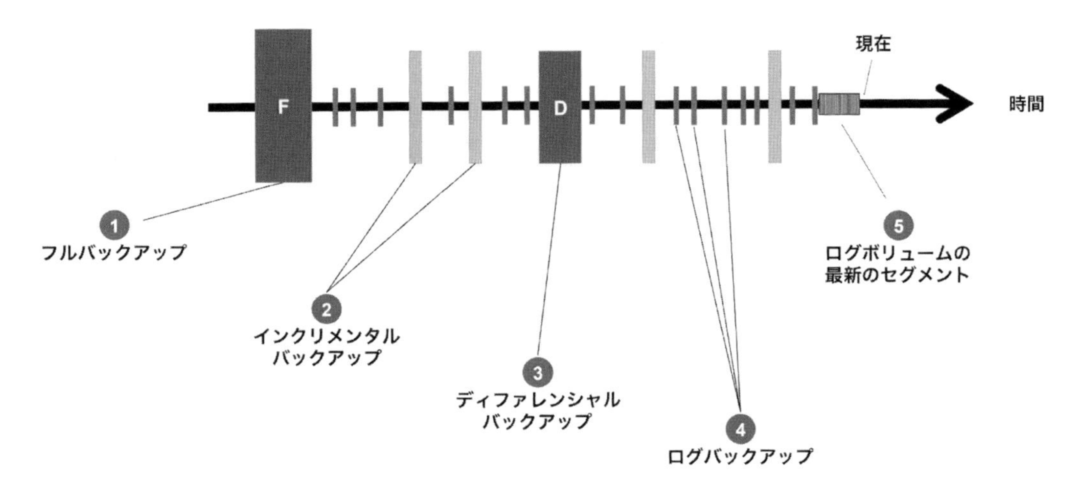

図 3-43. SAP HANA による様々なバックアップ方法

SAP HANA では、上記のファイルベースのバックアップに加えてストレージのスナップショット機能を利用することも可能です。これによりデータベースサーバのリソースを使うことなくストレージのリソースのみでバックアップを取得することができます。この際、内部的に利用するのがSAP HANA のデータベーススナップショットになります。スナップショットベースのバックアップの流れは次の様になります。

- データベーススナップショットで、データベース内部に静止点を作成する（BACKUP DATA CREATE SNAPSHOT 文）
- ストレージスナップショット機能（ストレージ固有の機能）でストレージ（ボリューム）の論理コピー（および遅延の物理コピー）を実施する
- データベース内部のデータベーススナップショットを明示的に削除する（BACKUP DATA CLOSE SNAPSHOT 文）

また、スナップショットベースのバックアップとデルタバックアップを併用することもサポートされています。

ただし、スナップショットベースのバックアップの場合はファイルベースのバックアップと異なりバックアップ時のチェックサムによるデータの一貫性チェックが行われません。また、スナップショットベースのバックアップではボリューム単位のバックアップとなるため空きページなどの論理的な未使用領域も含めてバックアップすることになりバックアップセットのサイズがファイルベースのものより大きくなる傾向になります。

3-15-1-2. ログボリュームのバックアップ

ログボリュームのバックアップはSAP HANAにより自動で行われます。ただし、ログボリュームの自動バックアップはパラメーター（global.iniの[persistence] log_mode）がnormal（デフォルト値）かつ、1回はフルバックアップが取得されていることが条件となります。条件に合致しない場合は、ログボリュームのバックアップはされず、バックアップすべきログセグメントは上書き対象となります。これは、障害から直近のデータベースの状態に復旧できないことを意味します。

ログボリュームの自動バックアップが有効になっている場合（デフォルトで有効)、次の場合にログボリュームのバックアップを作成します。

・ログセグメントが一杯になり別のログセグメントにスイッチした時
（デフォルト値は1GB（global.iniの[persistence] log_segment_size_mb））
・設定した時間を経過し、ログセグメントがクローズされた時
（デフォルト値は15分（global.iniの[persistence] log_backup_timeout_s））
・データベースの起動時

また、ログボリュームの自動バックアップが設定されている場合、一杯になったログセグメントは次の条件を満たす場合に再利用されます。

・ログセグメントがクローズされ、セーブポイントが完了していること
・ログセグメントがバックアップ済みであること

3-15-1-3. バックアップカタログ

SAP HANAにおける全てのデータボリューム、ログボリュームのバックアップ実行の履歴はバックアップカタログに記録されます。バックアップカタログを使用すると次のことが確認できます。

・リカバリ可能か否か
・リカバリに使用するバックアップ
・不要になったバックアップ

また、システムデータベース、個々のテナントデータベースで個別のバックアップカタログを保持します。

バックアップカタログ自体のバックアップは、バックアップが取得された時点で自動的に取得されます。ただし、バックアップ領域を適切なレベルに保つためには、リカバリに不要になったバックアップを定期的に削除する必要があります。バックアップ領域を空けるには、データボリューム、ログボリュームのバックアップを物理的に削除し、バックアップカタログの関連するエントリーを削除します。バックアップカタログのサイズを縮小するには、個々のバックアップのレコードをバックアップカタログから削除しますが、物理的なバックアップは保持しておくことも可能です。(たとえば、法的要件の遵守などにより)

バックアップカタログやバックアップセットを削除するためにはSAP HANA studio等の管理ツールで削除することもできますが、次のSQL文でも削除することが可能です。

```
BACKUP CATALOG DELETE [FOR database_name]
(ALL BEFORE BACKUP_ID backup_id [WITH FILE ¦ WITH BACKINT ¦ COMPLETE]
¦ BACKUP_ID backup_id [COMPLETE]);
```

3-15-2. リカバリ

SAP HANAはデータボリュームとログボリュームのバックアップからリカバリすることが可能です。データボリュームのバックアップは、データベースのバックアップ方法でサポートされているフルバックアップ、デルタバックアップの組み合わせが使用可能ですが、全てのリカバリ方法でデータベースのフルバックアップは必須になります。

SAP HANAはバックアップしたデータボリュームでリカバリする(REDOログを適用しない)方法、ポイントインタイムリカバリ、障害発生直前までリカバリを行う方法などいくつかのリカバリ方法をサポートしています。

ポイントインタイムリカバリ(PITR)の場合は、タイムスタンプもしくはログポジションを指定してリカバリが可能です。この場合、時間、もしくは、ログポジションで指定した時点までのログセグメント(のバックアップもしくは、未バックアップのアクティブなログセグメント)が必要になります。さらに、これは障害発生直前までリカバリするにはバックアップされたログボリュームに加えて、現在アクティブなログセグメントも使用可能である必要があることを意味します。

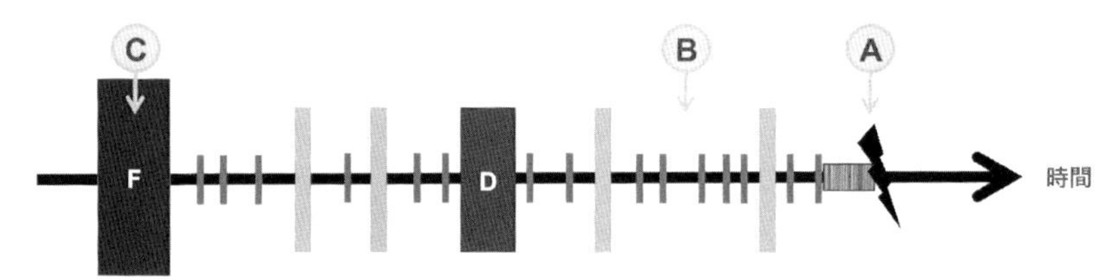

(A) **最新の状態へのリカバリ**
(B) フルデータバックアップまたはスナップショット
　最後のディファレンシャルバックアップ
　後続のインクリメンタルバックアップ
　後続のログバックアップ
　ログボリュームに残っているRedoログエントリ(障害により破損していない場合)

(B) 過去の特定時点へのポイント・イン・タイム・リカバリ
(A)と同様; ログボリュームのREDOログエントリは不要

(C) フルデータバックアップまたはスナップショットによるリカバリ
フルデータバックアップまたはスナップショット。ログリプレイは不要

図 3-44. SAP HANA のリカバリ

完全なシステムとしてSAP HANAのリカバリが必要な場合は、システムデータベースのリカバリを最初に行う必要があります。その後、個々のテナントデータベースのリカバリを行います。また、システムデータベース、テナントデータベースは個別にリカバリが可能です。テナントデータベースのみの破損からのリカバリにシステムデータベースのリカバリは必要ありません。

システムデータベースのみのリカバリも可能ですがシステムデータベースのリカバリには、システムデータベースの停止を伴います。これは、システムデータベースのリカバリ中は、テナントデータベースが停止されユーザーからのアクセスができないことを意味します。

3-15-2-1. リカバリベースのテナントコピー / 移動

通常のファイルベースおよびスナップショットベースのバックアップ、リカバリの仕組みを使って、バックアップ元のテナントデータベースを別のテナントデータベースにコピー / 移動することができます。また、SAP HANA 2.0 SPS01より以前の非マルチテナントデータベースコンテナー環境のデータベースをテナントデータベースにコピーすることも可能です。これにより、開発環境やテスト環境などを簡単に作ることができます。

リカバリベースのテナントコピー / 移動では、通常のリカバリと同様にバックアップファイルもしくは、スナップショットが取得された時点に戻す（REDOログの適用を行わない）テナントコピーとバックアップファイルもしくは、スナップショットにREDOログを適用する2つの方法を提供しています。しかし、後者のREDOログを適用する方法でも、バックアップされたREDOログを適用されるだけで、直近のアクティブなログセグメントに存在するREDOログの適用は行わないことに注意が必要です。

リカバリベースのテナントコピー/移動では、同一システムの別のテナントデータベースにコピー/移動、および別システムのテナントデータベースにコピー/移動することをサポートしています。しかし、別システムのテナントデータベースにコピー/移動する場合は、後述しますシステムレプリケーションベースのテナントコピー/移動を行うことが推奨されています。

3-16 高可用性のための仕組み

ダウンタイムとは、計画停止(アップグレードなど)や意図しない障害によって引き起こされるサービス停止です。意図しない障害は、ハードウェアの誤動作、ソフトウェア、ネットワークの障害、または火災、地域の停電、事故などの大規模な災害によるデータセンター全体の被災などより引き起こされます。

障害復旧とは、障害による停止後のリカバリとサービス再開のプロセスです。一般的に、ストレージでデータを共有したアクティブ/スタンバイのサーバでサービスの引き継ぎを行います(HA構成)。ディザスターリカバリとは、長期間にわたるデータセンターの障害に対しての復旧を意味します。ディザスターリカバリに対応するには、データを遠隔地にバックアップしてリカバリに備えることや、よりリカバリ時間を短縮するためプライマリーシステムとセカンダリーシステムでトランザクションログベースのレプリケーションを行います。(DR構成)

また、インメモリーデータベースで障害が発生した場合、永続化レイヤーのデータをリカバリするだけではなく、サービスを再開するために可能なかぎり高速にメモリーにロードすることが必要です。

SAP HANAには、次の様な高可用性に対する機能および構成があります。

構成	高可用性の方法	説明
障害復旧（HA 構成）	サービス自動リスタート	ホスト（Watchdog）上で停止したサービスを自動的に再起動
	ホスト自動フェイルオーバー	クラッシュしたホストから同じシステム内のスタンバイホストへの自動フェイルオーバー
	システムレプリケーション	インメモリーテーブルのロードとセカンダリーでの読み取り専用アクセスを含む、プライマリーシステムによるセカンダリーシステムの継続的なトランザクションの再生
ディザスターリカバリ（DR 構成）	システムレプリケーション	インメモリーテーブルのロードとセカンダリーでの読み取り専用アクセスを含む、プライマリーシステムによるセカンダリーシステムの継続的なトランザクションの再生

表 3-13. SAP HANA の高可用性

システムレプリケーションは、データセンター内のローカルの障害対策およびデータセンター間の災害対策で高可用性を提供する構成として機能することが可能です。データのプリロードオプション（プライマリーシステムのメモリーにロードされている状態をセカンダリーシステムでも再現させる機能）をシステムレプリケーション構成に適用して、ホスト自動フェイルオーバーの HA 構成よりも迅速なテイクオーバーを行うことができます。

また、SAP HANA のシステムレプリケーションは、システムレベルでマルチテナントデータベースコンテナーをサポートします。これは全てのテナントデータベースを含む SAP HANA システム全体を意味します。テナントデータベースごとでのシステムレプリケーションはサポートされていませんので注意が必要です。

3-16-1. サービス自動リスタート

サービス自動リスタートは、サービスの障害回復をサポートします。SAP HANA のサービス（インデックスサーバやネームサーバなど）が、ソフトウェア障害により停止した場合、サービス自動リスタート（Watchdog）機能によりサービスが再開されます サービスの停止の検知、サービスの再開は自動的に行われます。ただし、インデックスサーバの再起動には、サービスの起動、データのメモリーロードが必要です。このため、障害に関連する全てのデータは安全にリカバリされますが、サービスの復旧には時間がかかることがあります。

3-16-2. ホスト自動フェイルオーバー

ホスト自動フェイルオーバーは、SAP HANAがサポートするデータセンター内の障害復旧ソリューションです。1つ（以上）のスタンバイホストをSAP HANAシステムに追加して、スタンバイモードで動作するように設定することができます。スタンバイモードになっている場合、スタンバイホスト上のデータベースにはデータが含まれておらず、問い合わせなどの要求を受け付けません。これは、スタンバイホストがテストや品質管理など他の目的で使用できないことを意味しています。

プライマリーホストに障害が発生すると、データベースサービスは自動的にスタンバイホストにフェイルオーバーされます。ネームサーバとシステムの監視サービスであるhdbdaemonのどちらもネットワーク要求に応答しない（インスタンスが停止しているか、OSがシャットダウンされているか、電源が入っていない）場合、ホストは非アクティブとしてマークされ、自動フェイルオーバーが実行されます。スタンバイホストはプライマリーホストのいずれかの処理を引き継ぐ可能性があるため、全てのデータベースボリュームへの共有アクセスが必要です。これは、NAS、分散ファイルシステム、またはフェイルオーバー時にネットワークストレージを動的にアンマウント、マウントするSAP HANAプログラムインターフェイスであるStorage Connector APIを使用するベンダー固有のソリューションが必要になります。

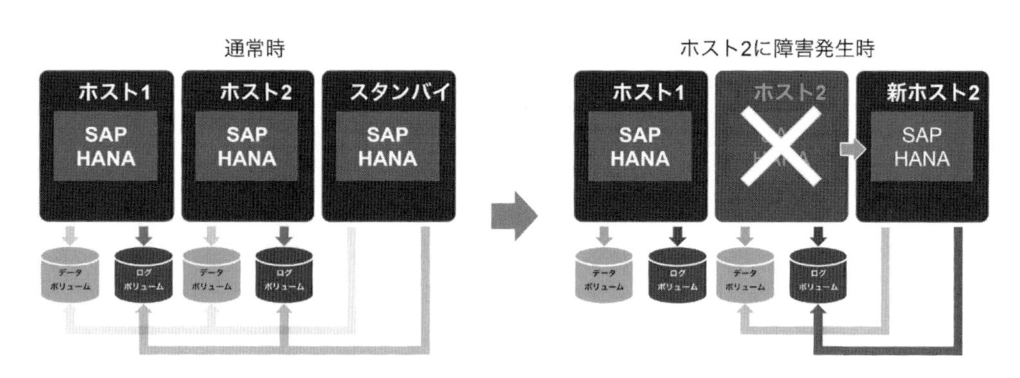

図3-45. ホスト自動フェイルオーバー

上記は、スケールアウト構成としてホスト自動フェイルオーバーを説明していますが、スケールアップ構成（プライマリーホストが1つのみ）でもスタンバイホストを追加してホスト自動フェイルオーバーの機能を使うことが可能です。

3-16-3. システムレプリケーション

システムレプリケーションは、SAP HANA に組み込まれた障害復旧、ディザスターリカバリのための構成です。データの永続化レイヤーで説明しましたが SAP HANA はデータボリュームと REDO ログを書き出すログボリュームの 2 つのボリュームで構成されています。また、バックアップは内部的なデータベーススナップショットを実行します。システムレプリケーションは、基本的にプライマリーシステムとセカンダリーシステムの永続化レイヤーの同期機能になります。これにより SAP HANA を 2 つ以上の別の SAP HANA に複製することが可能になります。また、同期されるタイミングはいくつかの設定が可能ですが、最もトランザクション同期の可用性が高いモード（sync）では、プライマリーシステムで実行されるトランザクションのコミットはセカンダリーシステムにおいても同時にそのコミットを保証します。

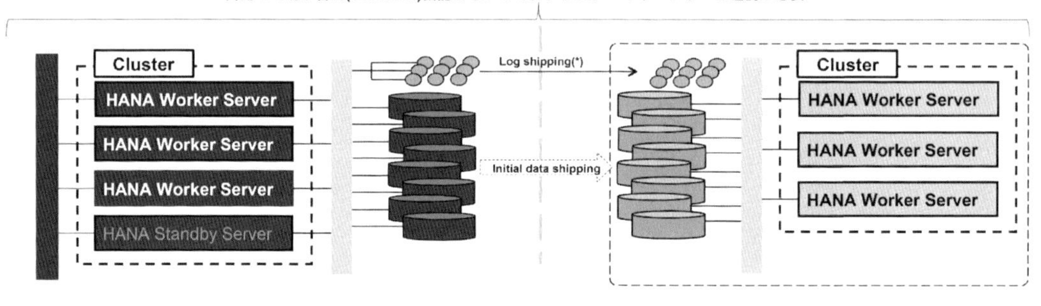

図 3-46. SAP HANA システムレプリケーション

これは、技術的には SAP HANA のバックアップ & リカバリを基礎にしています。さらにシステムレプリケーションでは、データのプリロード設定を行うことで、プライマリーシステムでメモリー上にロードされているデータの状態を含めてセカンダリーシステムで同じ状態にすることができます。

また、SAP HANA 2.0 よりシステムレプリケーションのセカンダリーシステムとして構成されたインスタンスについては読み込み専用のデータベースとしてユーザーからのクエリーを処理することができます。これにより、大量データに対するレポーティング処理をセカンダリーシステムにロードバランスし、システム全体でリソースを有効に使うことが可能です。

3-16-3-1. システムレプリケーションの動作概要

SAP HANA のシステムレプリケーションは、バージョンによりテイクオーバー時間の短縮、プライマリーシステムでの負荷軽減などの機能拡張が行われ、現在では下位互換のため複数の動作モード（global.ini の [system_replication] operation_mode）を使用できるようになっています。現在のシステムレプリケーションの動作モードの主流は logreplay もしくは logreplay_readaccess となっています。これらのモードは従来の動作モード（delta_datashipping）と比較して、データ転送量が大幅に削減されるとともに、テイクオーバーに必要な時間も短縮されています。

動作モード	説明
delta_datashipping	継続的な REDO ログの転送に加えてデルタデータの転送も行われます（デフォルトでは 10 分ごとに）。 転送された REDO ログは、セカンダリーシステムでリプレイされません。テイクオーバー時に、最後に転送されたデルタデータからの REDO ログがリプレイされます。SAP HANA 1.0 SPS10 までは、このモードのみが使用可能です。
logreplay	初回のデータボリューム転送完了後に REDO ログの転送が行われます。セカンダリーシステムでは、転送された REDO ログは継続的にリプレイされます。デルタデータの転送は必要ありません。このため、セカンダリーシステムに転送するデータ量が削減されます。また、継続的な REDO ログのリプレイにより delta_datashipping モードに比べテイクオーバーにかかる時間が短縮されます。SAP HANA 1.0 SPS11 以降から使用可能です。
logreplay_readaccess	logreplay モードと似ています。 違いは、セカンダリーシステムが読み取り可能になっていることです。 セカンダリーシステムへ直接接続するか、またはプライマリーシステムから SELECT ステートメントにヒント文を付与することで、セカンダリーシステムで読み取りアクセスが可能になります。この機能はアクティブ / アクティブ（Read-Enabled）と呼ばれます。SAP HANA 2.0 SPS00 以降から使用可能です。 注意）SAP HANA 2.0 SPS01 以前では、logreplay_readaccess モードはダイナミックティリングを有効にした環境ではサポートされません。SAP HANA 2.0 SPS02 以降であれば、SAP HANA dynamic tiering を有効にした環境をサポートはしますが、制限事項がありますので注意が必要です。

表 3-14. システムレプリケーションの動作モード

現在主流の logreplay モードでのシステムレプリケーションの動作の流れは次の様になります。

①プライマリーシステムとセカンダリーシステムでデータボリュームの初期同期

②プライマリーシステムで発生したトランザクション（更新）ごとに REDO ログをセカンダリーシステムに転送する

（REDOログ転送を保証するタイミングは複数モードから選択可能）

③セカンダリーシステムでは、継続的にREDOログをリプレイ

上記の①では、SAP HANAのバックアップのテクノロジーが利用され、内部的なデータベーススナップショットを元にデータベースの静止点が作成され、必要なデータが物理的にセカンダリーシステムにコピーされます。②はプライマリーシステムで発生したREDOログはプライマリーシステムのログセグメントに書き込まれると同時にセカンダリーシステムにも転送されます。この際、REDOログ転送を保証するタイミングは複数から選択可能です。最後に③では、転送されたREDOログはセカンダリーシステムで継続的にリプレイ（リカバリ）されます。

プライマリーシステムに障害が発生し、テイクオーバーが必要になった場合は、セカンダリーシステムに転送済みでリプレイが未完了なREDOログを使ってリカバリを実施するためテイクオーバーにかかる時間が最小化されます。

3-16-3-2. REDOログの転送完了を保証するタイミング

システムレプリケーションでは、REDOログの転送完了を保証するタイミングを複数から選択可能になっています。これは、REDOログの転送タイミングをプライマリーシステム、セカンダリーシステム間で完全に一致させる場合、REDOログの転送オーバーヘッドおよびセカンダリーシステム側でログセグメントへの物理書き込みオーバーヘッドがプライマリーシステムのトランザクション性能に大きな影響を与えることが考えられるためです。

REDOログの転送タイミングを遅延させることで、REDOログのネットワーク転送オーバーヘッドやプライマリーシステムでのログセグメントへの書き込み遅延を小さくすることが可能です。しかし、障害発生時にシステムがテイクオーバーした際、セカンダリーシステムでREDOログ転送が未完了であるリスクが高まります。これは、プライマリーシステムで発生したトランザクションをセカンダリーシステムで失う可能性があることを意味しています。

このように、REDOログの転送完了を保証するタイミングとプライマリーシステムのトランザクション性能はトレードオフの関係にあるため、SAP HANAではREDOログの転送完了を保証するタイミングについて4つのモードを用意しています。

Synchronous in-memory（デフォルト）

セカンダリーシステムがREDOログをメモリー上で受信した時点で（セカンダリーシステムでREDOログが永続化される前）、プライマリーシステムはトランザクションをコミットします。プライマリーシステムのトランザクション遅延は、セカンダリーシステムにREDOログを送信する時間のみです。

Synchronous

プライマリーシステムは、セカンダリーシステムでREDOログが永続化されているという確認を受け取るまで、トランザクションをコミットしません。このモードは、両方のシステム間でデータの一貫性を保証しますが、セカンダリーシステムにREDOログを送信して永続化されるまでの間、プライマリーシステムのトランザクションが遅延します。

Fullオプション付きSynchronous

Synchronousモードと同じようにプラマリー、セカンダリーシステム間でデータの一貫性を保証します。さらに、セカンダリーシステムが切断されると（たとえば、ネットワーク障害のため）セカンダリーシステムへの接続が再確立されるまで、プライマリーシステムはトランザクション処理を中断します。このシナリオではデータ損失は発生しません。（full optionの無いSynchronousモードの場合、ネットワーク障害等によりネットワークが切断された際、タイムアウト時間を過ぎるとプラマリーシステムはセカンダリーシステムとの同期状態を破棄します）

Asynchronous

プライマリーシステムは、セカンダリーシステムにREDOログを非同期で送信します。プライマリーシステムは、REDOログがプライマリーシステムのログセグメントに書き込まれ、ネットワークを介してセカンダリーシステムに送信されると、トランザクションをコミットします。セカンダリーシステムからの応答を待つことはありません。

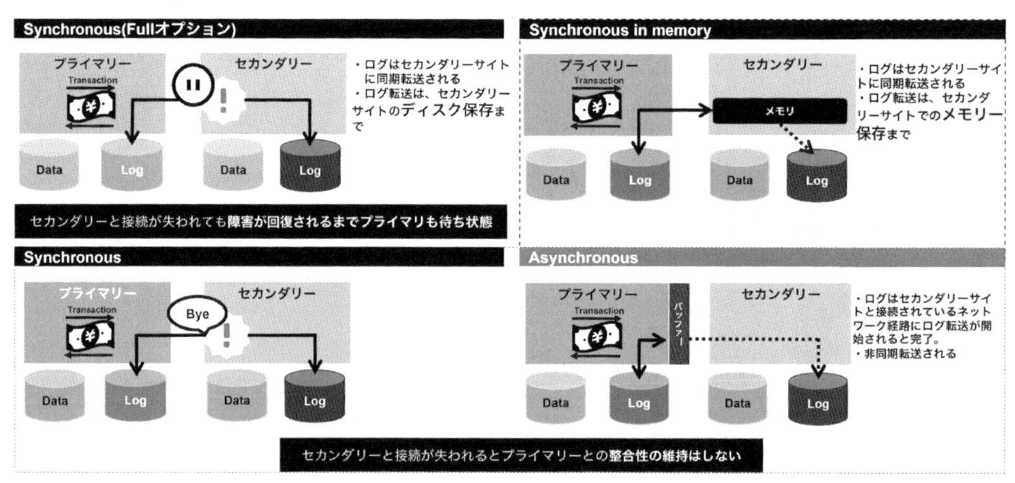

図 3-47.　REDO ログの転送タイミング（モード）

上記の REDO ログの転送完了を保証するタイミングのデフォルトは Synchronous in memory となっています。これは、パフォーマンスとトランザクションの可用性のバランスが最も良いという判断からですが、システムによっては、セカンダリーシステムとの完全な同期が要件となる場合もあり、その際は、Synchronous もしくは Synchronous（Full オプション）を使用する必要があります。

3-16-3-3. ログリテンション

logreplay および logreplay_readaccess モードでは、ネットワーク切断後にセカンダリーシステムと同期できるようにログセグメントには”保持中”とマークすることができます。このログリテンションは、セカンダリーシステムが短時間の切断（たとえば、ネットワークの問題またはセカンダリーシステムの一時的なシャットダウン）などから、REDO ログの破棄や上書きを保護し、可能な限り REDO ログ損失によるプライマリーシステムとセカンダリーシステムの不整合の可能性を減らすことが目的となります。

ネットワーク切断時のログ保持（プライマリーシステム上）

logreplay または logreplay_readaccess モードで構成されたセカンダリーシステムが切断された場合、プライマリーシステムはセカンダリーシステムと同期させるために必要なオンラインのログセグメントを再利用しないようにします。セカンダリーシステムが再び正常に同期を開始するまで、これらのログセグメントは “RetainedFree” としてマークされます。セカンダリーシステムが停止している場合は、ログボリュームがログセグメントでいっぱいになるまで、プライマリサイトでログボリュームが肥大化する可能性があります。セカンダリーシステムがプライマリーシステムに再接続して不足しているログセグメントを使用して同期すると、これらのログセグメントはFreeに設定され、その後で再利用できます。

セカンダリーシステムがシャットダウンされ、長期間使用されない場合、ログセグメントはプライマリーシステムに保持され続けてしまいます。この場合、最初にシステムレプリケーションの登録を解除して、プライマリーシステムでログボリュームがいっぱいにならないようにします。ただし、この場合、セカンダリーシステムで再同期が必要になった場合、プライマリーシステムとの完全同期が必要になることに注意してください。logreplayまたはlogreplay_readaccessモードのセカンダリーシステムが登録されている場合、この動作は自動的に有効になります。

テイクオーバー後のログ保持（セカンダリーシステム上）

セカンダリーシステムでは、テイクオーバー後の旧プライマリーシステムのフェイルバック（旧プラマリーシステムがセカンダリーシステムとして復帰する）の動作を最適化するためにログの保持が必要な場合があります。プライマリーシステムは、レプリケーション中にデータベーススナップショットを定期的に作成します。テイクオーバーの後、旧プライマリーシステムがセカンダリーシステムとしてリスタートすると、旧プライマリーシステム上の最新のスナップショットが使われ、新プライマリーシステムに対して必要なREDOログを要求します。

3-16-3-4. アクティブ / アクティブ（Read-Enabled）

システムレプリケーションの動作モードをlogreplay_readaccessとすることでセカンダリーシステム、読み取り専用のクエリーを実行することが可能になります。クライアントは、直接セカンダリーシステムに接続してクエリーを実行することがサポートされますが、今まで通りプライマリーシステムに接続した場合もSAP HANAが自動で接続のロードバランスを実行します。これは、従来のアプリケーションの修正なしにSAP HANA側でアクティブ / アクティブ（Read-Enabled）に設定するだけで、読み込み処理をスケールさせることが可能になることを意味しています。

また、アクティブ / アクティブ（Read-Enabled）の場合、セカンダリーシステムに直接接続可能ですが、接続のための認証は全てプライマリーシステムで実施されることに注意が必要です。

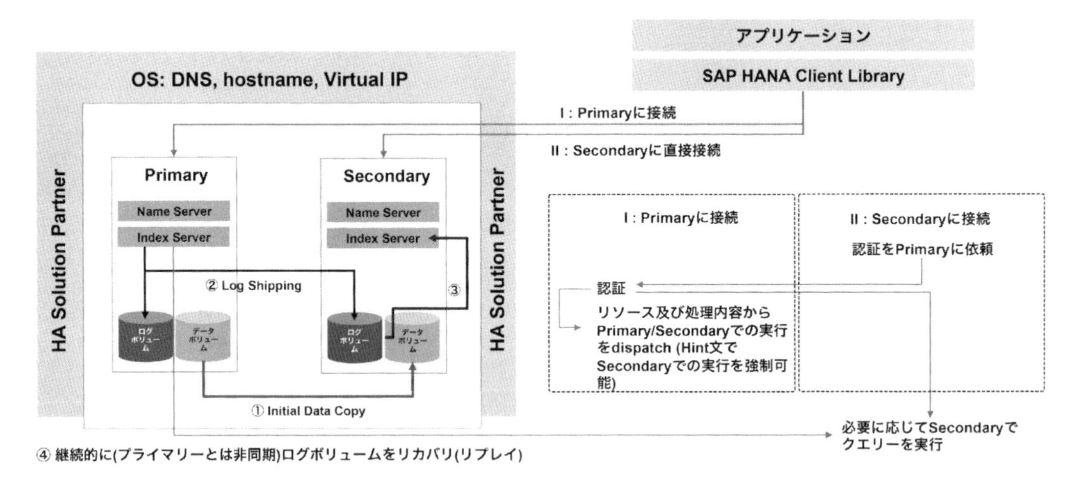

図 3-48. アクティブ / アクティブ (Read-Enabled) の動作

アクティブ / アクティブ (Read-Enabled) を使用する上での注意点を次に記載しておきます。

・REDO ログのリプレイは、セカンダリーシステム上で非同期プロセスとして実行されます。セカンダリーシステムでは、ステートメントレベルのスナップショット分離 (SAP HANA の MVCC による READ COMMITTED) によりプライマリーシステムのデータと比較して、遅延参照の可能性があります。また、セカンダリーシステムでのデータ参照の最小遅延保証はありません。
・セカンダリーシステムでは、プライマリーシステムと同じ SAP HANA のバージョンの場合にのみ読み取り専用アクセスが許可されます。異なるバージョンの場合は、同一のバージョンが使用されるまで読み取り専用クエリーを禁止します。(ローリングアップグレード時は読み取り専用アクセスは無効になります)
・プライマリーシステムにアクセスできない場合、セカンダリーシステムは新しい接続を受け付けません。(認証はプラマリーシステムで実施するため)

アクティブ / アクティブ (Read-Enabled) を使用して、セカンダリーシステムでクエリー実行するためにヒント句の WITH HINT (RESULT_LAG ('hana_sr' [,delay_seconds])) を使用することできます。ただし、ヒント句を付与しても次の場合はセカンダリーシステムにクエリーは転送されません。

・コネクションの分離レベルが "REPEATABLE READ" もしくは "SERIALIZABLE" の場合

・セカンダリーシステムに接続できない場合
・コネクションに書き込みトランザクションが含まれる場合（未コミットのDMLを含む）
・クエリーが一時表を参照している場合

また、RESULT_LAGヒントに指定した遅延許容時間（delay_seconds）をセカンダリーシステムが超えている場合や、セカンダリーシステムのメモリー使用量が許可されている最大値に近づいている場合は、セカンダリーシステムからプライマリーシステムにクエリーが再転送されて実行されます。

3-16-3-5. 複数階層でのシステムレプリケーション

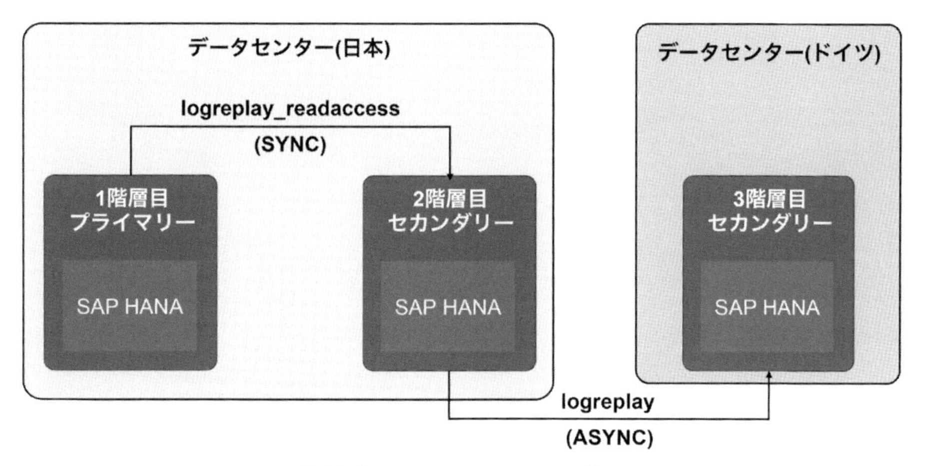

図3-49. 複数階層でのシステムレプリケーション

より高いレベルの可用性を提供するために、SAP HANAは複数階層でのシステムレプリケーションをサポートしています。

複数階層のシステムレプリケーションでは、プライマリーシステムから2階層目、3階層目のセカンダリーシステムを連鎖して作成することが可能です。基本的なシステムレプリケーションの手順で設定した後、別のレベルの冗長性を提供するために3番目のシステムを追加します。複数階層のシステムレプリケーションの設定では、プライマリーシステムは常に1階層目にあり、2階層目のセカンダリーシステムはレプリケーションソースとしてプライマリーシステムを持ち、3階層目のセカンダリーシステムはレプリケーションソースとして2階層目のセカンダリーシステムを持っています。

複数階層でのシステムレプリケーションでは、動作モード（delta_datashipping、logreplay、

logreplay_readaccess）の混在は許可されません。ただし、1つの例外があります。動作モードlogreplay_readaccessが1階層目と2階層目で設定されている場合、動作モードlogreplayは2階層目と3階層目で設定できます。

また、複数階層でのシステムレプリケーションは、様々なREDOログの転送タイミングのモードの組み合わせをサポートします。

1階層目と2階層目	2階層目と3階層目	ユースケース
SYNC	SYNC	1階層目と2階層目は高速なテイクオーバーのため、ローカルのデータセンター内に置かれます。3階層目はディザスターリカバリのために2階層目のシステムに近いデータセンターに置かれます。
SYNC	SYNCMEM	1階層目と2階層目は高速なテイクオーバーのため、ローカルのデータセンター内に置かれます。3階層目はディザスターリカバリのために2階層目のシステムに近いデータセンターに置かれます。
SYNC	ASYNC	1階層目と2階層目は高速なテイクオーバーのため、ローカルのデータセンター内に置かれます。3階層目はディザスターリカバリのために2階層目のシステムから遠いデータセンターに置かれます。
SYNCMEM	SYNC	1階層目と2階層目は高速なテイクオーバーのため、ローカルのデータセンター内に置かれます。3階層目はディザスターリカバリのために2階層目のシステムに近いデータセンターに置かれます。
SYNCMEM	SYNCMEM	1階層目と2階層目は高速なテイクオーバーのため、ローカルのデータセンター内に置かれます。3階層目はディザスターリカバリのために2階層目のシステムに近いデータセンターに置かれます。
SYNCMEM	ASYNC	1階層目と2階層目は高速なテイクオーバーのため、ローカルのデータセンター内に置かれます。3階層目はディザスターリカバリのために2階層目のシステムから遠いデータセンターに置かれます。
ASYNC	ASYNC	1階層目と2階層目ではディザスターリカバリの要件はあるもののパフォーマンスが最優先となっている。2階層目と3階層目はデータロスのリスクよりパフォーマンスが優先されます。

表3-15.　REDOログ転送タイミングのモードの組み合わせ

3-16-3-6. システムレプリケーションベースのテナントコピー / 移動

システムレプリケーションのメカニズムを使用して、SAP HANAテナントデータベースの停止時間を限りなくゼロで、異なるSAP HANAシステムに安全かつ便利にテナントデータベースをコピーおよび移動させることができます。これにより、変化するリソース要件に柔軟に対応し、システム全体を効率的に管理できます。

先にバックアップ＆リカバリベースのテナントコピー / 移動を説明しましたが、異なるシステム間でこの方法を行う場合、バックアップセットの転送、転送先でのリカバリなど複数の手順が必要です。一方、システムレプリケーションベースのテナントコピー / 移動ではシンプルなコマンドで、別システムにテナントデータベースを作成し、システムレプリケーションと同じく、初期データ転送、REDOログの転送、適用までSAP HANAが実行します。

システムレプリケーションベースのテナントコピー / 移動を行うには、コピー / 移動先のシステムデータベース上で次のコマンドを実行します。

```
CREATE DATABASE new_tenant_db AS REPLICA OF copied_tenant_db
AT '<source_ hostname>:3<source_instance#>01' ;
```

テナントコピーの場合は、次のコマンドを実行し、テナントコピーの処理を完了させます。

```
ALTER DATABASE new_tenant_db FINALIZE REPLICA;
```

テナント移動の場合は、次のコマンドでソースのテナントデータベースの削除とテナント移動の処理を完了させます。

```
ALTER DATABASE new_tenant_db FINALIZE REPLICA DROP SOURCE DATABASE;
```

3-17 セキュリティ

企業情報の保護は、SAP HANAにとって最も重要なトピックの1つです。増加するサイバーセキュリティの課題に対応し、システムを安全に保ち、今日のデジタルコンプライアンスと規制要件を守る必要があります。SAP HANAでは、様々な環境でSAP HANAを安全に実行および運用し、特定のコンプライアンス、セキュリティ、および規制要件を実装することができます。

3-17-1. ユーザー管理

SAP HANAでのデータベース上のユーザーは、テクニカルユーザーまたはアプリケーションから使用可能なデータベースユーザーの大きく2種類が存在します。テクニカルユーザーはSYSや_SYS_REPOなどデータベース内部で使用されるユーザーとなり削除することはできません。

SAP HANAにアクセスする場合、処理に必要な権限を持つデータベースユーザーが必要です。シナリオに応じて、アクセスするユーザーは、テクニカルユーザーまたは個々のデータベースユーザーのいずれかになります。

SAP HANAは、ログオン認証に成功すると、ユーザーに対して要求されたオブジェクトへの認可が検証されます。これは、ユーザーに付与されている権限によって決まります。権限は、直接または間接的なロールを通じてデータベースユーザーに付与できます。ユーザーの作成と管理にはCREATE USER文の他にいくつかのツールが利用できます。

また、SAP HANAをインストールした時点でいくつかの事前定義されたOSユーザー、テクニカルユーザー、データベースユーザーが存在します。特定のユーザーはセキュリティの観点から無効にすることが推奨されています。

ユーザー名	説明	備考
<sid>adm	SAP HANAのインストール時に作成されるOS上のSAP HANAインスタンスの管理者ユーザーです。データベースの起動、停止を含む管理オペレーションを実行します。また、SAP HANAのプロセスのOS上の所有者となります。	<sid>はインストール時に設定したSIDを小文字にした値

表3-16. 事前定義のOSユーザー

ユーザー名	説明	備考
SYSTEM	SAP HANA のインストール時に作成されるデータベースユーザーです。これは、他のデータベースユーザーの作成、システムテーブルへのアクセスなどが可能な最も強力なデータベースユーザーです。システムデータベースの SYSTEM ユーザーには、テナントデータベースの作成と削除、テナントデータベースの設定ファイル (* .ini) の変更、テナントデータベース固有のバックアップの実行など、テナントデータベースの管理に必要な特権が追加されています。	日常的な運用で SYSTEM ユーザーを使用しないでください。代わりに、SYSTEM ユーザーから、管理タスク用の専用データベースユーザーを作成し、そのユーザーに特権を割り当てます。SYSTEM ユーザーを無効にすることをお勧めします。
SYS	SYS ユーザーはテクニカルユーザーです。SYS ユーザーはシステムテーブルや監視用ビューなどのデータベースオブジェクトの所有者です。	
XSSQLCC_AUTO_USER_<generated_ID>	SAP HANA extended application services, classic model 用アプリケーションのためのテクニカルユーザーです。このユーザーは SQL 接続設定 (SQLCC) で、ユーザーを指定しない場合に自動的に作成されます。	
_SYS_AFL	_SYS_AFL ユーザーはテクニカルユーザーです。AFL(Application Function Library) オブジェクトの所有者です。	
_SYS_EPM	_SYS_EPM ユーザーはテクニカルユーザーです。SAP Performance Management(EPM) プリケーション用のユーザーです。	
_SYS_REPO	SAP HANA リポジトリで使用されるテクニカルユーザーです (SAP HANA extended application services, classic model)。リポジトリは、アトリビュートビュー、アナリティックビュー、カリキュレーションビュー、プロシージャー、分析権限、ロールなどの様々なオブジェクトの設計時のバージョンを含むパッケージで構成されます。リポジトリ内の全てのオブジェクトの所有者であり、それは、アクティブ化された実行時のバージョンのパッケージも含みます。	リポジトリ内で作成される全てのオブジェクトに対して、自動的に参照権限を付与されることはありません。_SYS_REPO ユーザーには、リポジトリでモデル化された全てのオブジェクトに関連する全てのオブジェクトに対して、SELECT 権限 (GRANT オプション付き) を付与する必要があります。この権限がない場合、リポジトリ内のオブジェクトは有効になりません。
_SYS_SQL_ANALYZER	SAP HANA のクエリパフォーマンス分析ツール (SQL Analyzer) で使用されるテクニカルユーザーです。このツールを使用すると、各クエリの詳細情報を表示でき、これらのクエリの潜在的なボトルネックと最適化を評価するのに役立ちます。SQL Analyzer は、SAP HANA cockpit と SAP Web IDE からアクセスできます。	
_SYS_STATISTICS	SAP HANA データベースの内部監視メカニズムによって使用されるテクニカルユーザーです。 ステータス、パフォーマンス、およびリソースの使用状況に関する情報をデータベースの全てのコンポーネントから収集し、必要に応じてアラートを発行します。	

＜次頁へ続く＞

ユーザー名	説明	備考
_SYS_TASK	SAP HANA Smart Data Integration(SAP HANA プラットフォームのデータインテグレーションサービス) のテクニカルユーザーです。このユーザーは、全てのタスクフレームワークオブジェクトを所有しています。	
_SYS_WORKLOAD_REPLAY	SAP HANAのパフォーマンス管理ツールのワークロードのキャプチャー & リプレイによって使用されるテクニカルユーザーです。このツールを使用すると、管理者はシステム変更 (ハードウェアの変更など) の影響をチェックするために、SAP HANA システムからワークロードをキャプチャーして別システムでリプレイすることができます。_SYS_WORKLOAD_REPLAY ユーザーは、制御データと前処理データを管理します。パフォーマンスの結果データもこのユーザーのスキーマ (_SYS_WORKLOAD_REPLAY) に格納されますが、内部プロシージャーでのみアクセスできます。	
_SYS_XB	SAP HANA の内部のみで使用されるテクニカルユーザーです。	

表 3-17.　事前定義のデータベースユーザー

さらにデータベースユーザーとスキーマの関係性は 1:N となります。データベースユーザーが作成された場合、対応する同名のスキーマも作成されますが必要に応じて、別のスキーマを作成することも可能です。その際、スキーマを所有するデータベースユーザー名を指定します。スキーマを作成する場合は次の SQL 文を実行します。

```
CREATE SCHEMA schema_name [OWNED BY user_name];
```

3-17-2. ユーザー認証

SAP HANA にアクセスするデータベースユーザーは、認証と呼ばれるプロセスによって確認されます。 SAP HANA はいくつかの認証メカニズムをサポートしています。これらの認証メカニズムのいくつかは、シングルサインオン環境（SSO）へ SAP HANA の統合に使用できます。 個々のユーザーを認証するために使用されるメカニズムは、ユーザー作成時に指定します。

方法	説明	シングルサインオンで使用可能か？
ベーシック認証 (ユーザー名とパスワード)	SAP HANA データベースにアクセスしているユーザーは、データベースのユーザー名とパスワードを入力して認証を受けます。	No
Kerberos, SPNEGO	Kerberos 認証プロバイダを使用して、次の方法で SAP HANA にアクセスするユーザを認証できます。 ・ネットワーク内の ODBC および JDBC データベースクライアントから直接認証する ・Kerberos 委任を使用して、SAP BusinessObjects アプリケーションやその他の SAP HANA データベースなどのフロントエンドアプリケーションから間接的に認証する ・SAP HANA 拡張サービス (SAP HANA XS) を使用した HTTP / HTTPS アクセス この場合、Kerberos 認証は、GSSAPI Negotiation Mechanism (SPNEGO) で有効になります。 注意) 外部認証プロバイダを使用してデータベースに接続するユーザーは、データベースに認識されているデータベースユーザーも持っている必要があります。 SAP HANA は外部 ID を内部データベースユーザの ID にマッピングします。	Yes
Security assertion markup language (SAML)	SAML bearer assertion は、ODBC/JDBC データベースクライアントから直接 SAP HANA にアクセスするユーザを認証するために使用できます。 SAP HANA は、SAP HANA extended application services, classic model を使用して HTTP / HTTPS を介してアクセスするユーザを認証するサービスプロバイダとして機能することができます。 注意) 外部認証プロバイダを使用してデータベースに接続するユーザーは、データベースに認識されているデータベースユーザーも持っている必要があります。 SAP HANA は外部 ID を内部データベースユーザの ID にマッピングします。	Yes
X.509 client certificates	SAP HANA XS クラシックによる SAP HANA への HTTP/HTTPS アクセスでは、信頼できる証明機関 (CA) によって署名されたクライアント証明書によってユーザーを認証することができます。この証明書は SAP HANA XS Trust Store に格納できます。 注意) X.509 クライアント証明書を実装するには、証明書で指定されたユーザーが SAP HANA に既に存在している必要があります。 ユーザーマッピングのサポートはありません。	Yes (SAP HANA extended application services, classic model Only)
JSON Web Token (JWT)	JSON Web Token を使用して、ODBC/JDBC データベースクライアントから直接 SAP HANA にアクセスするユーザを認証したり、SAP HANA extended application services, advanced model) を介して間接的に認証することができます。 注意) X.509 クライアント証明書を実装するには、証明書で指定されたユーザーが SAP HANA に既に存在している必要があります。 ユーザーマッピングのサポートはありません。	Yes
Session cookies	セッションクッキーは、技術的には認証メカニズムではありません。 ただし、Kerberos または SAML によってすでに認証されたユーザーを再接続し、ログオンおよびアサーションチケットの有効期間を延長します。	Yes

表 3-18. ユーザー認証方法一覧

データベースユーザーのベーシック認証で使用するパスワードは、特定のルールが適用されます。このルールはパスワードポリシーで定義されています。組織のセキュリティ要件に合わせて、パスワードの最大長、大文字 / 小文字、初回ログオン後に強制的にパスワードの変更を要求、パスワードの有効期限、使用不可能な単語のリスト（ブラックリスト）など、様々なルールをデフォルトのパスワードポリシーとして設定することができます。

パスワードポリシーは、テナントデータベースの indexserver.ini の [password policy] のセクション内のパラメーターと、システムデータベースの indexserver.ini によって定義されます。(設定ファイルを OS 上で直接編集することはセキュリティ上推奨されません。OS 上で直接編集した場合、監査の対象となりません。SQL 文もしくは SAP HANA cockpit などのツールから変更するようにしてください)

3-17-3. 権限管理

ユーザーがクライアントインタフェース（たとえば、ODBC、JDBC、または HTTP など）を使用して SAP HANA にアクセスした際、データベースオブジェクトに対して操作を実行できるか否かは付与された権限によって決定されます。

付与された権限とは、ユーザーに直接付与された権限、およびロールを通して間接的に付与された権限の全ての組み合わせです。つまり、ユーザーがオブジェクトにアクセスしようとするたびに、SAP HANA はユーザー、ユーザーのロール、および直接付与された権限をチェックします。

3-17-3-1. 権限

SAP HANA では権限の影響する範囲により、いくつかの種類の権限を持っています。

権限の種類	適用オブジェクト	対象ユーザー	説明
システム権限	システム全体、データベース全体	管理者、開発者	主に、スキーマの作成、ユーザーとロールの作成と変更、データバックアップの実行、ライセンスの管理などの管理目的で使用されます。システム権限は、基本的なリポジトリ操作を許可するためにも使用されます。 特定のテナントデータベースのユーザーに付与されたシステム権限は、そのデータベース内の操作のみを許可します。唯一の例外は、システム権限 DATABASE ADMIN です。このシステム権限は、システムデータベースのユーザにのみ付与することができます。個々のテナントデータベースに対する操作の実行を許可します。たとえば、DATABASE ADMIN を付与されたユーザーは、テナントデータベースを作成および削除したり、設定 (* .ini) ファイルのテナントデータベース固有のパラメーターを変更したり、テナントデータベース固有のバックアップを実行できます。

権限の種類	適用オブジェクト	対象ユーザー	説明
オブジェクト権限	データベースオブジェクト(スキーマ、テーブル、ビュー、プロシージャなど)	エンドユーザー、アプリケーション接続ユーザー	テーブルやビューなどのデータベースオブジェクトへのアクセスや変更を許可するために使用されます。オブジェクトの種類に応じて、異なるアクションを許可することができます(たとえば、SELECT、CREATE ANY、ALTER、DROPなど)。 オブジェクト権限に含まれるスキーマ権限とは、スキーマとその中に含まれるオブジェクトへのアクセスとその変更を許可するために使用される権限です。 同じくソース権限は、SAP HANA smart data access(SDA)を介して接続されたリモートデータソースへのアクセスおよびその変更を制限するために使用される権限です。
分析権限	アナリティックビュー	エンドユーザー	特定の値または値の組み合わせに応じて、SAP HANA インフォメーションビューのデータへの読み取りアクセスを許可するために使用されます。分析権限は、クエリー処理中に評価されます。 これにより条件に合致する特定レコードは特定ユーザーのみ参照可能といったルールを設定することが可能です。
パッケージ権限	従来のリポジトリ内のパッケージ	従来のリポジトリをベースとしたアプリケーション開発者	SAP HANA の従来のリポジトリにアクセスし、パッケージの開発を許可するために使用されます。 パッケージには、アナリティックビュー、アトリビュートビュー、カリキュレーションビュー、分析権限など、様々なオブジェクトの設計段階のバージョンが含まれています。
アプリケーション権限	SAP HANA extended application services, classic model アプリケーション	アプリケーションのユーザー、その接続ユーザー	アプリケーションの開発者は、アプリケーションへのユーザーアクセスとクライアントアクセスを許可するためのアプリケーション権限を作成できます。 これらは、テーブルなどに対するオブジェクト権限などの他の権限に加えて適用されます。

表 3-19.　SAP HANA の権限

3-17-3-2. ロール

ロールは、データベースユーザーまたは別のロールのいずれかに付与できる権限の集まりです。ロールには通常、特定の機能やタスクに必要な権限が含まれています。たとえば、ロールは次の様になります。

- Microsoft Excel などのクライアントツールを使用してビジネスユーザーがレポートを参照する
- モデリング担当者がデータモデルやレポートを作成する
- データベース管理者のデータベース上での作業やデータベースユーザーのメンテナンス

権限は、SAP HANA のデータベースユーザーに直接付与することができます。しかし、ロールを介して権限を管理することでビジネスロールをデータベース上でモデル化できます。また、複雑で再利用可能な権限の概念を効率よく実装できる権限付与のための標準的なメカニズムです。

3-17-4. 暗号化

SAP HANA は、アプリケーション内部の特定データの暗号化、データの暗号化、アプリケーションとデータベース間ネットワークの暗号化の機能を備えています。また、SAP HANA は、OS のファイルシステム上にマスターキーで保護されたセキュアストア（SSFS）を使用して、暗号化のための全てのルートキーを保護します。

3-17-4-1. パスワード

SAP HANA では、全てのパスワードが安全に保存されます。OS のユーザーパスワードは、標準のオペレーティングシステムメカニズムである /etc/passwd ファイルによって保護されています。

全てのデータベースユーザーのパスワードは、SHA-256 を使用してハッシュ形式で保存されます。

SAP HANA が外部接続用に必要な資格情報は、データベース内部の資格情報ストアに安全に保管されます。この内部の資格情報ストアは、アプリケーション内部の特定データの暗号化機能で保護されます。たとえば、SAP HANA smart data access では、リモートソースにアクセスするために必要な資格情報は、この暗号化機能を使用して保護されます。

3-17-4-2. データの暗号化

OS レベルの不正アクセスからディスクに保存されたデータを保護するために、SAP HANA は次の種類のデータに対して、永続化レイヤーでのデータ暗号化をサポートしています。(SAP HANA はメモリー上のデータの暗号化を行いません。これは、SAP HANA のメモリーは OS 上ではプライベートなメモリー空間に存在し、OS 上の別の第三者が SAP HANA のメモリー空間を直接読み取ることはできないためです)

・データボリューム内のデータファイル
・ログボリューム内のログセグメント
・データボリュームとログボリュームのバックアップ
・SAP HANA dynamic tiering による拡張ストレージのデータボリューム

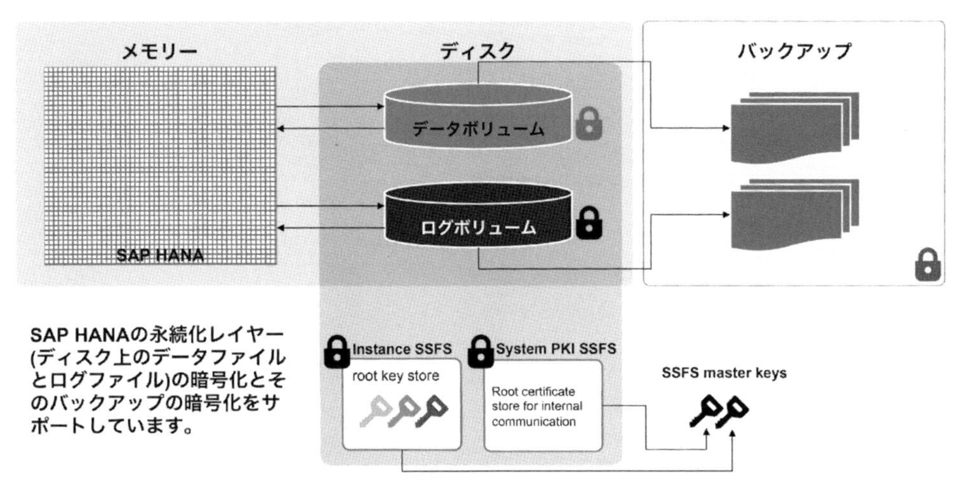

図 3-50. データの暗号化

3-17-4-3. ネットワークの暗号化

SAP HANAは、ネットワーク通信チャネル用の暗号化通信をサポートしています。SAP HANAで使用されるネットワーク通信チャネルは、SAP HANAに接続するデータベースクライアント通信、および内部データベース通信に使用されるものに分類されます。

前者のデータベースクライアント通信のチャネルとは、管理用クライアント、アプリケーションサーバなどによるSAP HANAへのSQLやHTTPアクセスを指します。また、SAP HANAのデータベースサービス以外のデータプロビジョニング（SAP HANA smart data integration）に使用されるチャネルでもあります。

後者の内部データベース通信とは、スケールアウト構成時のホスト間通信、およびシステムレプリケーションのシステム間通信で使用されるチャネルです。

SAP HANAでは、これらのデータベースクライアント通信、および内部データベース通信においてネットワークの暗号化をサポートしています。

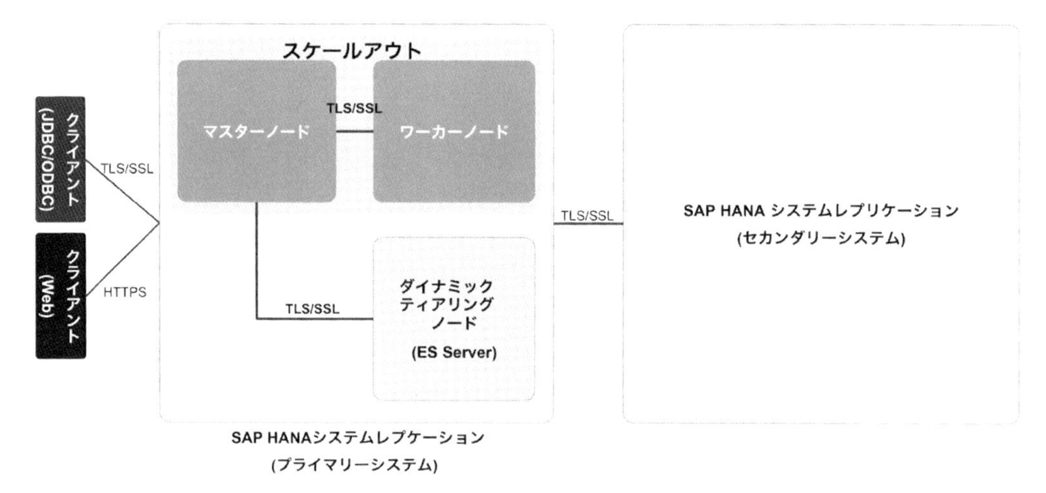

図 3-51. ネットワークの暗号化

3-17-5. データマスキング

データマスキングは、"ビュー" に適用できる追加のセキュリティ機能になります。データマスキングは、データが部分的にしか表示されないように、または権限のないユーザーにとって完全に無意味に表示されるように、ビューの特定のカラムのデータを保護します。

権限を持たないユーザーがデータにアクセスする際、「許可されていない」といったエラーを返す All or Nothing 方式とは異なり、マスクされたデータを見る権限を持たないユーザーはエラーとはならず、実データではなくマスクされたデータを参照することになります。

データマスキングは、厳しいデータ保護が求められ、特定のデータを保護するための一般的なデータベースのオブジェクト権限の上に第2の保護レイヤーが必要な場合に便利です。たとえば、高い権限を持つ管理者ユーザーは社員のデータにアクセスできますが、社会保障番号を含むカラムの実データを見るのではなく、マスクされた値を表示させるようにします。(この例ですと、### - ## - #### の様にマスキングされます)

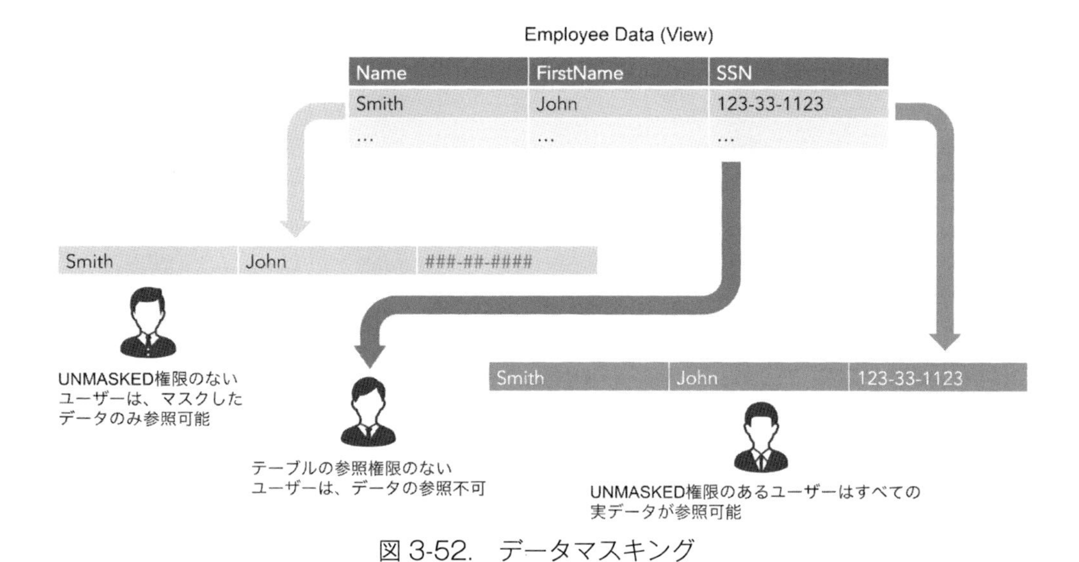

図 3-52.　データマスキング

3-17-6. 監査

監査では、SAP HANA上のアクティビティを誰がいつ何を行ったのかという観点で把握できます。これにより、機密データへの読み取りアクセスを記録して監視することができます。

監査を使用すると、SAP HANAで実行された選択されたアクションを監視、記録できます。監査はシステムのセキュリティを直接的に向上させるものではありませんが、監査の設計によっては、次の様な方法でセキュリティを強化できます。

・一部のユーザーに多すぎる権限が与えられた場合のセキュリティホールを検出する
・セキュリティ侵害の試みを検出する（ブルートフォースアタックの検知など）
・セキュリティ違反やデータの不正使用からシステムを保護する

通常、以下の項目を定義して監査ポリシーを作成します。SAP HANAは作成した監査ポリシーに従った監査を実行します。

・監査するアクション（全て、SELECT、UPDATE、CREATE USER/DROP USERなど）
・監査するアクションのステータス（成功、失敗、全て）
・監査レベル（緊急、致命的、警告など）
・監査対象のユーザー
・監査対象のオブジェクト

また、監査ログの出力先は、OS上のsyslog、任意の場所のCSVファイル（OS上のSAP

HANA実行ユーザー所有)、または、データベースのテーブルとなります。デフォルトではセキュリティを考慮してOS上のsyslogに出力されるようになっています。監査ログでは、次の項目を出力できます。

項目	説明	例
Event Timestamp	イベントが発生したローカルの時刻	2012/9/19 15:44
Service Name	アクションが発生したサービス名	Indexserver
Hostname	アクションが発生したホスト名	myhanablade23.customer.corp
SID	System ID	HAN
Instance Number	インスタンス番号	23
Port Number	ポート番号	32303
Database Name	データベース名	SYSTEMDB or テナントデータベース名
Client IP Address	クライアントのIPアドレス	127.0.0.2
Client Name	クライアントのマシン名	lu241511
Client Process ID	クライアントのプロセスID	19504
Client Port Number	クライアントとの通信ポート番号	47273
Policy Name	監査ポリシー名	AUDIT_GRANT, MandatoryAuditPolicy
Audit Level	監査アクションの重要度	CRITICAL
Audit Action	監査アクション	GRANT PRIVILEGE
Active User	アクションを実行したユーザー名	MYADMIN
Target Schema	アクションが発生したスキーマ名	PRIVATE
Target Object	アクションが実行されたオブジェクト名	HAXXOR
Privilege Name	GRANTもしくはREVOKEされた権限名	SELECT
Role Schema Name	CREATE/DROP、GRANT/REVOKEされたスキーマ名	MYSCHEMA
Grantable	GRANT/ADMIN OPTIONの有無	NON GRANTABLE
Role Name	GRANT/REVOKEされたロール名	MONITORING
Grantee Schema Name	GRANT/REVOKEされたスキーマ名	MYSCHEMA
Target Principal	アクションのターゲットになるユーザー名 例) GRANT文で権限を付与されたユーザー名	HAXXOR
Action Status	文の実行ステータス	SUCCESSFUL
Component	パラメーターの値が変更された設定ファイル名	indexserver.ini
Section	パラメーターの値が変更されたセクション名	auditing_configuration
Parameter	値が変更されたパラメーター名	global_auditing status
Old Value	変更前のパラメーターの値	CSVTEXTFILE
New Value	変更後のパラメーターの値	CSTABLE
Comment	接続失敗時の追加情報	user is locked
Executed Statement	実行された文	GRANT SELECT ON SCHEMA PRIVATE TO HAXXOR
Session ID	文を実行したセッションID	400006
Application user name	アプリケーションユーザー名	A099999
XS application user name	XSアプリケーションのユーザー名	XSA_ADMIN
Origin database name	クロスデータベースクエリー時のクエリーを発行したデータベース名	DB1
Origin user name	クロスデータベースクエリー時のクエ リーを発行したデータベースユーザー名	MYADMIN

表3-20. 監査項目一覧

3-18 SAP HANAへの接続（管理クライアント）

SAP HANAでは、JDBC、ODBC等の標準的なクライアントサポートに加えて、SAP HANA専用の管理クライアントを複数サポートしています。

SAP HANA HDBSQLはOS上のコマンドラインインターフェースとしてSAP HANAと同時にインストールされます。また、SAP HANA studioはWindows、Mac、Linuxにインストールして使用するSAP HANAの管理、監視、開発ツールとなります。最後に、SAP HANA cockpitはSAP HANA studioの後継となるWebベースのSAP HANAの管理、監視、開発ツールとなります。

現時点で、全ての管理クライアントはサポートされていますが、今後は、コマンドラインツールはSAP HANA HDBSQL、グラフィカルツールはSAP HANA cockpitに統合されていく方針になっています。

3-18-1. SAP HANA HDBSQL

SAP HANA HDBSQLは、SAP HANAでSQLコマンドを実行するためのOS上のコマンドラインツールです。

SAP HANA HDBSQLを使用すると、データベースおよびデータベースオブジェクトに関するSQL文およびデータベースプロシージャを実行できます。SAP HANA HDBSQLは、SAP HANAソフトウェアと共にインストールされます。ローカルおよびリモートのSAP HANAにアクセスできます。

コマンドライン /usr/sap/<SID>/HDB<instance#>/exe/hdbsql [option]を使用して、SAP HANA HDBSQLを呼び出します。hdbsqlコマンドは、対話形式でも非対話形式でも実行できます。ファイルからSQLコマンドを読み込み、バックグラウンドで実行することもできます。

3-18-2. SAP HANA studio

SAP HANA studioはEclipse上で動作し、SAP HANAの開発環境と管理ツールの両方をサポートします。

管理者は、SAP HANA studioを使用して、SAP HANAのサービスの開始と停止、システムの監視、システム設定の構成、およびユーザーと権限の管理を行うことができます。SAP HANA studioは、SQLを使用してSAP HANAにアクセスします。開発者は、SAP HANA studioを使用して、インフォメーションビューやストアドプロシージャなどのデータベースのコンテンツを作成できます。これらの開発成果物は、SAP HANA データベースの一部であるリポジトリに保存されます。

SAP HANA studio は、様々なツールを提供しています。各種ツールは Eclipse のパースペクティブで切り替えることができます。データベース管理および監視機能は、主に SAP HANA 管理コンソールのパースペクティブから利用できます。その他 SAP HANA Modeler パースペクティブと SAP HANA Development パースペクティブなどがあります。

3-18-3. SAP HANA cockpit

SAP HANA cockpit は、SAP HANA の管理や監視のためのアプリケーションへの単一のアクセスポイントを提供します。管理者は SAP HANA cockpit の Database Explorer を介してデータベースのオブジェクトの参照や SQL 文の実行が可能になります。また、各アプリケーションにより、システムまたはサービスの開始や停止、システムの監視、システム設定の変更、ユーザーおよび権限の管理などがサポートされます。

Web ベースのユーザーインタフェースである SAP HANA cockpit は、SAP HANA extended application service（XS Advanced）上で動作します。また、SAP HANA cockpit は単独のサーバにインストールされ、複数の SAP HANA を集中して管理、監視することが可能です。

3-19 SQL & SQLScript

SAP HANA の SQL の実装は、ANSI SQL92 のエントリレベルと ANSI SQL:1999 のいくつかの機能をベースにしています。ただし、ANSI SQL:1999 以降の規格も多く含みます。（たとえば、ANSI SQL:2003 で導入されたウィンドウ関数や ANSI SQL:2008 で導入された TRUNCATE TABLE 文や配列型の集約や展開など）

SQLScript は、SAP HANA における SQL の手続き型言語への拡張です。テーブル型の導入など SQL では使用できないデータ型をサポートしています。また、複雑なデータフローをカプセル化するための関数定義をサポートします。さらに、ビジネスロジックをデータベースプロセスとして実行可能なストアドプロシージャを提供します。

3-19-1. SQL実行時の内部動作

ユーザーから要求されるSQL文は、SQLプロセッサでSQL文の解析、最適化が実施されます。その後、最適化されたSQL文は、オプティマイザーによりOLTP、OLAPのワークロード別に異なるスレッドにディスパッチされます。OLTPワークロードの場合は、SQL Executorが処理します（SQL Executorは全てのSQL文を受け取るスレッドですので、正確には、OLTPワークロードはSQL文を受け取ったSQL Executorがそのまま実行します）。OLAPワークロードの場合は、ジョブスケジューラーにキューイングされ実行プランのオペレーターごとにJOB Executorスレッドにディスパッチされます。

3-19-1-1. SQLオプティマイザー

SQLパーサーはSQL文字列を入力として受け取り、それを解析ツリーに変換します。SAP HANAのSQL文法に基づいて、ユーザーのSQL構文の正しさをSQL文字列から解析します。その後、クエリーチェッカーは解析ツリーを走査して意味的にデータベース内のメタデータと一貫性があるかどうかチェックします。たとえば、テーブル名が既存のテーブルを参照していることを確認し、それぞれのテーブルに対して指定された列が定義されているかどうかをチェックします。このステップでは、型チェックも実行されます。つまり、指定された式がSAP HANAの型に互換性があるかどうかがチェックされます。これらのタスクを実行するために、クエリーチェッカーはデータベースカタログのメタデータにアクセスします。

ルールベースオプティマイザーは、SQLパーサーが出力した解析ツリーを関係代数ツリーに変換します。関係代数ツリーには、PROJECTION（射影）、SELECTION（選択）、JOIN（結合）、AGGREGATION（集約）などの関係演算子が含まれています。正規化ステップは、関係代数ツリーを最適化し易い等価な形式に変換します。たとえば、NOT（x1 AND x2）=> NOT（x1）OR NOT（x2）などの否定演算子をブール式に展開します。正規化後、最適化ルールは同じ式の等価なフォームを少なくする必要があります。さらに、クエリーリライトを適用して、関係代数ツリーをより良い形にします。このプロセスでは型の拡張（精度を損なうことなく、より大きな型への変換）などが実行されます。この段階では、最適化はルールベースで実行されます。そのため、普遍的なメリットがあるクエリーの単純化や、後続のコストベースオプティマイザーを適用する時に有益だと考えられる最適化に限られます。たとえば、ビューのインライン展開や、クエリーのアンネストなどです。

ルールベースオプティマイザーによって作成された最適化された関係代数ツリーは、コストベースオプティマイザーでクエリー実行プランを作成します。最良の実行プランを見つけることには2つの側面があります。

1つはクエリー内の演算子の最適な実行順序を決定することです。もう1つは関係代数ツリーの各演算子で最適な実装アルゴリズムを決定することです。たとえば、結合操作のアルゴリズムとしては、ローストアのネステッドループ結合とハッシュ結合、およびカラムストアの結合操作があります。

SQLプロセッサは、同じクエリーの最適化を繰り返さないために、プランキャッシュを使用します。プランキャッシュは、クエリーの実行プランおよび最適化で導出されたメタデータを保持します。

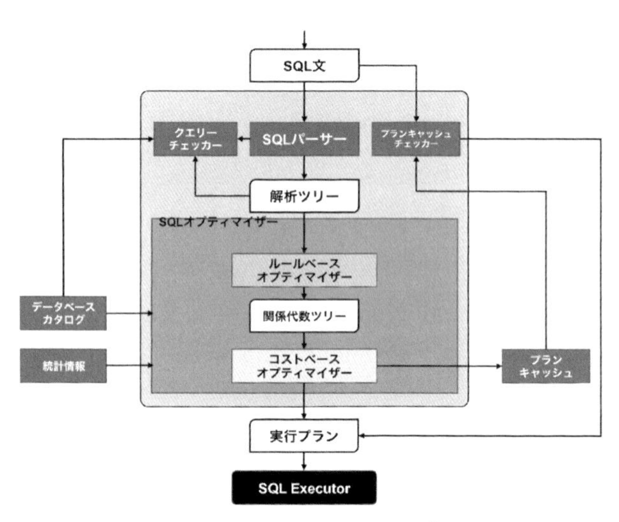

図3-53.　SAP HANAのSQLオプティマイザー

3-19-1-2. SQL ExecutorとJOB Executor

SQL Executorはクライアントからの SQL 要求を受け付けるとともに、単純な SQL 文を処理するスレッドになります。SQL文の実行ごとに、スレッドプールの SQL Executor スレッドが処理します。ローストアに対するほとんどの処理や、カラムストアに対する単純な OLTP 系ワークロードの場合、SQL Executor スレッドのみで SQL 文を処理します。OLTP 系とは、単一の SQL 文ではリソースをほとんど消費しない負荷の軽い SQL 文を意味します

JOB Executor はジョブベースのサブシステムの総称です。ほとんど全ての並列タスクは、JOB Executor スレッドにディスパッチ（実際には、JOB Executor スレッドは、ジョブのディスパッチャースレッドを指しており、ディスパッチされるスレッドは JOB Worker スレッドになります）されます。OLAP ワークロードに加えて、JOB Executor はテーブルの更新、バックアップ、メモリーのガベージコレクション、セーブポイントなどの内部オペレーションも実行します。

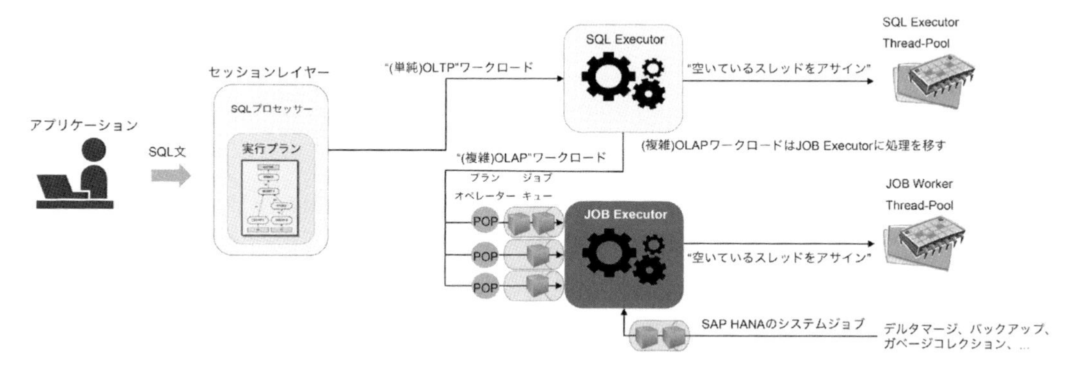

図 3-54.　SQL Executor と JOB Executor

3-19-2. SQLScript の例

ここでは、SAP HANA の独自の SQL 拡張である SQLScript の簡単な例を見てみます。SQLScript の意義は、プロシージャ、ファンクションを作成することが可能なことです。また、これらは" AS HEADER ONLY" をつけて、ロジック自体を持たないオブジェクトとして作成することが可能です。これは、複雑に依存しあうストアドオブジェクトを実装する際に、依存先のプロシージャやファンクションの引数や返り値のインターフェース仕様のみを定義しておいて実際のロジック実装は別のタイミングで行うことができます。これにより、開発の柔軟性と生産性を高めることが可能です。

以下の ADD_PROC はロジックを持たないストアドプロシージャの例です。

```
CREATE PROCEDURE ADD_PROC
(p_message VARCHAR (200)) AS HEADER ONLY;
```

また、より実践的な例として、テーブルから特定の条件でデータを抽出した結果をカーソルとして定義して、フェッチしデータを処理するものを次頁に示します。ここでは、先ほど定義したロジックを持たない ADD_PROC プロシージャを使用していることに注意してください。この SAMPLE_HANA_PROC プロシージャはコンパイルできますが、実行時にはエラーとなります。(ADD_PROC プロシージャのロジックが未定義のため)

```
CREATE PROCEDURE SAMPLE_HANA_PROC
LANGUAGE SQLSCRIPT AS
BEGIN
   DECLARE v_id   BIGINT;
   DECLARE v_name VARCHAR (30) ;
   DECLARE v_qty  BIGINT;
   DECLARE v_msg  VARCHAR (200) ;
   DECLARE CURSOR c_cursor (p_quantity BIGINT) FOR
      SELECT id, name, quantity
      FROM   SAMPLE_TABLE
      WHERE  quantity > :p_quantity
      ORDER BY id;

   OPEN c_cursor (1000) ;
   FETCH c_cursor INTO v_id, v_name, v_qty;
   v_msg = :v_name || ' (id ' || :v_id || ') buys ' || :v_qty || '.';
   CALL add_proc (:v_msg) ;
   CLOSE c_cursor;
END;
```

ストアドファンクションもストアドプロシージャ同様に作成可能です。ストアドファンクションの場合は、RETURNS 句により返り値を定義する必要があります。

```
CREATE FUNCTION SAMPLE_HANA_FUNC (p_input INT)
RETURNS p_output INT
LANGUAGE SQLSCRIPT AS
BEGIN
   p_output = :p_input * :p_input;
END;
```

上記は、ストアドプロシージャ、ストアドファンクションとしてデータベース内にオブジェクトを作成する例ですが、無名ブロックとしてデータベースのオブジェクトを作成せずにプロシージャを実行することができます。

以下は、FOR文で10回のINSERT文を実行する例になっています。

```
DO
BEGIN
  DECLARE I INTEGER;
  CREATE COLUMN TABLE TEST_TAB (I INTEGER) ;

  FOR I IN 1..10 DO
    INSERT INTO TEST_TAB VALUES (:I) ;
  END FOR;
END;
```

最後に、SAP HANAではストアドプロシージャ、ストアドファンクションのソースコードはPROCEDURES、FANCTIONSシステムビューのDEFINITIONカラムで確認可能ですが、これらストアドオブジェクトのソースコード暗号化がサポートされています（SAP HANA 2.0 SPS02以降）。ソースコードはストアドオブジェクトの作成時、もしくはオブジェクト作成後にALTER文で暗号化が可能です。ただし、暗号化されたソースコードを復号化する機能は提供されていません。

```
CREATE PROCEDURE¦FUNCTION stored_name [WITH ENCRYPTION] AS BEGIN ...
END;
ALTER PROCEDURE <proc_name> ENCRYPTION ON;
ALTER FUNCTION <func_name> ENCRYPTION ON;
```

3-20 SAP HANAのトランザクション

ANSIでは次の4つのトランザクション分離レベルを定義しています。

・READ UNCOMMITTED
・READ COMMITTED
・REPEATABLE READ
・SERIALIZABLE

このトランザクション分離レベルにより、様々なトランザクション中に発生するデータの不整合や不完全なデータの状況とトランザクションの同時実行性というパフォーマンスのバランスを取ることができます。トランザクションの中で発生する不完全なデータの状況とは次の3つを指します。

・ダーティリード

他のトランザクションでコミット前のデータも読み取ることが可能

・ファジーリード（非リピータブルリード）

同一トランザクションで、他のトランザクションによる更新（UPDATE、DELETE）の結果が読める

・ファントムリード

同一トランザクションで、他のトランザクションによる追加（INSERT）の結果が読める

ANSIが定義しているトランザクション分離レベルと不完全なデータの発生の状況を次にまとめます。

トランザクション分離レベル	ダーティリード	ファジーリード	ファントムリード
READ UNCOMMITTED	発生する	発生する	発生する
READ COMMITTED	発生しない	発生する	発生する
REPEATABEL READ	発生しない	発生しない	発生する
SERIALIZABLE	発生しない	発生しない	発生しない

表3-21. ANSI定義のトランザクション分離レベルと不完全なデータの発生状況

3-20-1. SAP HANAのトランザクション分離レベル

SAP HANAはトランザクション分離レベルとして、次の3つをサポートしています。

・READ COMMITTED

・REPEATABEL READ

・SERIALIZABLE

SAP HANAでは、デフォルトのトランザクション分離レベルをREAD COMMITTEDにしています。ただし、ANSIで定義されるトランザクション分離レベルと不完全なデータの発生状況とは完全に一致しませんので、以降簡単に、SAP HANAのトランザクション分離レベルの特徴を記載します。

本書で何度か、SAP HANAはMVCCで行レベルのトランザクションをサポートしてい

ると書いてきました。トランザクション分離のコンテキストで話をすると、SAP HANAはMVCCの実装の一種であるスナップショット分離を実装しています。また、スナップショット分離において、文レベルとトランザクションレベルの2つのレベルを使用可能です。

結論から先にいうと、文レベルのスナップショット分離はANSIのトランザクション分離レベルでいうREAD COMMITTEDに相当します。また、トランザクションレベルのスナップショット分離は、REPEATABLE READ、およびSERIALIZABLEに相当します。

SAP HANAの場合、READ COMMITTED、SERIALIZABLEはANSIのトランザクション分離レベルと同じ意味を持ちます。しかし、SAP HANAのREPEATABLE READではファントムリードが発生しません。つまり、SAP HANAの場合、REPEATABLE READとSERIALIZABLEは同じ動きをします。

また、ANSIでは定義されていませんが、トランザクションにおけるデータの不完全な状態として、ロストアップデートの扱いを議論することがあります。SAP HANAでは、REPEATABLE READ、SERIALIZABLEのトランザクション分離レベルであれば、ロストアップデート（要は更新の後勝ち）は発生しません。正確に表現すると、ロストアップデートが発生した場合は、エラーとして検知する仕様となっています。このため、仮に自身のトランザクションがロストアップデート状態になった場合は、エラーとなりトランザクションをアボートさせます。

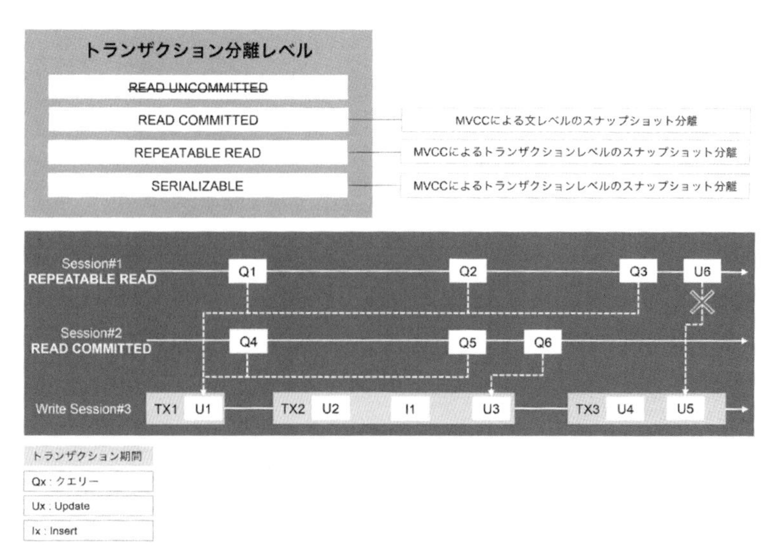

図 3-55. SAP HANAのトランザクション分離の例

上記の図のSession#1はREPEATABLE READであるため、Session#3でどれだけUpdate

による データの更新があった場合でも、常にU1時点のデータを参照可能です(ファジーリードの回避)。また、I1でのInsertもSession#1のトランザクション内で見えることはありません(ファントムリードの回避)。また、Session#1のU6によるUpdateは、ロストアップデートとなるため、エラーにより許可されません。Session#2はREAD COMMITTEDであるため、クエリーごとに、クエリー実行時点で直近のコミットされたバージョンのデータが参照可能です。

下表は、SAP HANAのサポートするトランザクション分離レベルとデータの不完全な状態の発生有無の一覧になります。

トランザクション分離レベル	ダーティリード	ファジーリード	ファントムリード	ロストアップデート
READ COMMITTED	発生しない	発生する	発生する	発生する
REPEATABEL READ	発生しない	発生しない	発生しない	発生しない
SERIALIZABLE	発生しない	発生しない	発生しない	発生しない

表3-22. SAP HANAのトランザクション分離レベルと不完全なデータの発生状況

上記から、データの不完全な状態がないREPEATABLE READ以上のトランザクション分離レベルに設定しておくのが良いと思われるかもしれません。しかし、ファジーリード、ファントムリード、ロストアップデートは通常アプリケーション側で制御するのが一般的(もしくは比較的容易)であり、それらの不完全なデータの発生を抑制する厳格なトランザクション分離レベルと、トランザクションの同時実行性の低下のトレードオフを十分な検討した上で使用することが必要です。

また、SAP HANA内部の仕組みとしてトランザクションレベルのスナップショット分離(REPEATABLE READ、SERIALIZABLE)は、MVCCにおけるデータのバージョン数が増加し、ガベージコレクションやバージョンコンソリデーションと呼ばれるデータのメンテナンスコストが増加することに注意が必要です。

3-20-2. ロックの粒度

SAP HANAのロックの粒度は行レベルとなります。カラムストアであってもロックの粒度は行レベルとすることで、従来のアプリケーション開発において大きな構造の変化は必要ありません。また、MVCCにより読み取り処理において排他ロックを取得する必要はありません。さらに、いくつかのデータベースで見られるようなロックのエスカレーション(ロックの粒度が、行レベル、ページレベル、テーブルレベル、データベースレベルとエスカレーションしていく）は存在しません。

また、デフォルトのトランザクション分離レベルのREAD COMMITTEDでファジーリードを防ぐための手段として一般的に使用されるFOR UPDATE文がサポートされています。

```
SELECT columns… FROM table_name FOR UPDATE [OF columns…] [WAIT <sec> ¦
NOWAIT];
```

明示的にテーブル全体をロックしたい場合は、LOCK TABLE文でテーブル全体に対して指定のロックモードを取得します。

```
LOCK TABLE table_name IN {EXCLUSIVE ¦ INTENTIONAL EXCLUSIVE}
MODE [WAIT <sec> ¦ NOWAIT];
```

LOCK TABLE文で指定可能なINTENTIONAL EXCLUSIVEモードは特殊なロックモードになります。通常は、DMLで行レベルでのロックは行に対してEXCLUSIVEモードのロックが取得されますが、合わせてテーブルレベルでINTENTIONAL EXCLUSIVEモードのロックも取得されます。INTENTIONAL EXCLUSIVEモードは、同時にINTENTIONAL EXCLUSIVEモードのロック取得は許容しますが、EXCLUSIVEモードのロック取得を許可しません。これは、行ロック中のテーブルのDROPやALTERなどのDDLからオブジェクトを保護するために使用されます。（DDLはオブジェクトにEXCLUSIVEモードのロックが必要です）

3-20-3. ロックタイムアウト

SAP HANAでは、トランザクションでのロックにはロックタイムアウトが設定されています。ロックタイムアウトのデフォルト値は30分となっています。（indexserver.iniの[transaction] lock_wait_timeout）ロックタイムアウトの設定は、ロックの粒度で説明したFOR UPDATE文、LOCK TABLE文のオプションとしてタイムアウト時間で変更することができます。また、セッション全体の設定としてSET TRANSACTION文で変更することが可能です。

```
SET TRANSACTION LOCK WAIT TIMEOUT <ms>;
```

3-20-4. デッドロックの検知

SAP HANAでは、デッドロックの発生はトランザクションマネージャーにより自動で検知されます。デッドロックを検知した場合、デッドロックを発生させたトランザクションをアボートさせます。この場合、トランザクションは自動でロールバックされます。

3-20-5. トランザクションの自動ロールバック、自動コミット

一部のデータベースでは、トランザクション内でエラー（シンタックスエラー、ロックタイムアウトや整合性違反など）でSQLが失敗した場合、自動もしくは設定でロールバックをデータベース自身が発行するものがあります。SAP HANAの場合、トランザクション内でエラーが発生しても、自動でロールバックを発行することはありません。例外として、デッドロック発生時、セッションの強制終了、アボート時にはトランザクションが自動でロールバックされます。これは、DDLが失敗した場合であってもトランザクションを自動でロールバックしないことを意味します。

トランザクションの自動コミットは通常アプリケーションの設定によりますが、デフォルトのデータベースの設定として、DDLは自動でコミットするようになっています。このDDLの自動コミットはSET TRANSACTION AUTOCOMMIT DDL ON¦OFFにより制御可能です。（ただし、DDLの自動ロールバックはしないことに注意してください）

3-21 SAP HANAのインデックス

SAP HANAをOLAPワークロードで使用する場合、大量データの集計や結合など操作のため通常インデックスを作成する必要はありません。OLTPワークロードでは、実行されるクエリーの選択性（Selectivity）が低いことが予想され、そのようなクエリーが多数のセッションから同時に実行される場合にはインデックスの作成が有効な場合があります。

SAP HANAでは、BTree、CPBTree、およびInvertedの3種類のインデックスを使用することができます。BTree、CPBTreeはローストアのみで使用可能となっており、Invertedインデックスはカラムストアのみで使用可能となっています。

SAP HANAでインデックスの作成はCREATE INDEX文により明示的に作成する場合のほかPRIMARY KEY、およびUNIQUE制約の設定されたカラムに関しては自動でインデックスが作成されます。作成されたインデックスの種類はINDEXESシステムビューの

INDEX_TYPE で確認できます。

SAP HANA で一般的に使用するカラムストアにおける Inverted インデックスについて説明します。

仮にここでは、テーブルに CITY カラムがあり、CITY カラムを検索条件にしてテーブルを検索するような次の SQL 文を想定してみます。

```
SELECT columns… FROM table_name WHERE CITY = 'New York' ;
```

まず、インデックス（PRIMARY KEY や UNIQUE 制約も含む）がない場合のカラムストアの動きを見てみます。

SAP HANA のカラムストアは必ずディクショナリー圧縮がされているので、対象カラムのディクショナリーから必要な Value ID をバイナリーサーチで検索します。以下では、CITY='New York' に該当する Value ID は 772 であることが分かります。次に Value ID 配列を全件スキャンして、CITY='New York' に該当する行は、レコード ID が 1 と 25382 であることが分かります。

OLAP ワークロードの場合、このようなテーブル全体を検索することは一般的で SAP HANA が並列処理や SIMD といった高いスループットを出せるよう最適化されているのは前述の通りです。

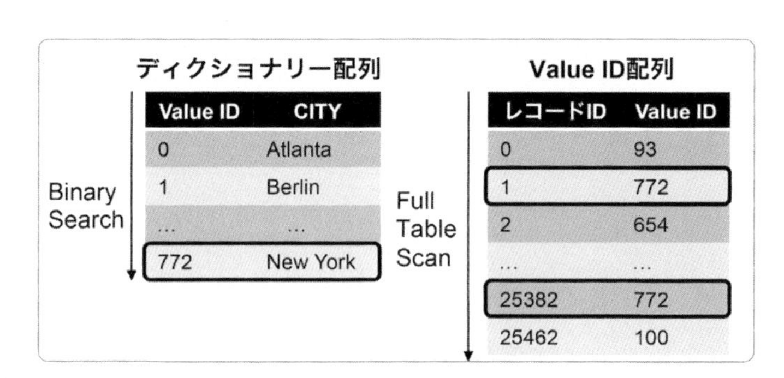

図 3-56. インデックスがない場合のカラムストア

ただし、これが OLTP ワークロードの様に、選択性が低く、また低レイテンシーで結果を得たい場合は、上記の Value ID 配列のルックアップにかかるコストが問題になります。そのため SAP HANA では Inverted インデックスを作成することが可能です。

Inverted インデックスはディクショナリー配列の Value ID をキーとして、Value ID 配列中で該当するレコード ID のリストをインデックスとして保持します。以下の例では、ディクショナリー配列からValue ID（772）を取得後、Invertedインデックスから、Value ID配列における'New York'の値を持つ（=Value IDが772）レコードIDは1と25382であることが分かります。これにより、インデックスがない場合、OLTPで問題となる可能性のあるValue ID配列の全件検索を排除することで、検索を低レイテンシーで実行することが可能になります。

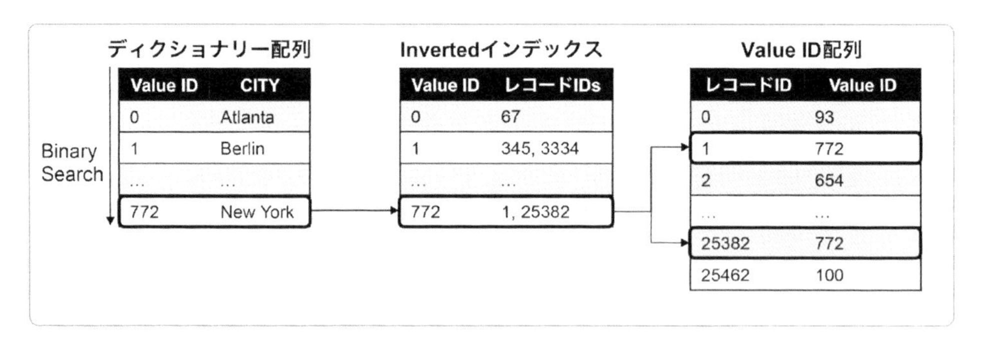

図3-57. Invertedインデックスの例

3-22 SAP HANA cockpit (Performance Management Tools)

SAP HANA cockpitは、SAP HANAシステムや各サービスを開始、停止などのシステム管理、監視、パフォーマンスやワークロードの分析、ユーザー管理、バックアップやリカバリなどの機能を複数のSAP HANAに対して提供します。また、SAP HANAのオプション機能（SAP HANA dynamic tieringなど）もSAP HANA cockpitを利用して管理することが可能です。

このような様々な機能を提供するSAP HANA cockpitの中で、パフォーマンス分析に関連するいくつかの機能を紹介します。

3-22-1. キャプチャー＆リプレイ

キャプチャー&リプレイ機能では、SAP HANA cockpitのWeb UIを通してSAP HANAのワークロードをキャプチャーしてリプレイすることが簡単にできます。

ワークロードとは、JDBC、ODBCなどのアプリケーションにより発行されるSQL文によるデータベースへのアクセスを意味します。キャプチャー&リプレイでは、このアプリケーションから実行させるSQL文をワークロードとしてキャプチャーし、アプリケーションなしに様々な環境でリプレイすることをサポートしています。

これにより、ハードウェアやソフトウェアの構成を変更した場合のパフォーマンスや安定性への影響を評価することが可能になります。具体的には次の様なシチュエーションで有効です。

・SAP HANAのハードウェアの更改
・SAP HANAのアップグレード
・SAP HANAのパラメーター変更
・テーブルのパーティショニングの変更
・インデックスの変更
・スケールアウト構成時の構成変更
・SQL文に（プランキャッシュも含む）ヒント句を適用

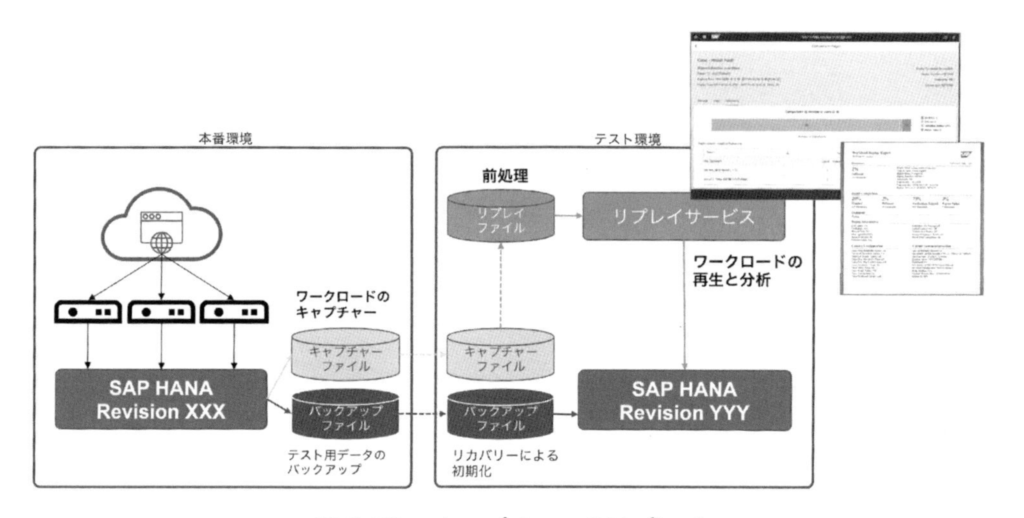

図3-58.　キャプチャー&リプレイ

3-22-2. ワークロードアナライザー

ワークロードアナライザーは、キャプチャー&リプレイでキャプチャーしたワークロード、またはシステムで発生しているリアルタイムのワークロードを分析できるツールです。

ワークロードアナライザーには2つのバージョンがあります。

・スレッドのサンプリングに基づくワークロードアナライザー

このバージョンでは、SAP HANA上で現在実行中のスレッドの状態をサンプリングしてパフォーマンスを分析します。

・データベースエンジン計測に基づくワークロードアナライザー

このバージョンでは、データベースエンジンによりクエリー実行に関する全ての統計情報を含むワークロードがキャプチャーされ、ワークロードの深い分析を可能にします。

どちらのバージョンのワークロードアナライザーでもCPU/メモリーなどのシステムリソース、SAP HANA内部のリソース使用状況を示すパフォーマンスモニターから異常値を把握して詳細にドリルダウンできます。ワークロードアナライザーではさらに時系列で、負荷をかけているSQL文を確認することや、SAP HANAのスレッドをベースにスレッドの状態（CPUを使用しているのか、ロックや内部リソース、ジョブを待機しているのか）などを軸にシステムの状態を分析することが可能です。

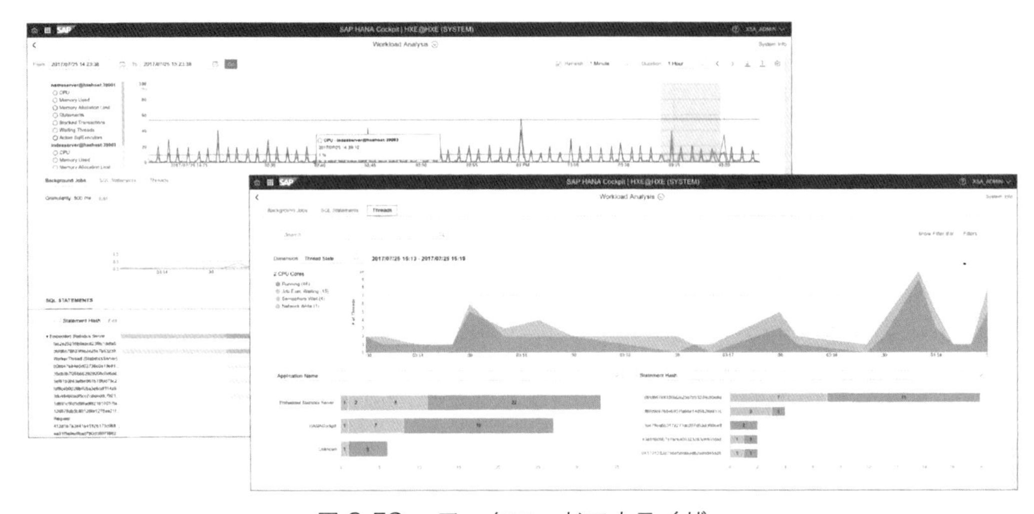

図3-59. ワークロードアナライザー

3-22-3. SQLアナライザー

SQLアナライザーは、SAP HANA cockpitに付属するSQL実行環境であるDatabase ExplorerもしくはSQLコンソールから使用できます。SQLコンソールからSQLアナライザーを実行するとSQL文単位で実行に関する統計情報を確認することができます。特にSQL文単位で作業領域を含めたメモリーの使用量が確認できます。これは、メモリーを非効率に使用するSQL文をチューニングする上で重要な指標となります。

また、SQL文単位で実行プランの詳細をグラフィカルに確認することが可能です。また、SQL文の実行に関してプランオペレーター単位でタイムラインを表示可能です。これによりプランオペレーター単位でボトルネックの確認が簡単にできます。

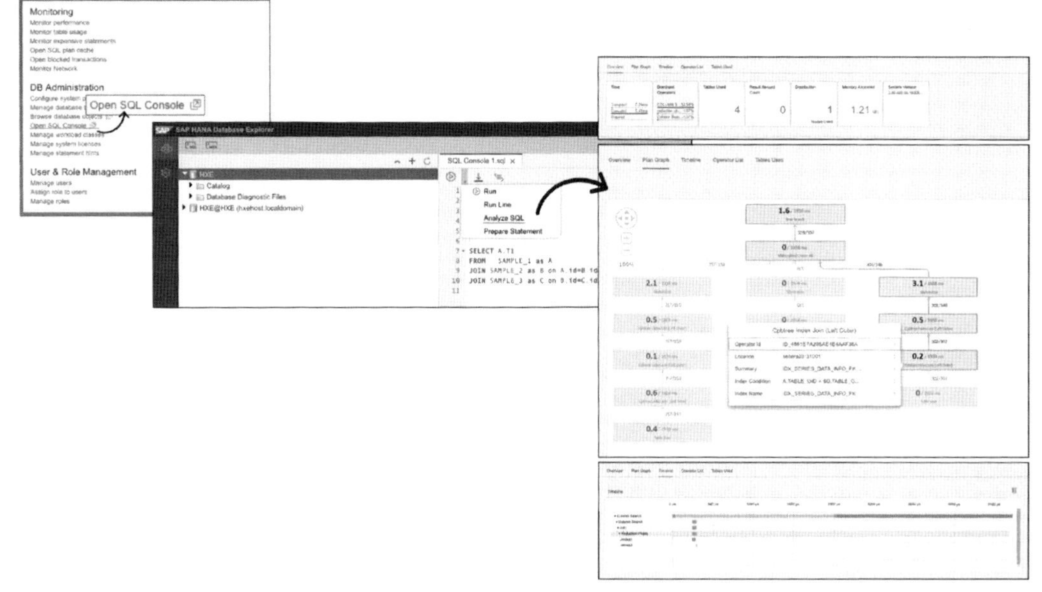

図 3-60. SQL アナライザー

4

SAP HANAの使い方

4-1 SAP HANAの基本操作
4-2 インフォメーションビューの作成
4-3 SAP HANAの起動・停止
4-4 バックアップとリカバリ

4-1 SAP HANAの基本操作

本章は章全体で作業を通して行えるように記述されています。そのため、節の内容が前節までの作業を前提しているものが多数あることに注意してください。

また、本章で使用している作業は以下の環境を前提とした説明となります。

SAP HANA SID: VMH
SAP HANA Cockpit Manager URL: https://ibmccb88.ibm.com:51023
SAP HANA Cockpit URL: https://ibmccb88.ibm.com:51021

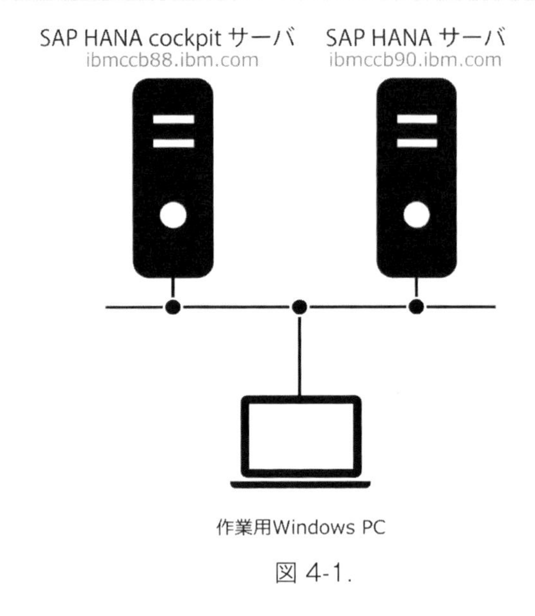

図 4-1.

SAP HANA cockpitのサーバ、SAP HANAサーバと作業用のPCからなるシンプルな構成です。ホスト名などを読み替えればお使いの環境でもこの章の説明と同じようにテストができるでしょう。

4-1-1. SAP HANA cockpit

SAP HANA cockpitはWebブラウザベースのSAP HANAの監視・管理ツールです。SAP HANA HANAインスタンスから独立したアプリケーションとして動作するため、1つのSAP

HANA cockpitから複数のHANAインスタンスを監視・管理することができます。クライアントとなるマシンにWebブラウザ以外に何もインストールせずに作業が行えるのが利点です。HTML5に対応したGoogle Chrome, Mozilla Firefox, Microsoft EdgeなどのWebブラウザに対応しています。

SAP HANA cockpitを使用するためにはまずCockpit Managerにログオンします。URLはこの例では
https://ibmccb88.ibm.com:51023
になります。ログオン画面が表示されますのでユーザー名とパスワードを入力します。

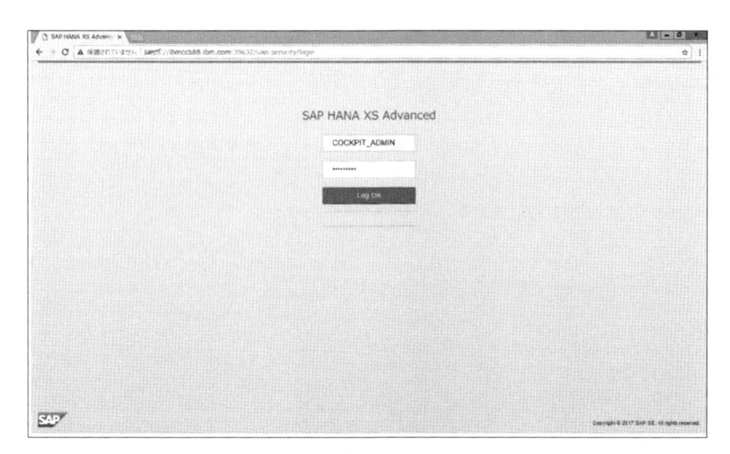

図 4-2.

HANA Username：COCKPIT_ADMIN
HANA Password：SAP HANA cockpitインストール時に設定した
COCKPIT_ADMINユーザーのパスワード

初回ログオンの場合は下記の様なダイアログが表示されます。

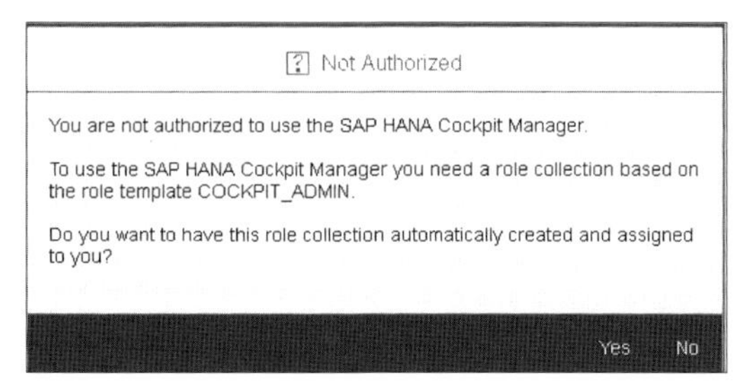

図 4-3.

これは現在のユーザーがCockpit Managerを使用する権限を与えられていないため、COCKPIT_ADMINというロールコレクションを作成してそれを与えますか？というダイアログです。「Yes」ボタンをクリックして権限を付与してください。

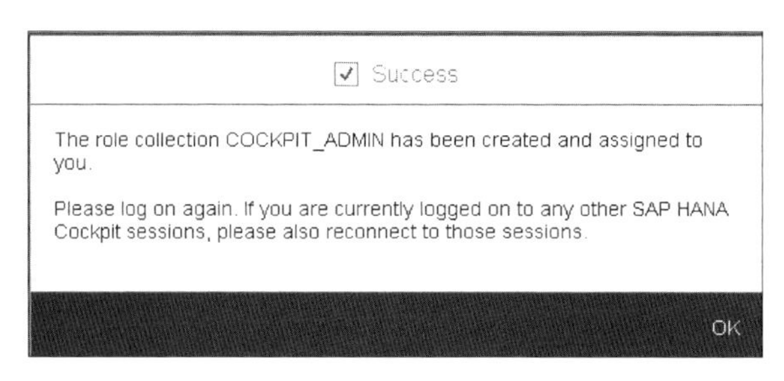

図 4-4.

これでCockpit Managerを使用する権限がCOCKPIT_ADMINユーザーに与えられました。OKをクリックするとログオン画面に戻りますので再度COCKPIT_ADMINユーザーでログオンします。

ユーザー名とパスワードが間違っていなければCockpit Managerの画面が表示されます。

SAP HANA cockpitは複数のSAP HANAインスタンスを管理することができますが、管理対象のSAP HANAインスタンスは、この画面でそのインスタンス情報（リソース）を登録する必要があります。リソースの登録は、テナントデータベース単位で行います。

図 4-5.

リソースを登録するには上記スクリーンショットの矢印で示した「Registered Resource」をクリックします。

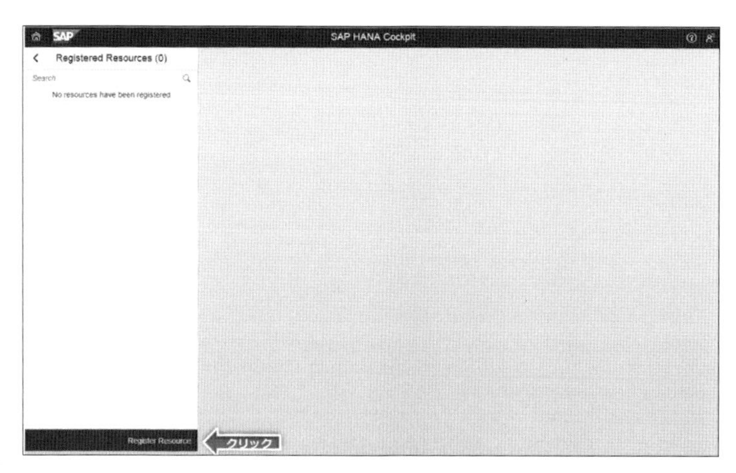

図 4-6.

初めて登録する場合は上記の画面の様に何も登録されていない旨が表示されます。画面下部にある「Register Resource」をクリックします。

図 4-7.

リソース登録の画面が表示されます。

SAP HANA インスタンスの情報を登録してみましょう。システムデータベースの情報を登録します。

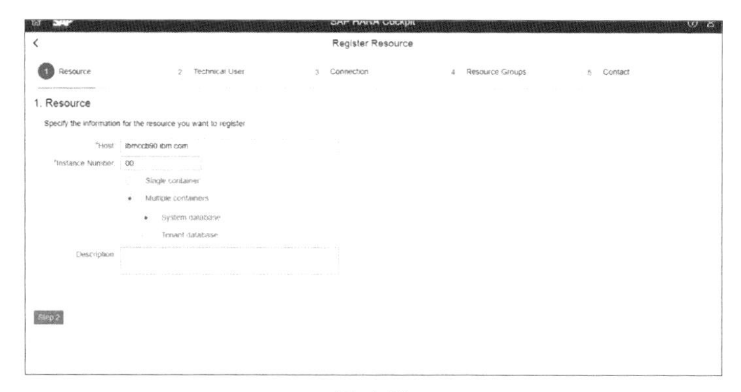

図 4-8.

Host：SAP HANA をインストールしたマシンのホスト情報
Instance Number：インストール時に指定したインスタンス番号

SAP HANA 2.0 SPS01 以降はデフォルトでマルチテナントデータベースコンテナー設定でセットアップされていますので「Multiple Containers」で「System database」を選択します。
Description：複数のリソース（HANA インスタンス）を登録したときにわかりやすくするための説明文です。ここの入力は任意です。

入力が完了したら「Step2」ボタンをクリックします。

次にテクニカルユーザーのユーザー名とパスワードを入力します。このユーザーは、SAP HANA cockpit がリソースである SAP HANA インスタンスに接続し、必要な管理情報を収集するのに使用されます。SYSTEM ユーザーのユーザー ID とパスワードを入力してください。

図 4-9.

User：SYSTEM
Password：SYSTEMユーザーのパスワード

ここではテクニカルユーザーにSYSTEMユーザーを使用しましたが、本来は、SAP HANA cockpitが行うデータ収集活動に必要最低限な権限を持ったユーザーであることが理想です。

実際の業務では以下の条件を満たすユーザーをリソースであるSAP HANAインスタンスに作ります。

・データベース権限CATALOG READが付与されている
・_SYS_STATISTICSスキーマに対するREAD権限が付与されている

「Step3」ボタンをクリックして次の画面に進みます。

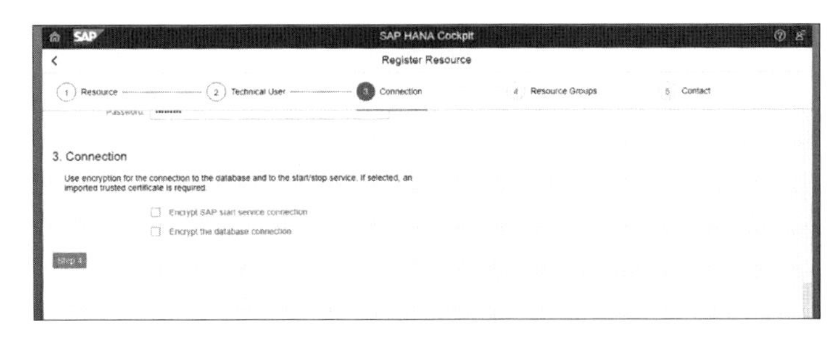

図 4-10.

Step3はSAP HANA cockpitとSAP HANAインスタンス間を暗号化接続するかの設定です。本来はきちんとした証明書を用意して暗号化通信を行うべきですが、証明書が用意されている環境でなければ上記の様に両方共チェックを外して「Step4」ボタンをクリックし進んでください。Step4ではリソースグループの設定を行います。

図 4-11.

前述の通り、SAP HANA cockpitは複数のSAP HANAインスタンスの管理を行うことができます。リソースグループは管理対象のSAP HANAインスタンスをグループ化するものです。必要であればここでグループを作成する、あるいは既存のグループに所属させるということを行います。今回はこのまま「Step5」ボタンをクリックして進みます。

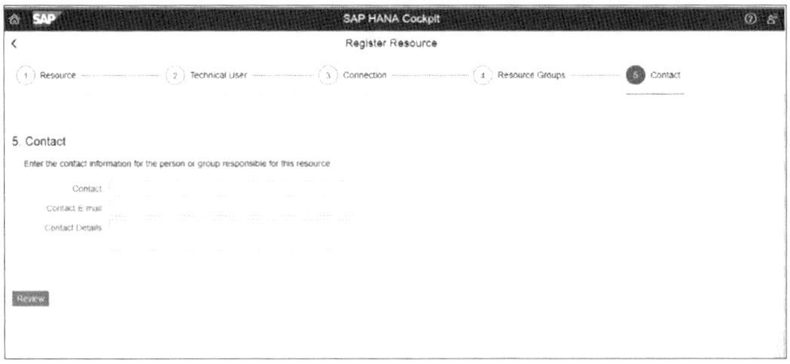

図4-12.

Step5ではこのインスタンスの管理者等のコンタクト先情報を入力します。必須項目ではありませんので空白のまま「Review」ボタンをクリックして次に進んでも結構です。

最後にここまで入力した情報の確認画面が表示されます。

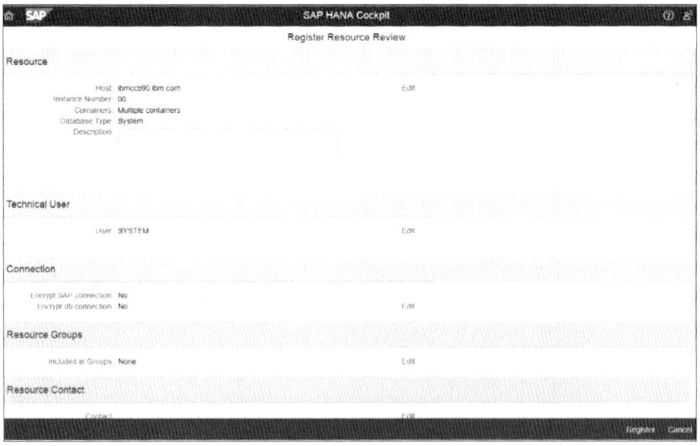

図4-13.

内容に問題がなければ右下の「Register」ボタンをクリックしてください。

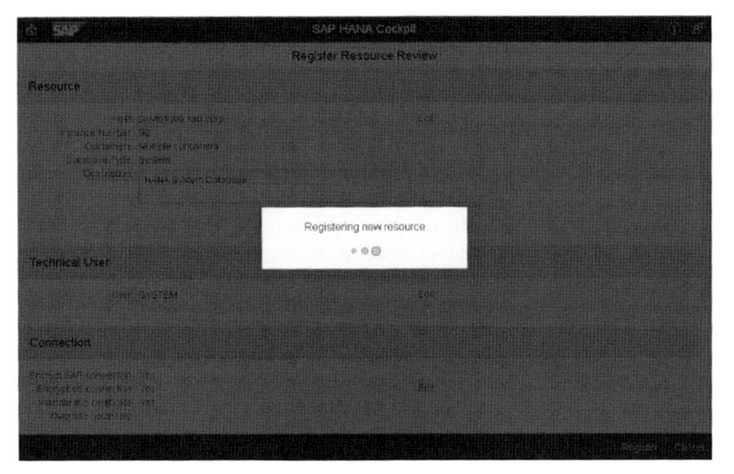

図 4-14.

登録中の画面です。

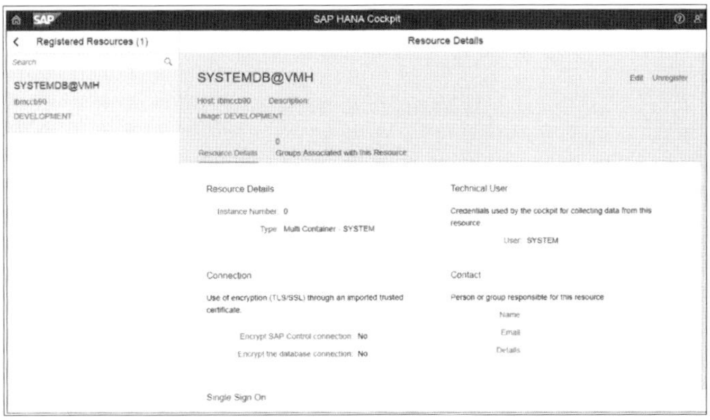

図 4-15.

少し待つとSAP HANA cockpitにデータベースがリソースとして登録されます。Cockpit Managerでの作業は完了したのでここでログアウトします。

右上のアイコンをクリックして「Log Out」をクリックしてCockpit Managerからログアウトします。

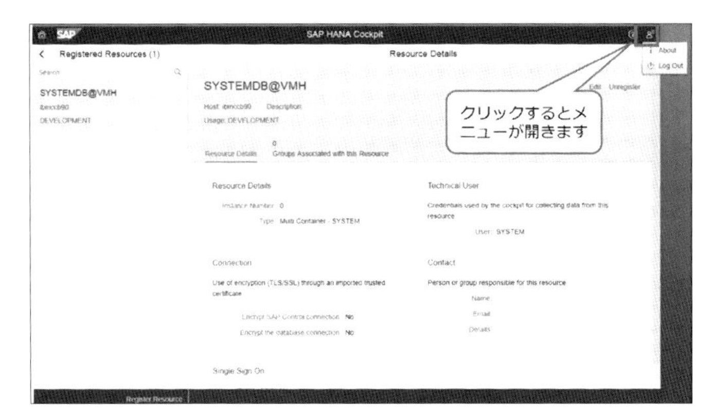

図 4-16.

リソース登録が終わりましたのでSAP HANA cockpitログオン用のURLを用いてアクセスします。

https://ibmccb88.ibm.com:51021

をブラウザに入力してアクセスします。

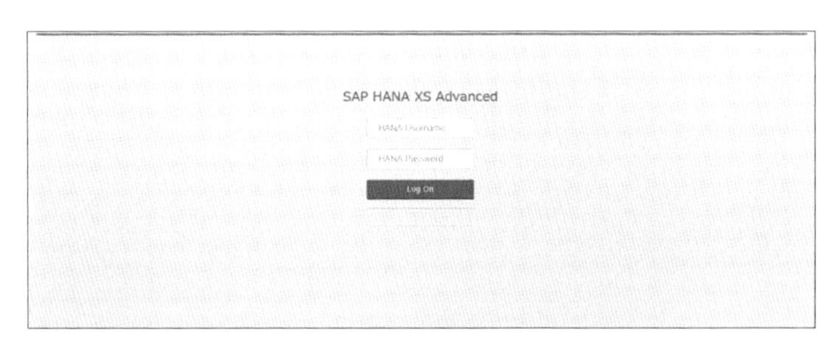

図 4-17.

ログオン画面が表示されます。COCKPIT_ADMINユーザーでログオンします。

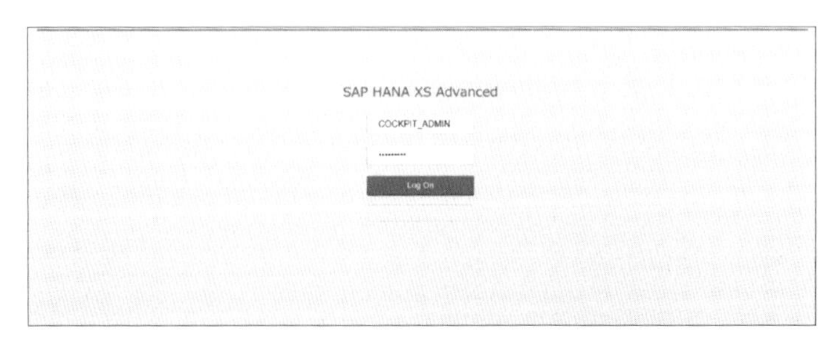

図 4-18.

SAP HANA cockpitのMy Resources画面が表示されます。

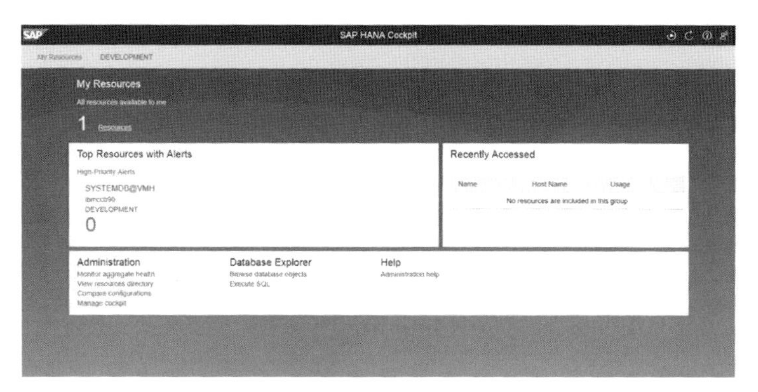

図4-19.

「My Resources」の下に1と表示されています。これはログオンしたユーザーに対してアサインされているリソースの数で、先ほどCockpit Managerでリソースを登録し、同時にアサインしたので「1」と表示されます。「Top Resources with Alerts」にはアサインされているリソースでアラートが発生している場合にそのアラート数が表示されます。

4-1-2. テナントデータベースの作成

本章で使用するテスト用のテナントデータベースを作成します。テナントデータベースは本項で解説する方法以外にも各種ツールからのコマンド実行でも作成可能です。本項では前項でセットアップを行ったSAP HANA cockpitを使用してテナントデータベースを作成します。

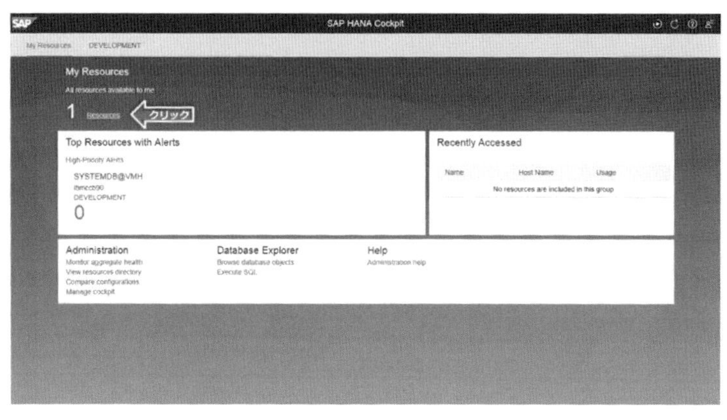

図4-20.

「Resources」をクリックします。現在登録されているリソースが表示されます。

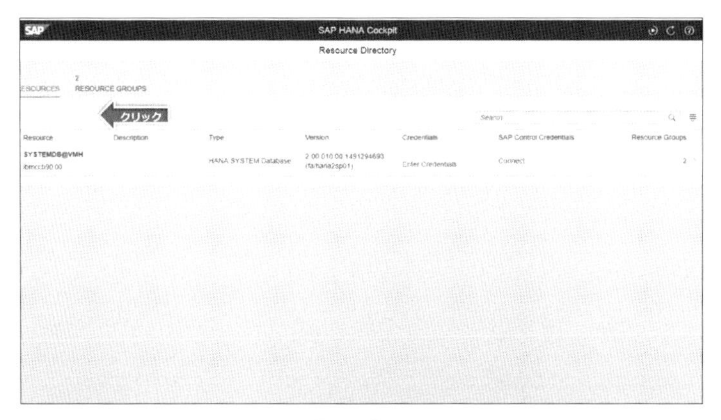

図 4-21.

前項で登録した SYSTEMDB @ VMH というリソースをクリックします。

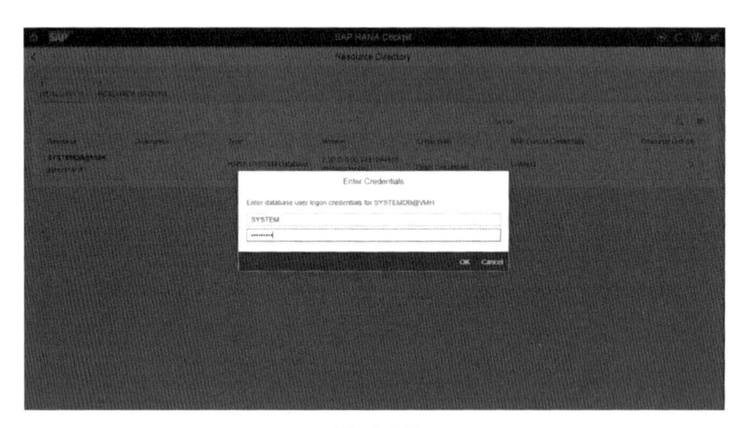

図 4-22.

初回の場合、このデータベースに接続するためのユーザー ID とパスワードの入力を求められます。

```
UserName：SYSTEM
Password：SYSTEM ユーザーのパスワード
```

を入力し、「OK」をクリックします。この情報は保存されます。

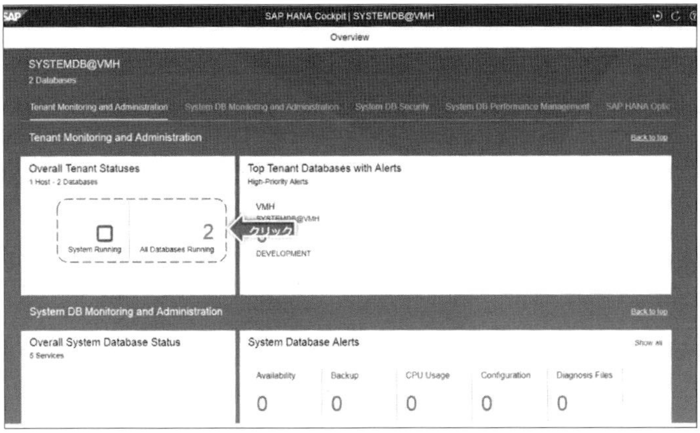

図 4-23.

このデータベースのオーバービュー画面が表示されます。上記スクリーンショットで「Overall Tenant Statuses」のタイル内の「System Running」もしくは「All Database Running」の付近をクリックします。この2つは同じリンクが貼られています。

Manage Databasesの画面に移動します。

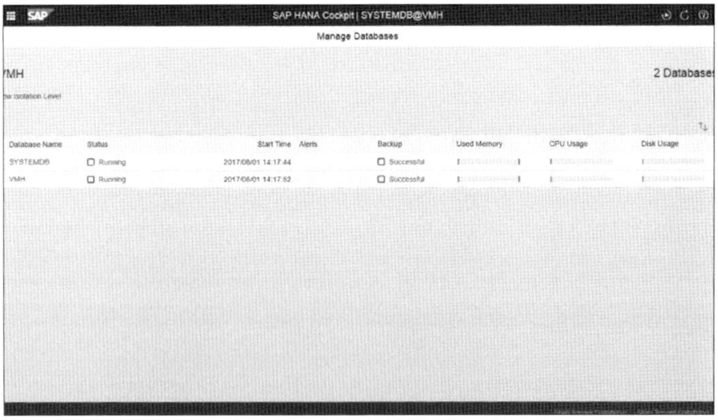

図 4-24.

前項ではシステムデータベースに接続する設定を行い、それに接続している状態ですので、接続先のSAP HANAインスタンスの全てのデータベースが表示されます。上記のスナップショットではシステムデータベースとデフォルトで1個作られるテナントデータベースの2つが表示されます。ここで新しくもう一つのテナントデータベースを作成することにします。画面下部右の「・・・」アイコンをクリックします。

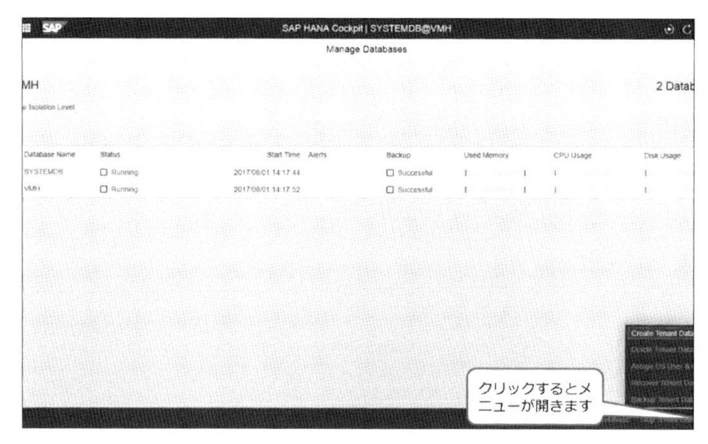

図 4-25.

「Create Tenant Database」をクリックします。データベース作成画面に移動します。

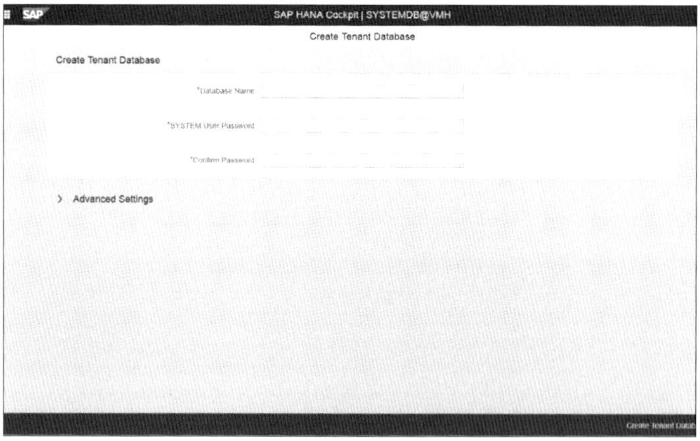

図 4-26.

必須項目としてデータベース名と（この新規に作成するデータベースの）SYSTEM ユーザーのパスワードを指定する必要があります。今回の例では以下の様にします。

Database Name：TESTDB1
SYSTEM User Password：任意のもので設定
Confirm Password：SYSTEM User Password と同じ値

図 4-27.

右下の「Create Tenant Database」をクリックします。少し待つと下記のダイアログが表示されます。

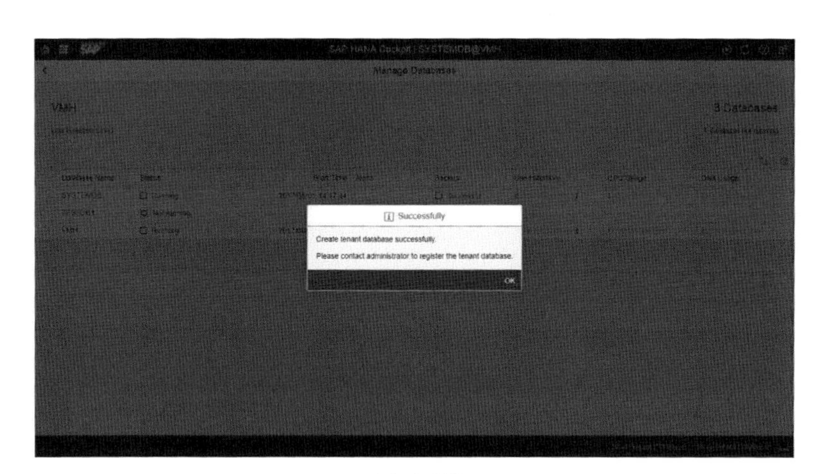

図 4-28.

新しいテナントデータベースが作成されました。

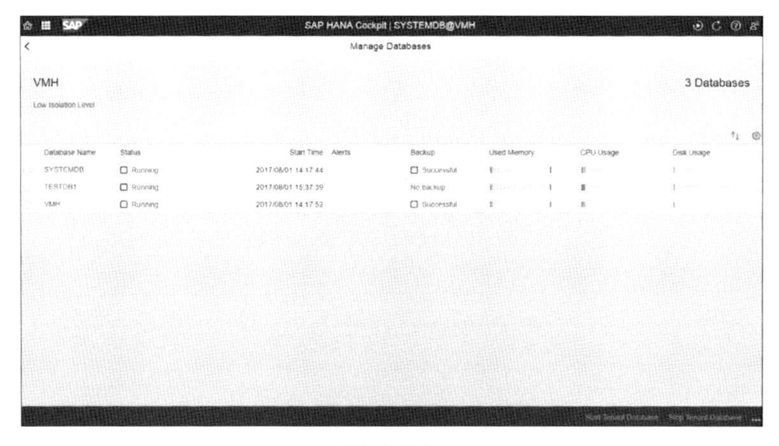

図 4-29.

Manage Databases で表示される一覧にも TESTDB1 が表示されます。
以上で作業用のテナントデータベース「TESTDB1」の作成が完了しました。

4-1-3. SAP HANA studio

ここでは、第 3 章で説明した SAP HANA studio の使用方法をみてみます。ここからの解説・画面スナップショットは Microsoft Windows 版をベースに行います。

SAP HANA studio を初回起動すると下記の様な Overview 画面が表示されます。

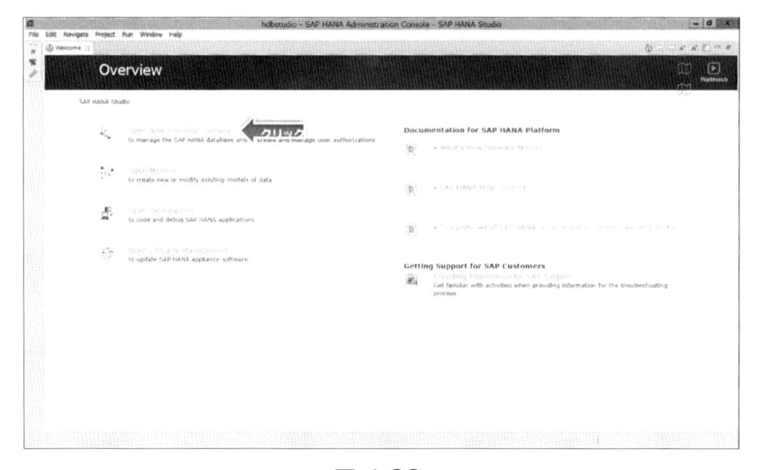

図 4-30.

「Open Administration Console」をクリックします。

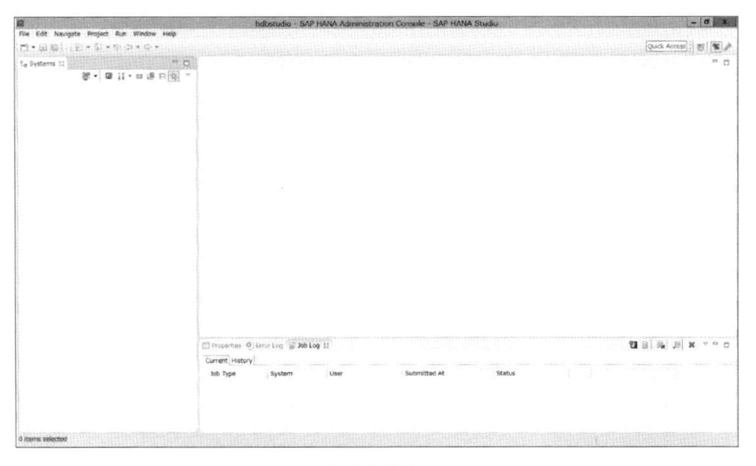

図 4-31.

初回では接続先データベースが登録されていません。SAP HANA cockpit と同様に接続先データベースの登録が必要です。
左上のアイコンを右クリックします。

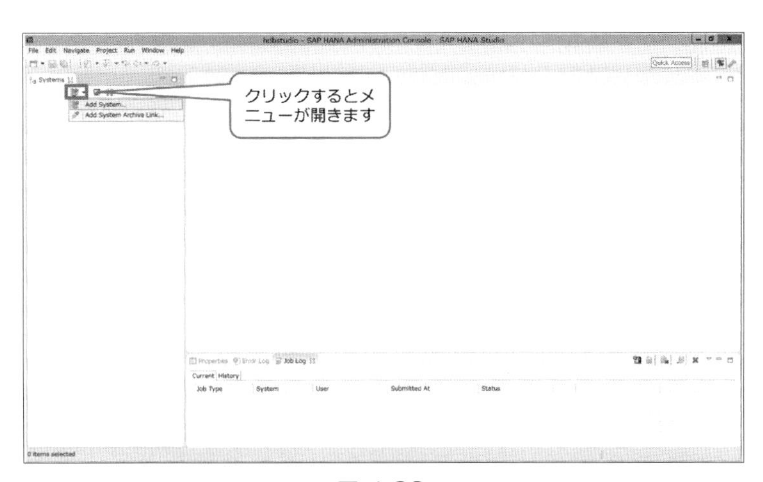

図 4-32.

「Add System」をクリックします。

図 4-33.

表示されたダイアログに接続先データベースであるTESTDB1の情報を入力します。

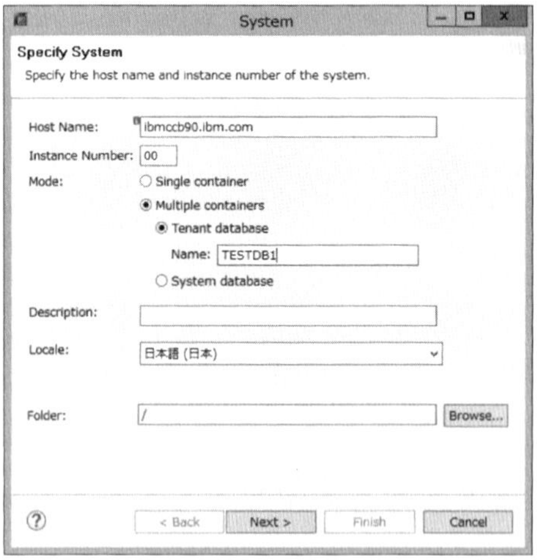

図 4-34.

この画面で入力する項目は以下となります

Host Name: 接続先 SAP HANA ホスト名
Instance Number : インスタンス番号
Mode : 接続先データベースの種類

Single container：シングルコンテナー環境
Multiple containers：マルチテナントデータベースコンテナー環境
Tenant database：テナントデータベースへ接続
　　Name: 接続先テナントデータベース名
　　System database：システムデータベースへ接続
Description：説明（オプション項目）
Locale：言語環境
Folder：SAP HANA studioでのこの接続の管理位置（任意でフォルダを作成し、そのフォルダ下に接続を配置することができます。多数のデータベースが存在するときのグループ的な管理に便利です。）

前項で作成したテナントデータベースに接続するには以下の様に設定します。

Host Name：ibmccb90.ibm.com
Instance Number：00
Mode：Multiple containersを選択
Tenant databaseを選択し、NameにTESTDB1を入力
Description：説明（オプション項目）：なし
Locale：日本語を選択
Folder：/（デフォルトのまま）

入力が完了したら「Next」ボタンをクリックします。
次の画面は接続するユーザー情報の入力です。

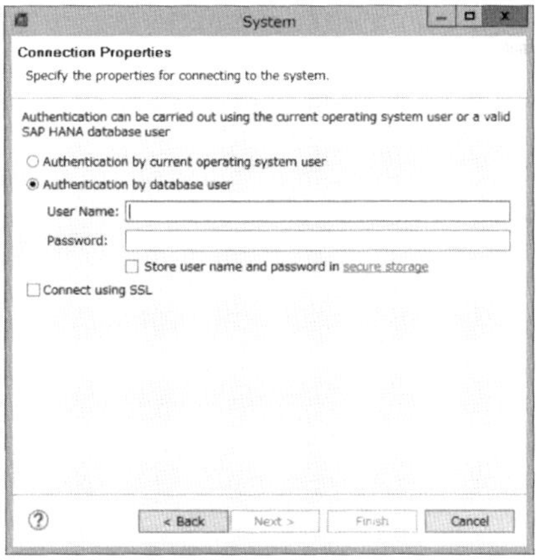

図 4-35.

「Authenticated by database user」を選択し、以下の様に入力します。

User Name：SYSTEM
Password：前項で TESTDB1 作成時に指定したパスワード

図 4-36.

「Store User name and password in secure storage」にチェックを入れるとここで入力したユーザー名とパスワードが暗号化保存され、次回の接続時に入力する必要がなくなります。ここまで入力し、この画面で「Finish」ボタンをクリックしてもよいです。「Next」ボタンをクリックします。

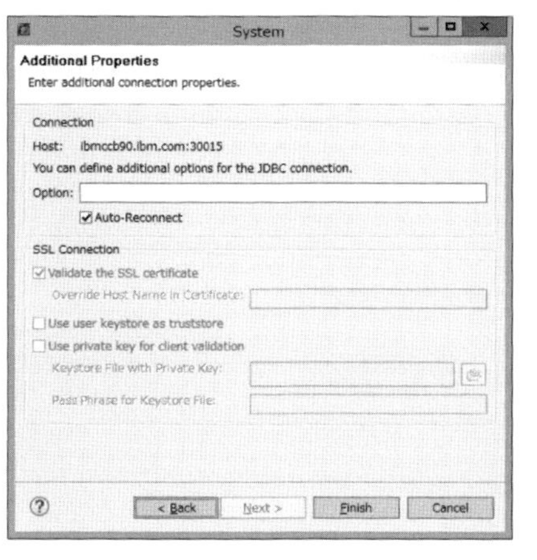

図 4-37.

接続オプションパラメーターの指定画面が表示されますが、今回は設定不要です。「Finish」ボタンをクリックします。

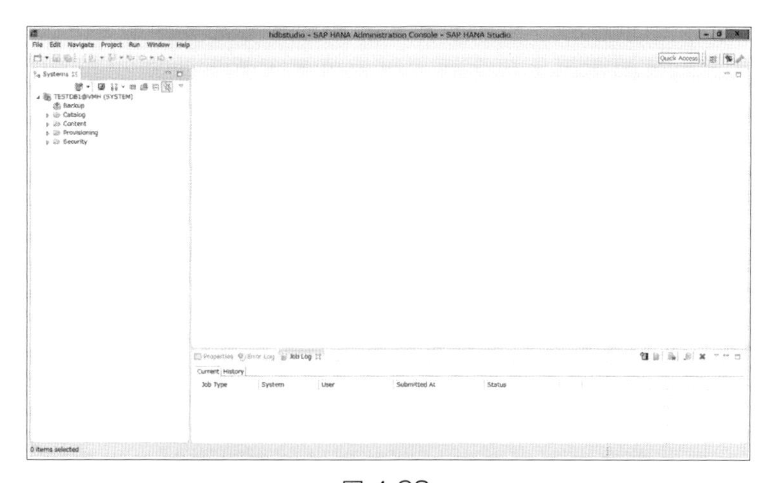

図 4-38.

入力した値が間違っていなければ接続が行われ、左ペインに TESTDB1 が表示されます。なお、設定した接続情報は保管されます。次回再設定する必要はありません。

4-1-4. ユーザー・スキーマ作成

前項までで SAP HANA studio で TESTDB1 データベースに接続できました。現在は

SYSTEMユーザーで接続していますが、SYSTEMユーザーは管理者ユーザーであるため常用使用は好ましくありません。そこで新たにデータベースに接続するためのユーザーとスキーマを作成してみます。

左ペインのツリーから「Security」をクリックし、展開します。下位に表示される「Users」をクリックし展開するとユーザー一覧が表示されます。

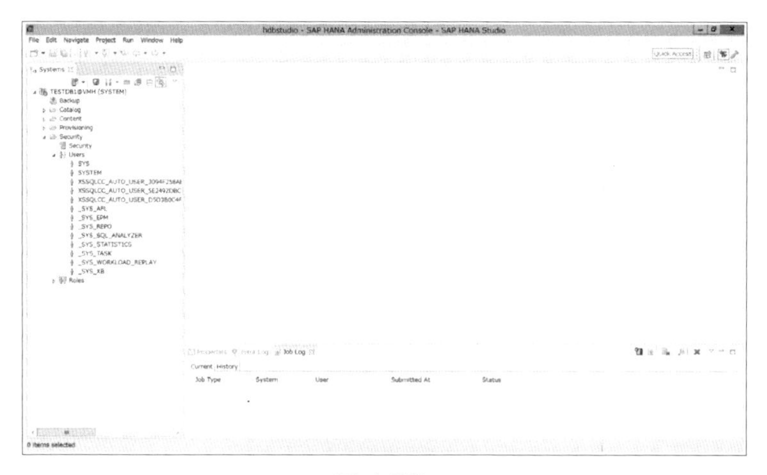

図 4-39.

「Users」を右クリックします。

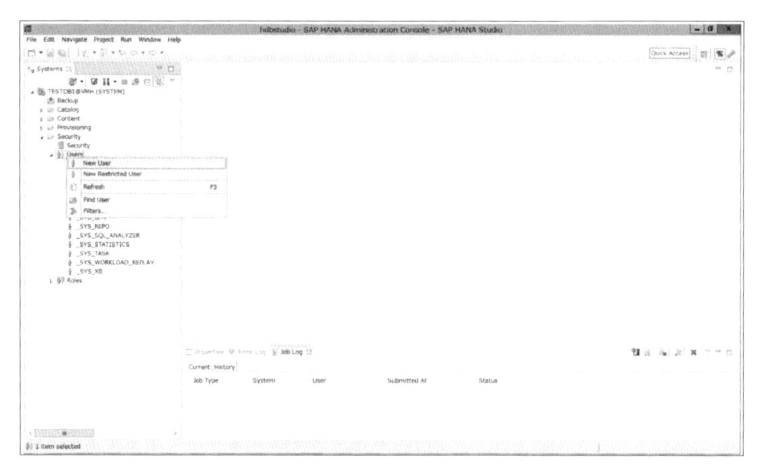

図 4-40.

表示されるメニューから「New User」をクリックします。

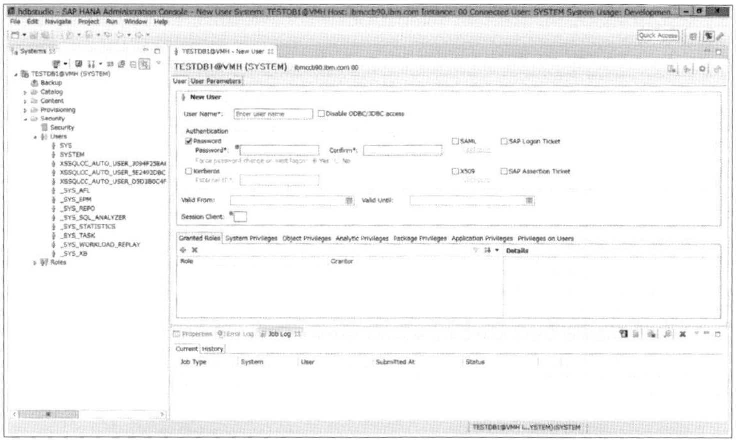

図 4-41.

ユーザー作成画面が表示されます。

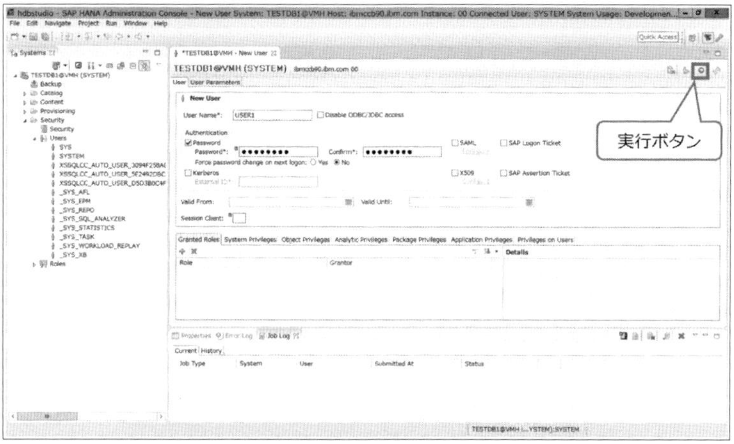

図 4-42.

ここで設定しなければならない最低限の項目は以下の3つです。

User Name：ユーザー名
Password：パスワード
Confirm：パスワード確認

今回は次の様に設定します。

User Name：USER1
Password：<任意>
Confirm：<Password と同一の値>

権限などもここで同時に設定できますが、今回の例ではここで設定せず、後の項で必要になったときに設定することにします。

また、この画面で Password の下に「Force password change on next logon」というラジオボタンがあります。このボタンが「Yes」に設定されている場合、このユーザーの次回のログオン、つまりは初回のログオン時にパスワード変更が求められます。これは管理者が初期パスワードを設定するというシチュエーションにおいて、強制的にユーザーにパスワードを変更させることができるので便利です。今回はこのラジオボタンを「No」にしておきます。

画面右上の実行ボタンをクリックするとユーザー作成が実行されます。

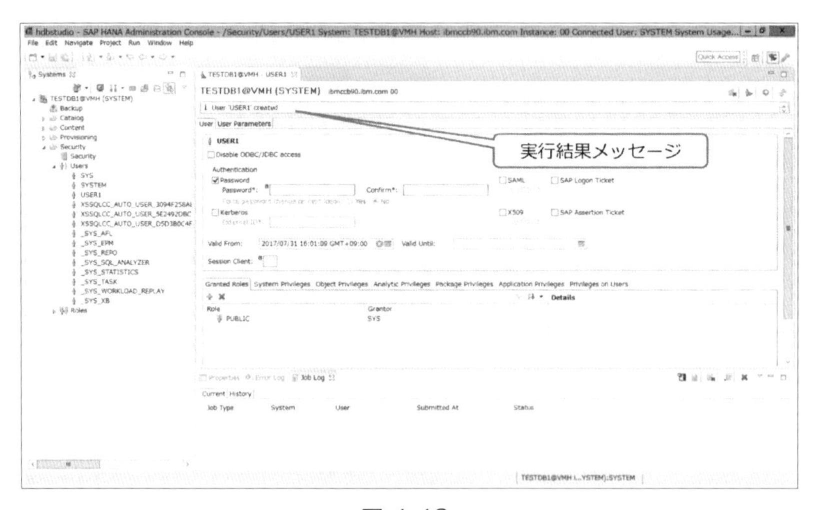

図 4-43.

右ペインの上部に実行結果のメッセージが表示され、左ペインのツリーのユーザー一覧には作成した「USER1」が存在することが確認できます。

NOTE: 実行結果が正常なのにツリーに「USER1」が表示されない場合はツリーの「Users」で右クリックし、表示されたメニューから「Refresh」をクリックしてください。

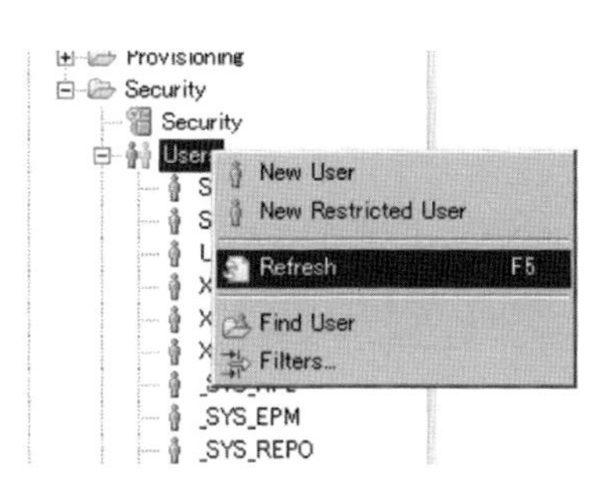

図 4-44.

ツリーが再描画され、USER1が表示されることでしょう。この「Refresh」はこの例の「User」以外でも使用できますので、ツリーに作成したオブジェクトが表示されないという現象が発生したら、同様にRefreshを行ってみてください。

この時点ではこのSAP HANA studioにログオンしているのは「SYSTEM」というユーザーです。このままでは今後の作業はSYSTEMで行われることになりますので、作成したUSER1ユーザーで行うよう接続を変更します。これには便利な機能があり、SAP HANA studioに対しSYSTEMユーザーで接続を設定したときの情報を流用してUSER1用の接続を作成することができます。

左ペインでツリーの最上位となっている「TESTDB1 @ VMH」を右クリックし、表示されたメニューより

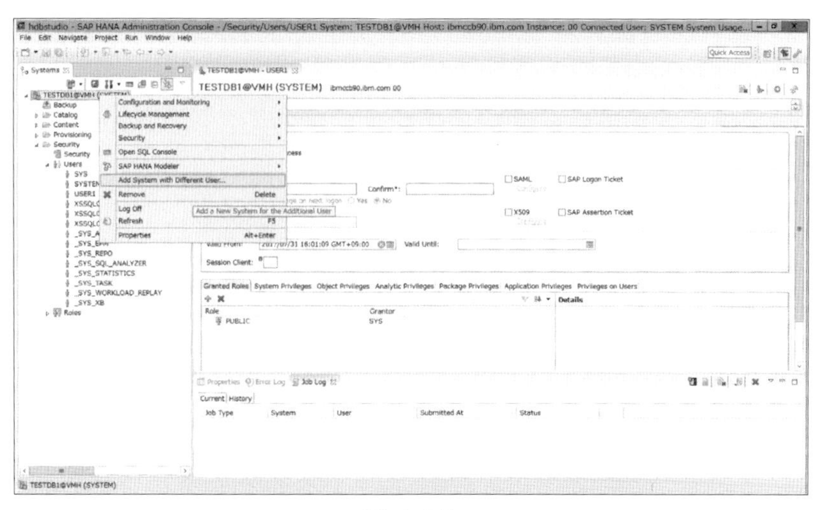

図 4-45.

「Add System with Different User」をクリックします。SYSTEMユーザーでの接続を作成したときと同様で、接続に使用するユーザー名の設定画面が開きます。

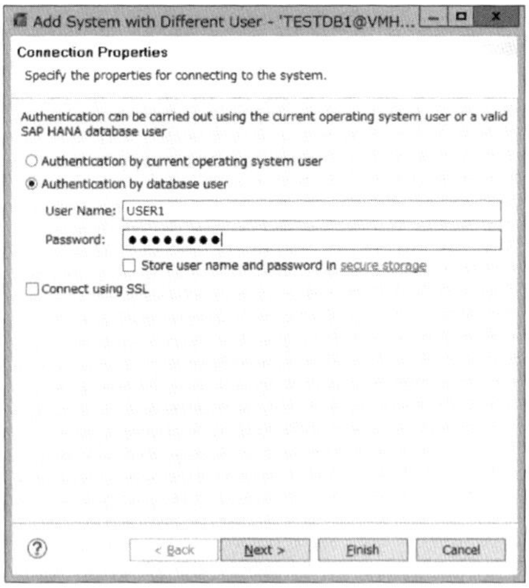

Add System with Different User - 'TESTDB1@VMH...

Connection Properties

Specify the properties for connecting to the system.

Authentication can be carried out using the current operating system user or a valid SAP HANA database user

Authentication by current operating system user

Authentication by database user

User Name: USER1

Password: ●●●●●●●●

Store user name and password in secure storage

Connect using SSL

< Back　Next >　Finish　Cancel

図 4-46.

User Name：USER1
Password：USER1 に設定したパスワード

を入力し「Finish」ボタンをクリックします。

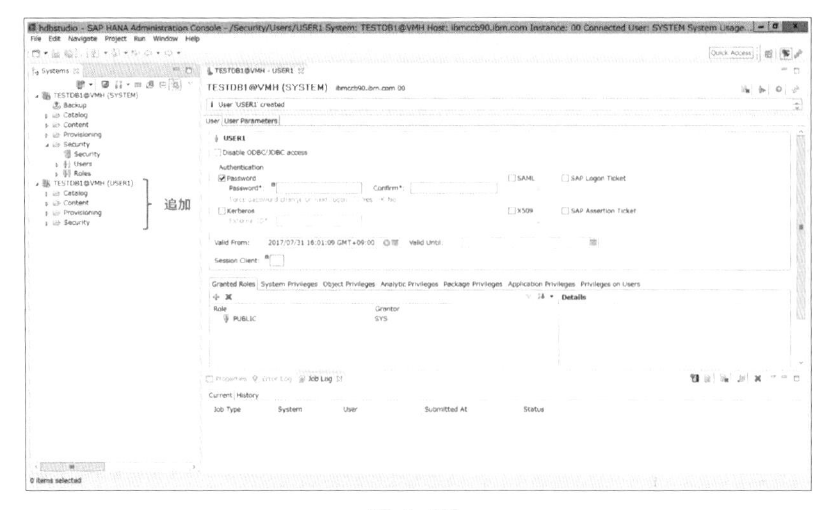

図 4-47.

左ペインにTESTDB1@VMH（USER1）というツリーが追加されるはずです。これがUser1でTESTDB1に接続する定義です。

この接続の「TESTDB1@VMH（USER1）」という部分をクリックしてみましょう。

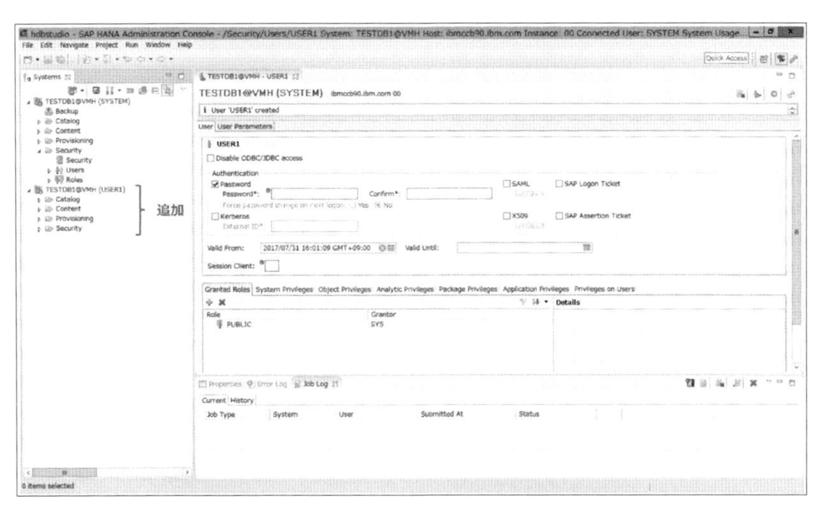

図 4-48.

「Error while opening Administration editor」というダイアログが表示されました。これはツリー最上位部分をクリックすると「Administration Editor」というSAP HANAの管理機能が利用できるのですが、この「USER1」というユーザーにはそれを利用できる権限が付与されていないためこのエラーが発生します。

参考までに、最初に作成したSYSTEMユーザーのTESTDB1ツリーのアイコン（TESTDB1@VMH（SYSTEM））では次頁の様な画面が表示されます。

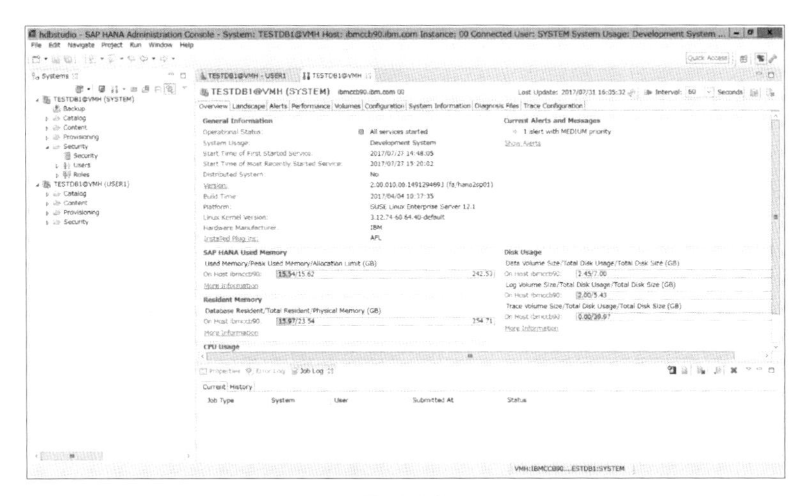

図 4-49.

それでは TESTDB1 @ VMH（USER1）ツリーを展開します。

Catalog、Content、Provisioning、Security と 4 つのフォルダが展開されますので Catalog をさらに展開します。

図 4-50.

Catalog の下に表示されるのはスキーマです。USER1 が現在閲覧可能なスキーマが表示されています。(SYSTEM ユーザーの接続でスキーマを表示させたものと比較するとよいでしょう）SAP HANA 自身が定義して各ユーザーに自動的に閲覧権限が付与されるスキーマの他に

USER1というユーザー名と同名のスキーマが定義されています。SAP HANAではユーザーを作成するとそのユーザー名でスキーマが自動的に作成されます。このUSER1スキーマの下にUSER1は自由にテーブルやインデックスを作成することが可能です。他のスキーマの下に作成したい場合、（一般的には）管理者がユーザー：USER1にそのスキーマに対しての変更権限を与える必要があります。

また現在の状態の様にSAP HANA studioでは同一のデータベースに対し、接続ユーザー別に複数の接続設定を行うことができます。管理者であるSYSTEMユーザーではSAP HANAシステム全体に影響を与える作業も可能ですので開発者や運用担当者にSYSTEMユーザーの接続情報を教えることは必ずしも適切な運用とは言えません。それぞれの使用者に応じた適切な権限を持ったユーザーを作成し、そのユーザーでの接続情報のみ連絡することが理想です。

本書の以後の項で行う作業は本来であればUSER1の接続情報のみ必要ですが、実際にはその機能を使用するためにSAP HANAの設定変更や新たな権限をUSER1に与える必要があります。この際にSYSTEMユーザーで接続して作業が必要となりますので、以降の説明は現在のSAP HANA studioに2つの接続設定（SYSTEMユーザーとUSER1ユーザー）が存在するという前提で進めます。どちらのユーザーで作業するのかを注意して、以降の説明を読んでください。

4-1-5. テーブル作成

SAP HANAでテーブルを作成する手段は大きく分けて2つあります。1つはSQLでの作成、もう一つはGUIツールでの作成です。SQLでテーブルを作成する場合は他のデータベースと同様にCREATE TABLE文でテーブルを作成することが可能です。しかしこの文で作成されるのはローストアテーブルです。SAP HANAで主流となるカラムストアテーブルを作成する場合、CREATE COLUMN TABLE文を使用します。この2つの文の基本形は同じで、細かなオプション指定を除けば、違いはCREATEとTABLEの間にCOLUMNを挟むかどうかです。

4-1-5-1. SQLでのテーブル作成

SQLを実行できるツールからであればどのツールでもテーブル作成は可能です。前項までSAP HANA studioを使用していましたので、このままSAP HANA studioを使用してテーブルを作成してみましょう。SAP HANA studioの左ペインで前節で作成した「TESTDB1＠VMH（USER1）」のツリーの最上部を右クリックします。

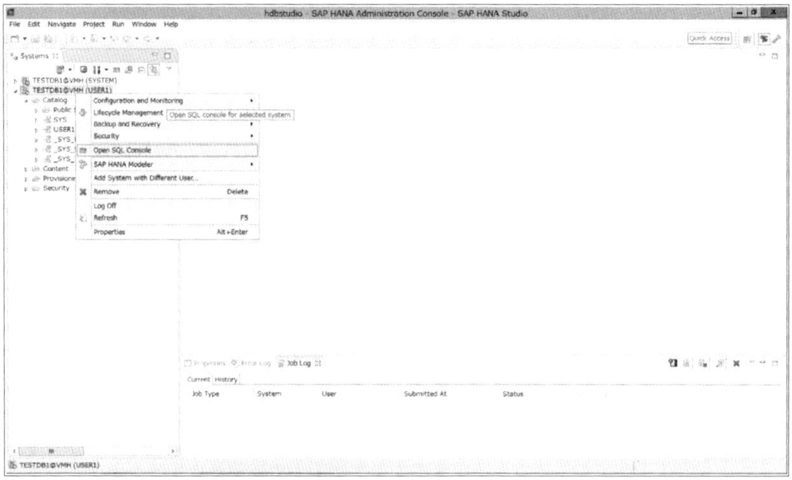

図 4-51.

「Open SQL Console」をクリックします。

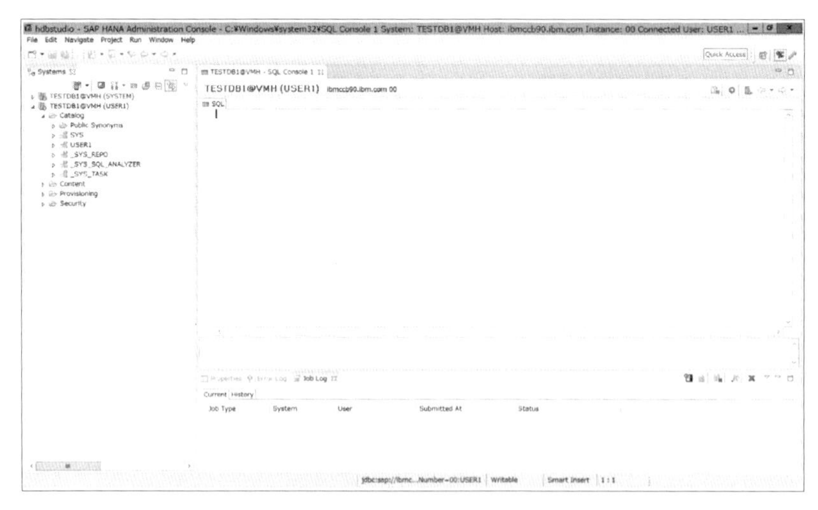

図 4-52.

右ペインに SQL Console が開きます。SQL Console は接続している SAP HANA に対しで SQL 文や DDL 文を実行することができる SAP HANA studio の機能です。

ここでカラムストアテーブルを 1 つ作成してみます。

```
CREATE COLUMN  TABLE NATION （
N_NATIONKEY     INTEGER NOT NULL,
N_NAME          CHAR（25) NOT NULL,
N_REGIONKEY     INTEGER NOT NULL,
N_COMMENT       VARCHAR（152)）;
```

上記を右ペインに入力します。

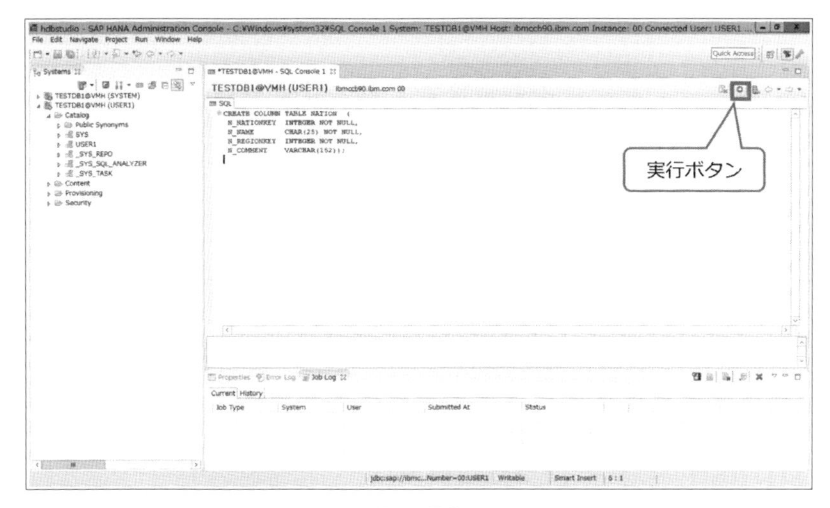

図 4-53.

入力が完了した後、SQL Console の右上にある実行ボタンをクリックして実行します。

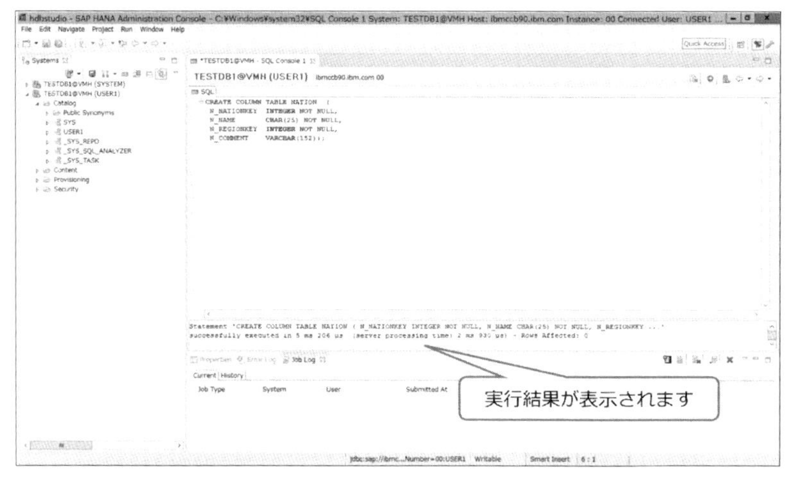

図 4-54.

入力した文に間違いがなければテーブルが作成されます。左ペインツリーの「Catalog」→「USER1」→「Tables」を開いてください。

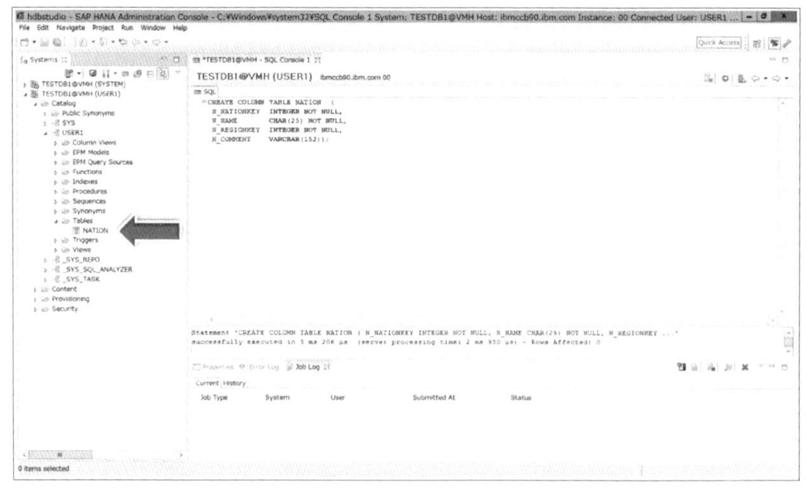

図 4-55.

Table 以下に「NATION」というテーブルが表示されます。これはスキーマ USER1 上にテーブル NATION が作成されたということです。

SQL Console は SQL「1 文」を実行するツールではありません。複数の文を記述した場合、まとめて実行が可能です。この方法に関しては4-1-7を参照してください。

4-1-5-2. GUIで作成する場合

テーブルはSQL ConsoleからDDL文で作成するのではなく、SAP HANA studioにおいてGUIで作成することもできます。例としてREGIONテーブルをGUIで作成することにします。このテーブルは3つのカラムで構成されています。DDL文では以下になります。

```
CREATE COLUMN  TABLE REGION (
R_REGIONKEY    INTEGER NOT NULL,
R_NAME         VARCHAR (25) NOT NULL,
R_COMMENT      VARCHAR (152));
```

左ペインツリーで「TESTDB1@VMH (USER1)」→「Catalog」→「USER1」→「Tables」で右クリックします。

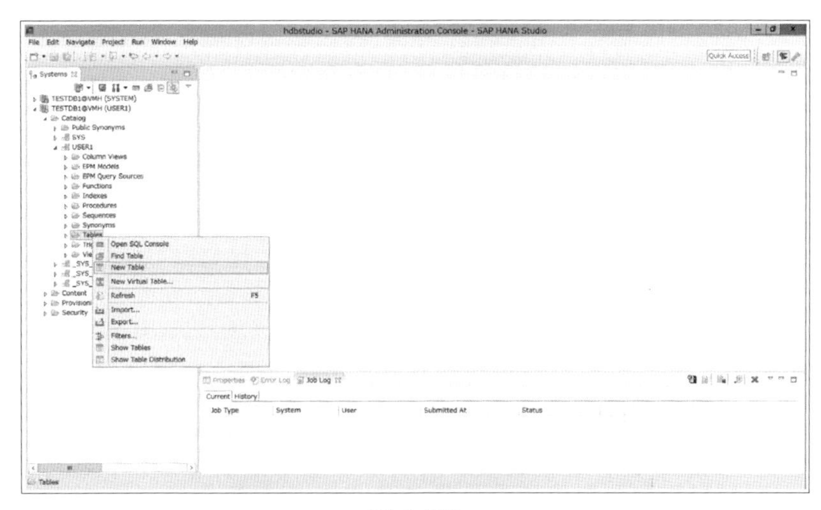

図 4-56.

表示されたメニューの「New Table」をクリックします。

図 4-57.

右ペインにテーブル作成画面が表示されます。

右ペイン上部のテキストボックスとリストボックスに作成するテーブル名と、作成するスキーマ、テーブルの種別を入力および選択します。今回の場合、

```
Table Name:REGION
Schema : USER1
Type:Column Store
```

を入力・選択します。

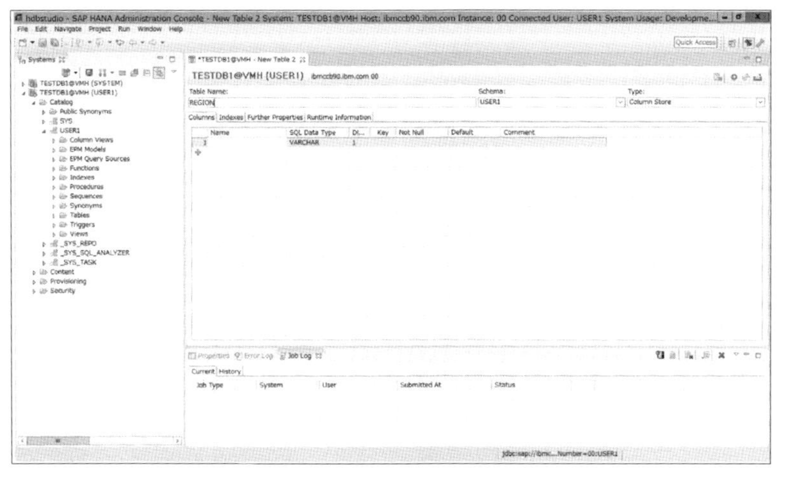

図 4-58.

次にカラムを作成します。これは先ほどまでのテキストボックス・リストボックス下の表の様な領域に入力します。

最初のカラムはINTEGER型のR_REGIONKEYカラムです。

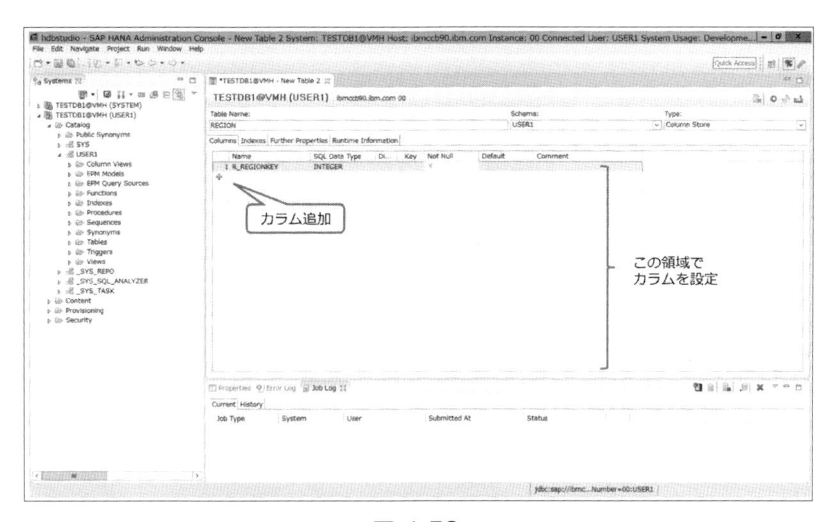

図 4-59.

最も上の行Nameというカラムに「R_REGIONKEY」、SQL Data Typeカラムで「INTEGER」を選択し、Not Nullカラムにチェックを入れます。（チェックは□で示されます）これでR_REGIONKEYカラムの入力が完了したので、次のカラムに移ります。先ほどまでR_

REGIONKEYカラムの情報を入力していた行のひとつ下の行にある アイコンをクリックします。

図 4-60.

これにより2行目のカラムが入力可能になります。今度はR_NAMEカラムの情報を入力します。入力が完了したら同様に行のひとつ下の行にある アイコンをクリックしR_COMMENTカラムの情報を入力します。

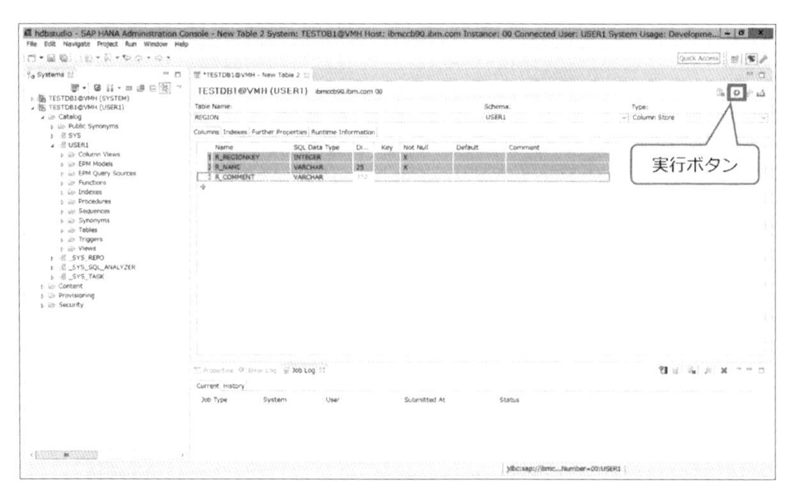

図 4-61.

全ての入力の完了後、右ペイン右上の実行ボタンをクリックしてテーブル作成を実行します。

図 4-62.

左ペインのツリーの Tables 以下を Refresh します。

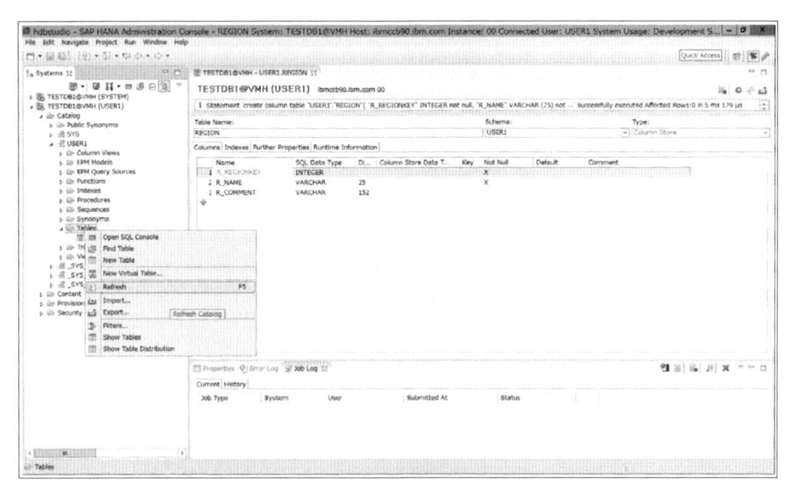

図 4-63.

REGION テーブルが USER1 スキーマ以下に作成されたことを確認してください。

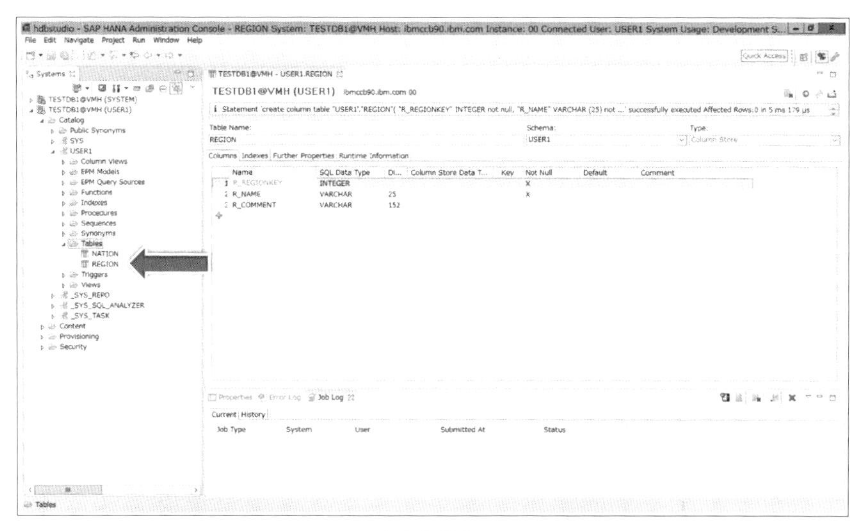

図 4-64.

後続の項を本書の説明通りに進めるにはここで説明した2個を含め、合計8個のテーブルを作成する必要があります。PART、SUPPLIER、PARTSUPP、CUSTOMER、ORDERS、LINEITEMの残り6つのテーブルのDDL文は下記に示しますので上記いずれかの方法で作成してください。また、作成するテーブルのDDL文は
https://github.com/team-hana-book/hana-book
に「schema.sql」というファイル名で置いてあります。これをダウンロードして、この項の「SQLでのテーブル作成」の方法で一気に作成することもできます。ただし、ファイルには本項で作成したテーブルのDDL文も含んでいることに注意してください。

```
------------ この節で作成するテーブル一覧 ------------
CREATE COLUMN TABLE NATION （
  N_NATIONKEY   INTEGER NOT NULL,
  N_NAME        VARCHAR（25）NOT NULL,
  N_REGIONKEY   INTEGER NOT NULL,
  N_COMMENT     VARCHAR（152））;

CREATE COLUMN TABLE REGION （
  R_REGIONKEY   INTEGER NOT NULL,
   R_NAME       VARCHAR（25）NOT NULL,
```

```
  R_COMMENT         VARCHAR (152)) ;

CREATE COLUMN TABLE PART (
  P_PARTKEY         INTEGER NOT NULL,
  P_NAME            VARCHAR (55) NOT NULL,
  P_MFGR            VARCHAR (25) NOT NULL,
  P_BRAND           VARCHAR (10) NOT NULL,
  P_TYPE            VARCHAR (25) NOT NULL,
  P_SIZE            INTEGER NOT NULL,
  P_CONTAINER       VARCHAR (10) NOT NULL,
  P_RETAILPRICE     DECIMAL (15,2) NOT NULL,
  P_COMMENT         VARCHAR (23) NOT NULL ) ;

CREATE COLUMN TABLE SUPPLIER (
  S_SUPPKEY         INTEGER NOT NULL,
  S_NAME            VARCHAR (25) NOT NULL,
  S_ADDRESS         VARCHAR (40) NOT NULL,

  S_NATIONKEY       INTEGER NOT NULL,
  S_PHONE           VARCHAR (15) NOT NULL,
  S_ACCTBAL         DECIMAL (15,2) NOT NULL,
  S_COMMENT         VARCHAR (101) NOT NULL) ;

CREATE COLUMN TABLE PARTSUPP (
  PS_PARTKEY        INTEGER NOT NULL,
  PS_SUPPKEY        INTEGER NOT NULL,
  PS_AVAILQTY       INTEGER NOT NULL,
  PS_SUPPLYCOST     DECIMAL (15,2)  NOT NULL,
  PS_COMMENT        VARCHAR (199) NOT NULL ) ;

CREATE COLUMN TABLE CUSTOMER ( C_CUSTKEY  INTEGER NOT NULL,
  C_NAME            VARCHAR (25) NOT NULL,
  C_ADDRESS         VARCHAR (40) NOT NULL,
```

```
  C_NATIONKEY        INTEGER NOT NULL,
  C_PHONE            VARCHAR（15）NOT NULL,
  C_ACCTBAL          DECIMAL（15,2） NOT NULL,
  C_MKTSEGMENT       VARCHAR（10）NOT NULL,
  C_COMMENT          VARCHAR（117）NOT NULL）;

CREATE COLUMN TABLE ORDERS （O_ORDERKEY     INTEGER NOT NULL,
  O_CUSTKEY          INTEGER NOT NULL,
  O_ORDERSTATUS      VARCHAR（1）NOT NULL,
  O_TOTALPRICE       DECIMAL（15,2）NOT NULL,
  O_ORDERDATE        DATE NOT NULL,
  O_ORDERPRIORITY    VARCHAR（15）NOT NULL,
  O_CLERK            VARCHAR（15）NOT NULL,
  O_SHIPPRIORITY     INTEGER NOT NULL,
  O_COMMENT          VARCHAR（79）NOT NULL）;

CREATE COLUMN TABLE LINEITEM（L_ORDERKEY    INTEGER NOT NULL,
  L_PARTKEY          INTEGER NOT NULL,
  L_SUPPKEY          INTEGER NOT NULL,
  L_LINENUMBER       INTEGER NOT NULL,
  L_QUANTITY         DECIMAL（15,2）NOT NULL,
  L_EXTENDEDPRICE    DECIMAL（15,2）NOT NULL,
  L_DISCOUNT         DECIMAL（15,2）NOT NULL,
  L_TAX              DECIMAL（15,2）NOT NULL,
  L_RETURNFLAG       VARCHAR（1）NOT NULL,
  L_LINESTATUS       VARCHAR（1）NOT NULL,
  L_SHIPDATE         DATE NOT NULL,
  L_COMMITDATE       DATE NOT NULL,
  L_RECEIPTDATE      DATE NOT NULL,
  L_SHIPINSTRUCT     VARCHAR（25）NOT NULL,
  L_SHIPMODE         VARCHAR（10）NOT NULL,
  L_COMMENT          VARCHAR（44）NOT NULL）;
```

4-1-6. データインポート

前項で作成したテーブルは中に何も入っていない空の状態です。前項では8つのテーブルを作成しました。このテーブルにデータを投入するのが本項の作業となります。この項で解説するデータ投入はデータを1件1件挿入するINSERT文でなく、1つのCSVファイルから1つのテーブルに複数行のデータをまとめて挿入する方法です。一般には「データロード」と呼ばれますが、SAP HANAではこれを「データインポート」と呼びます。「データロード」はSAP HANAでは永続化レイヤーからメモリー上のテーブルへデータを読み込むことを意味することに注意が必要です。

SAP HANAでのデータインポートは複数の方法があります。代表的なものは以下になります。

・IMPORT文による方法
・SAP HANA studioのウィザード機能による方法
・SAP HANA smart data integrationによる方法
・SAP Data services等外部のETLツールによる方法

この項では「IMPORT文による方法」と「SAP HANA studioのウィザード機能による方法」の2つを解説します。この2つの方法は別途オプションの購入や他製品の購入を必要としません。前者はSQLを実行できるツールから、後者はSAP HANA studioから実行することができます。

前項で作成した8つのテーブルに対してインポートするデータですが、サンプルデータファイルを
https://github.com/team-hana-book/hana-book
にSampledata1.zip、Sampledata2.zipの2つに分割して置いてあります。これらのファイルをダウンロードして解凍すると次頁のCSVファイル8個が作成され、約110MBのディスク領域が必要となります。

ファイル名	サイズ（Byte）	行数
CUSTOMER.csv	2,554,936	15,000
LINEITEM.csv	78,982,272	600,572
NATION.csv	2,292	25
ORDERS.csv	18,039,170	150,000
PART.csv	2,603,370	20,000
PARTSUPP.csv	11,857,360	80,000
REGION.csv	403	5
SUPPLIER.csv	146,231	1,000

表 4-1.

このサンプルデータファイルはファイル名がその名称のテーブル用のサンプルデータとなっています。

4-1-6-1. データファイルの配置

CSV ファイルをインポートするとき、このファイルをどこに配置するのかを考慮する必要があります。本項で解説する「IMPORT 文による方法」と「SAP HANA studio のウィザード機能による方法」では

・IMPORT 文による方法
　SAP HANA サーバ上のファイルシステム
・SAP HANA studio のウィザード機能による方法
　SAP HANA サーバ上のファイルシステムもしくはSAP HANA studio を実行しているマシン上のファイルシステム

を使用することができます。そのため、「SAP HANA サーバ上のファイルシステム」に配置してインポートを行う場合、事前にCSV ファイルをFTPやSSHでのファイル転送機能(SFTP)などを用いてアップロードする必要があります。アップロードファイルを配置する場所、並びにファイルに対してはSAP HANA インスタンスを実行するユーザーの移動および閲覧権限が必要です。

本書では /tmp に sampledata というディレクトリを作成し、そこにアップロードしたとします。(SAP HANA サーバ上の /tmp/sampledata にファイルを配置)

SAP HANA studio のウィザード機能を用いて SAP HANA studio を実行しているマシン上

のファイルをインポートする場合も同様でSAP HANA studioを実行しているユーザーにそのファイルを閲覧できるファイルシステムの権限が必要です。

4-1-6-2 csv_import_path_filterの設定

SAP HANAサーバ上のファイルシステムからファイルをインポートする場合、設定変更が必要になります。それはcsv_import_path_filterという設定項目です。セキュリティの観点からSAP HANAはデータインポートに使用するファイルの配置場所をアクセス可能なファイルシステム全てではなく、指定したディレクトリに絞ることができます。この設定が有効になっている場合、指定したディレクトリ以外からインポートを行うことができません。

この設定はデフォルトで有効になっているのですが、そのディレクトリは設定されていないためそのままではインポートできない状態になっています。今回はテスト環境という想定ですので、簡易な方法としてこの設定を無効にしてSAP HANAサーバ上でアクセス可能な全てのディレクトリからインポートを行えるようにします。

SAP HANA studioでSYSTEMユーザーでAdministration画面を開きます。左ペインのツリーからTESTDB1@VMH（SYSTEM）を右クリックし、表示されたメニューから「Configuration and Monitoring」を選択し、「Open Administration」をクリックします。

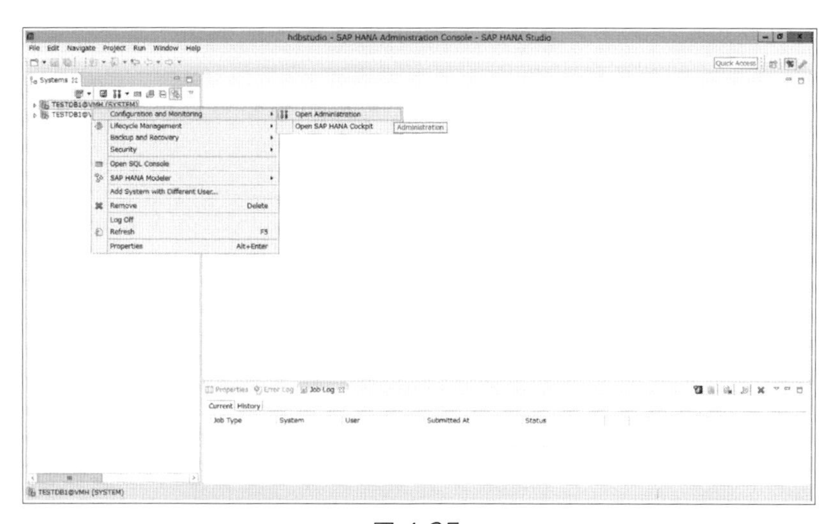

図4-65.

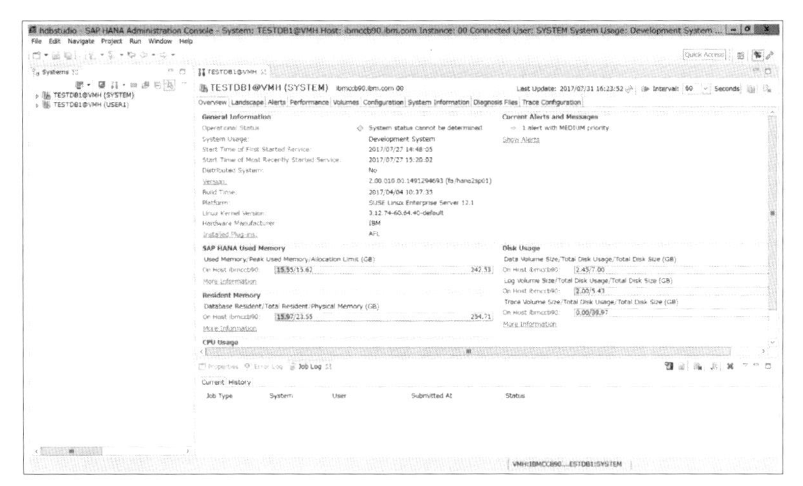

図 4-66.

右ペインに「Administration」画面が開きますので「Configuration」タブをクリックします。

図 4-67.

ここで右ペインに表示された表の「Name」カラムに表示されている項目ツリーを展開して該当項目を探すのですが、上の Filter というテキストボックスに「csv」と入力してサーチしてください。

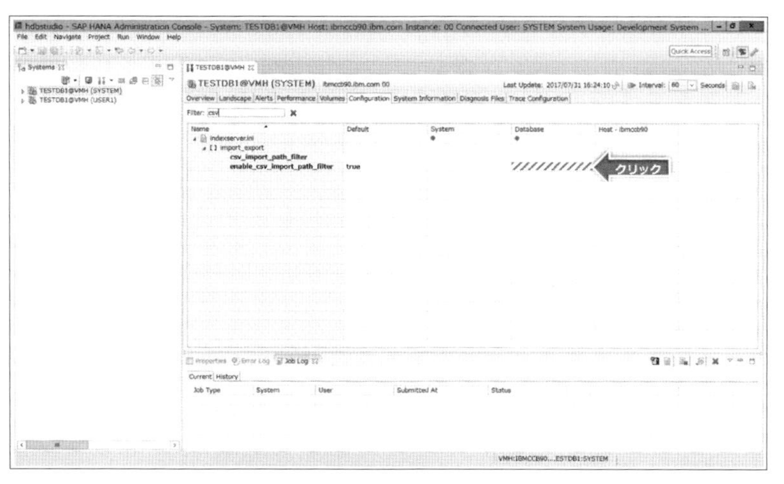

図 4-68.

今回の設定変更項目である csv_import_path_filter 関連の項目が表示されます。今回はこの設定を無効にするために「enable_csv_import_path_filter」を設定変更します。この項目の Database カラムの部分をクリックします。

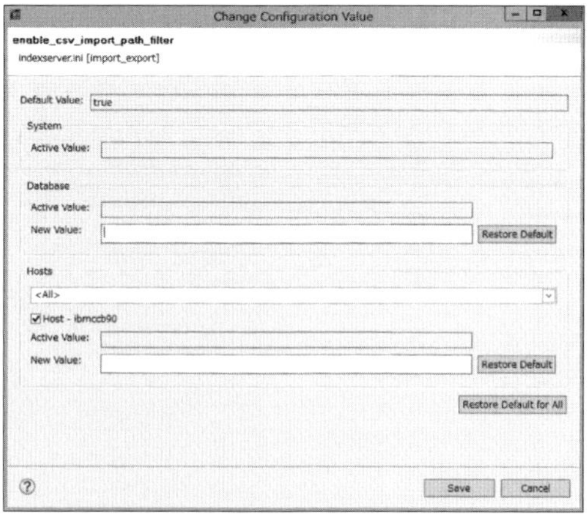

図 4-69.

変更画面が表示されます。Database の New Value に「false」と入力します。

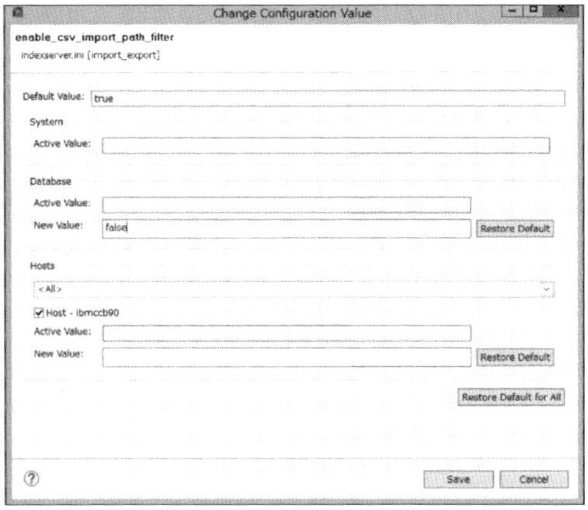

図 4-70.

入力したら「Save」ボタンをクリックします。

図 4-71.

上記画面の様に System と Database に false と表示されていることを確認してください。この変更は即時に有効化されます。一度行えば次回から同様の作業を行う必要はありません。これでデータベース TESTDB1 は SAP HANA サーバ上の（ファイルシステムのパーミッションでアクセス可能な）任意のディレクトリにある任意のファイルからデータをインポートできるようになりました。

4-1-6-3. Import 権限の付与

インポートを行うためにはそのユーザーにインポートの権限を付与する必要があります。通常テーブルを作成したユーザーにはそのテーブルに対してのデータ挿入・削除・更新・参照を行う権限は付与されますが、インポートの権限は「テーブルに対して」の権限ではなく「データベースに対して」の権限となることに注意が必要です。この権限を保持した上でテーブルに対しての権限を保持していればそのテーブルに対しインポートを行うことができます。この作業も SYSTEM ユーザーで行う必要があります。今回は先ほど作成した USER1 に対してこの権限を付与します。

SAP HANA studio で「TESTDB1@VMH (SYSTEM)」のツリーを「Security」の下の「User」で展開し、「USER1」をダブルクリックします。

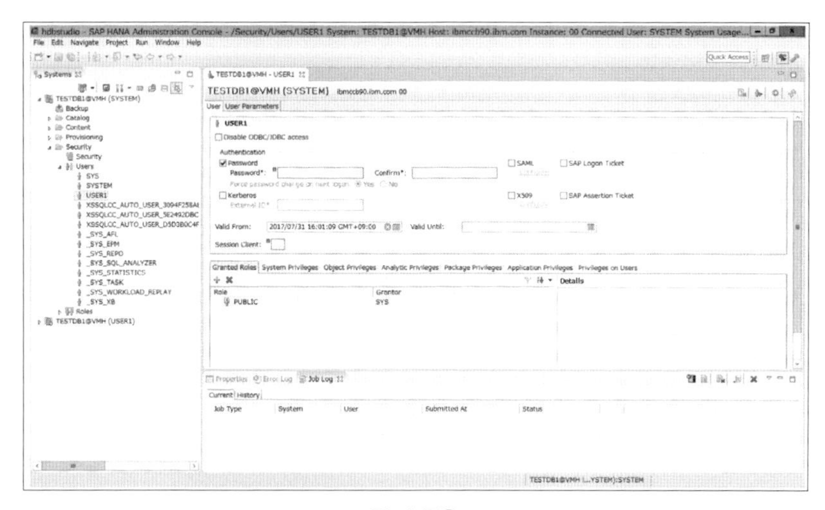

図 4-72.

右ペイン下部の「System Privileges」タブを選択します。

TESTDB1@VMH (SYSTEM)
USER1
Authentication
Password
Confirm*:
Kerberos
SAML
SAP Logon Ticket
X509
SAP Assertion Ticket
Valid From:
Valid Until:
Session Client:
①クリックして選択
Granted Roles
System Privileges
Object Privileges
Analytic Privileges
Package Privileges
Application Privileges
Privileges on Users
Details
Grantor
②クリック
Job Log
Current
History
Job Type
System
User
Submitted At
Status

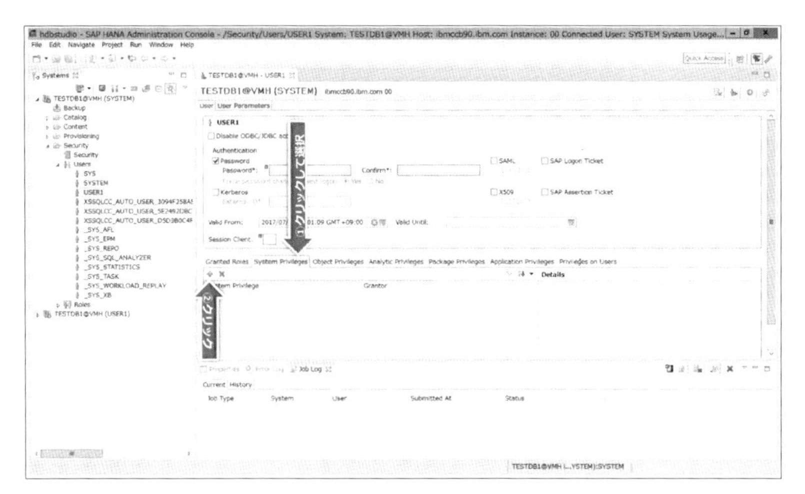

図 4-73.

「System Privileges」タブ内右上にある「+」アイコンをクリックします。

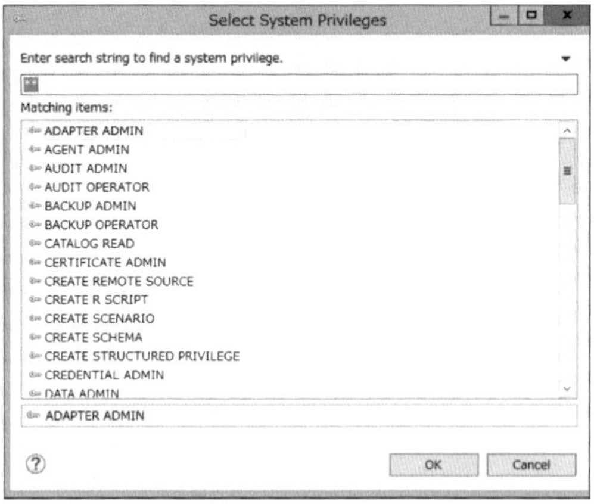

Select System Privileges
Enter search string to find a system privilege.
Matching items:
ADAPTER ADMIN
AGENT ADMIN
AUDIT ADMIN
AUDIT OPERATOR
BACKUP ADMIN
BACKUP OPERATOR
CATALOG READ
CERTIFICATE ADMIN
CREATE REMOTE SOURCE
CREATE R SCRIPT
CREATE SCENARIO
CREATE SCHEMA
CREATE STRUCTURED PRIVILEGE
CREDENTIAL ADMIN
DATA ADMIN
ADAPTER ADMIN
OK
Cancel

図 4-74.

ここから IMPORT という権限を選択します。

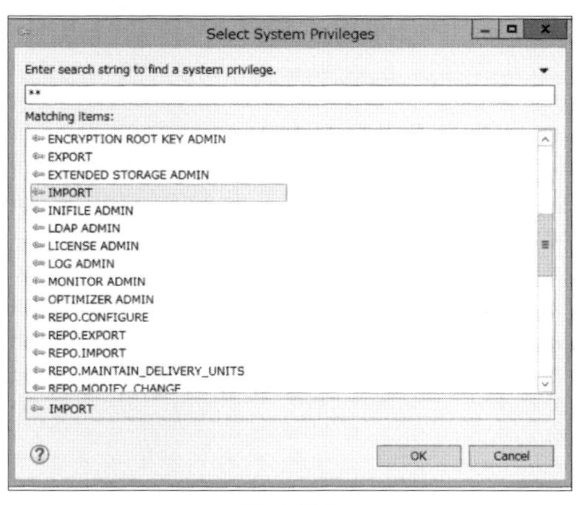

図 4-75.

「OK」ボタンをクリックします。

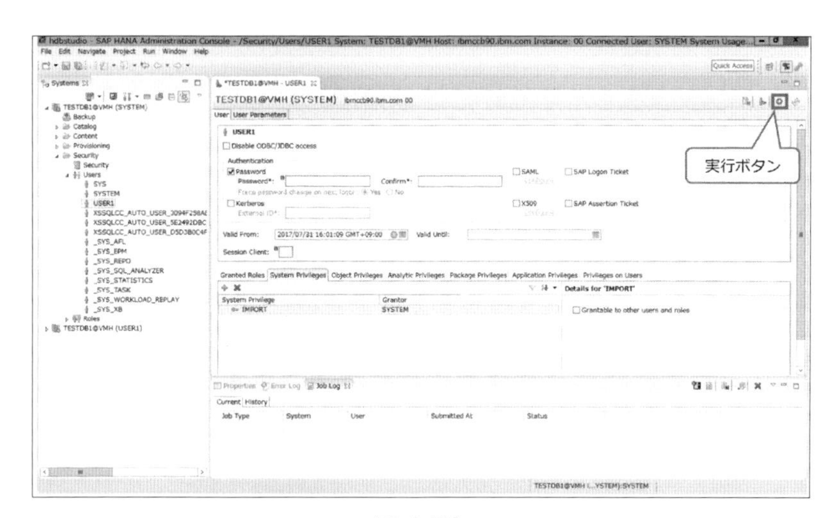

図 4-76.

右ペイン右上の実行ボタンをクリックします。

図 4-77.

これで USER1 にデータインポートを行う権限が付与されました。

4-1-6-4　IMPORT 文による方法

それでは IMPORT 文でデータをインポートします。先の説明の通り、ダウンロードしたサンプルデータは SAP HANA サーバ上の /tmp/sampledata に展開したという想定です。
作業自体は SQL を実行できるツールから USER1 で SAP HANA にログオンすればどのツールでも可能です。今回は SAP HANA studio で行います。左ペインのツリーの「TESTDB1@VMH（USER1)」のアイコンで右クリックします。

図 4-78.

「Open SQL Console」をクリックします。

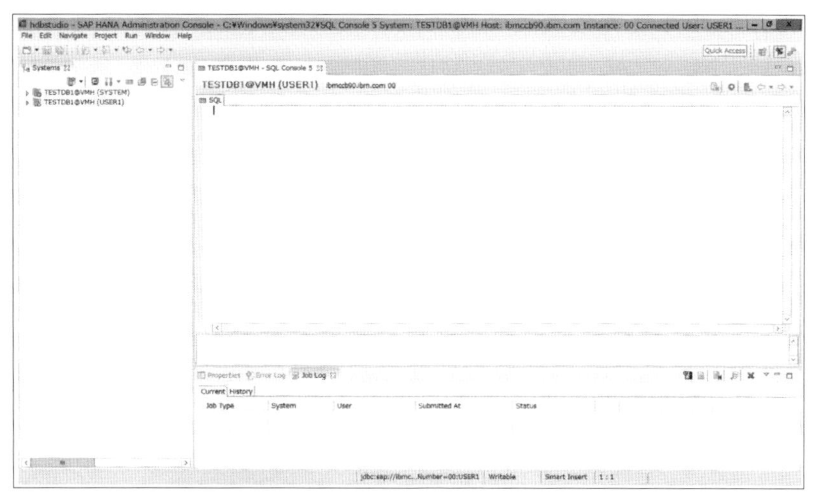

図 4-79.

右ペインに SQL Console が表示されます。

まずは Customer テーブルのデータをインポートしてみます。

下記のコマンドを SQL Console に入力します。

```
IMPORT FROM CSV FILE '/tmp/sampledata/CUSTOMER.csv' INTO "CUSTOMER"
WITH RECORD DELIMITED BY '¥n'
 FIELD DELIMITED BY ',';
```

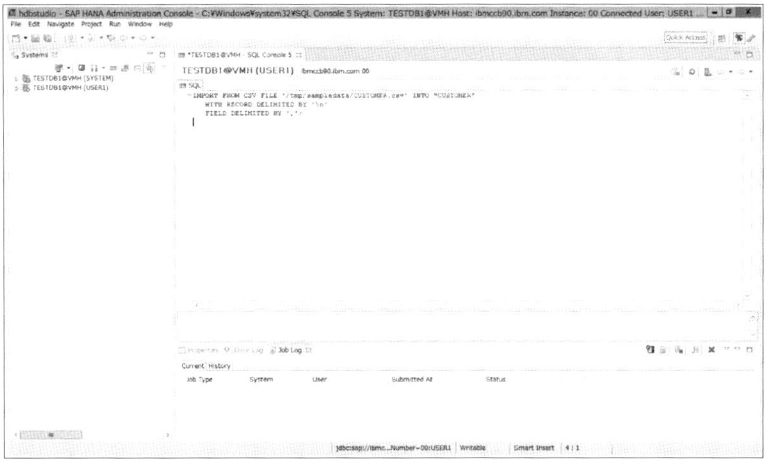

図 4-80.

右ペイン右上の実行ボタンをクリックして実行します。

図 4-81.

右ペイン下部にエラーが表示されていないか確認してください。

エラーが無いことを確認したら今度はこのテーブルを確認します。

左ペインのツリーを「TESTDB1@VMH（USER1）」→「Catalog」→「USER1」→「Tables」と展開し「CUSTOMER」をタブルクリックします。

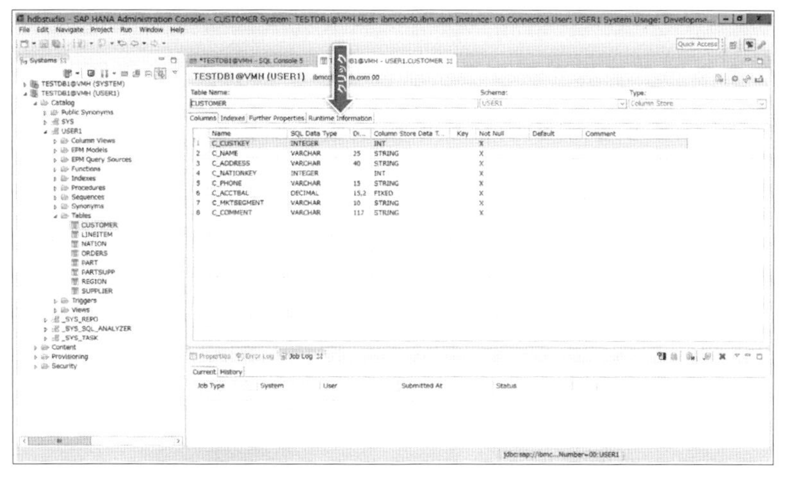

図 4-82.

右ペインのRuntime Informationというタブをクリックしてください。

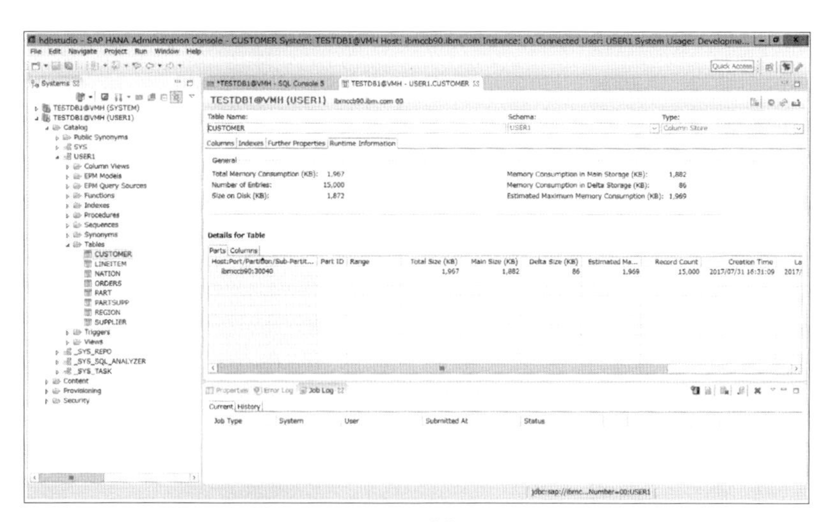

図 4-83.

「Number of entries」がこのテーブルの行数です。15000行存在することを確認してください。IMPORT文は今回使用した例の他にも様々なオプションが存在し、区切り文字の変更や日付形式の指定やカラムの順番入れ替え、インポートのパフォーマンス向上のための調整が可能になっています。詳しくはマニュアルを参照してください。

ダウンロードしたサンプルデータは全て今回の例の方法でインポート可能です。ファイル名とインポート先のテーブルを置き換えて使用してください。

4-1-6-5. SAP HANA studio のウィザード機能による方法

インポートは SAP HANA studio からも可能です。この方法の場合、メリットは

・クライアントマシン（HANA studio をインストール・動作させているマシン）上のデータファイルのインポートが可能

・GUI によるわかりやすい操作インターフェース

が挙げられます。

反対にデメリットとしては

・IMPORT 文の場合は IMPORT 文を実行できれば実行ツールは問わないので、バッチやアプリケーションに組み込みやすいのに対し、GUI であるがゆえにそういったことが難しい

・クライアントマシンからデータを転送しながらのインポートなのでパフォーマンスが IMPORT 文に対して劣る

ということが挙げられます。

SAP HANA studio でのデータインポートは以下の方法で行います。この例ではダウンロードしたサンプルデータに含まれる PART.csv を SAP HANA studio をインストールしているマシンに配置し、PART テーブルにデータを投入するというものです。

SAP HANA studio のウインドウ上部のタスクバーから「File」を選択し、

図 4-84.

表示されたメニューから「Import」を選択します。Import ダイアログが表示されます。

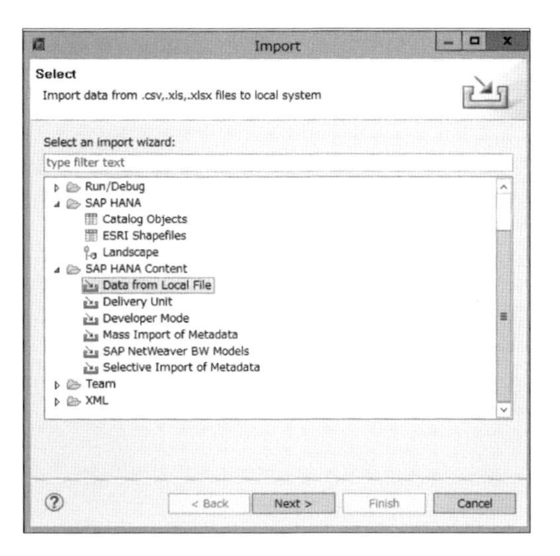

図 4-85.

ダイアログ中のツリーから「SAP HANA Content」を展開し、「Data from Local file」を選択し、「Next」ボタンをクリックします。

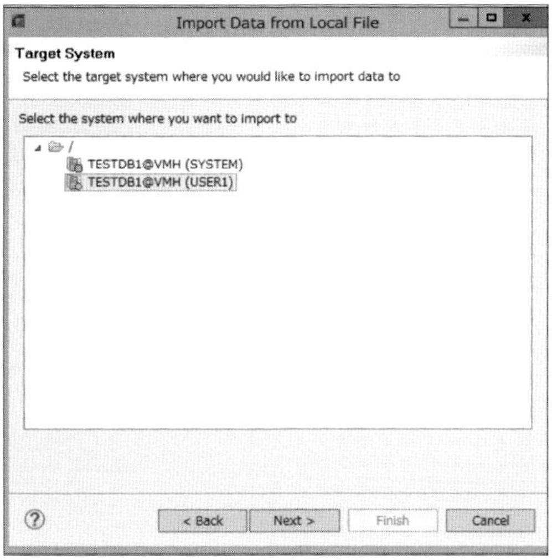

図 4-86.

インポート先のシステム(データベース)を選択します。今回は「TESTDB1@VMH(USER1)」を選択して「Next ボタン」をクリックします。

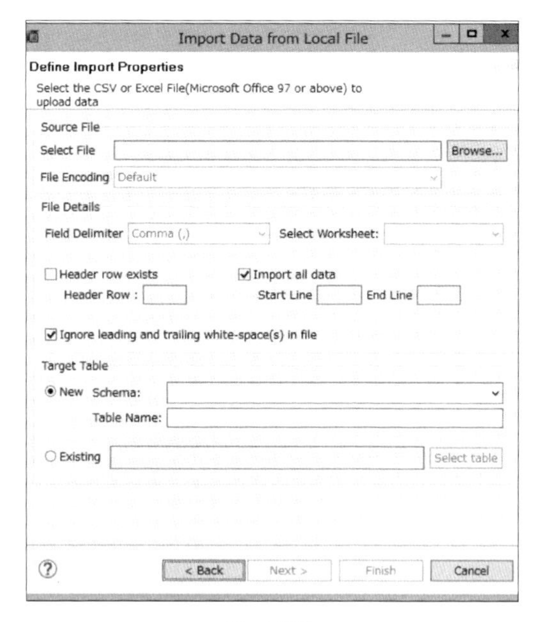

図 4-87.

インポートするファイルとインポート先のテーブルを指定する画面が表示されます。

「Source File」の「Select File」では「Browse」ボタンをクリックするとファイル選択ダイアログが開きます。このダイアログを用いてインポートするPART.csvファイルを選択します。

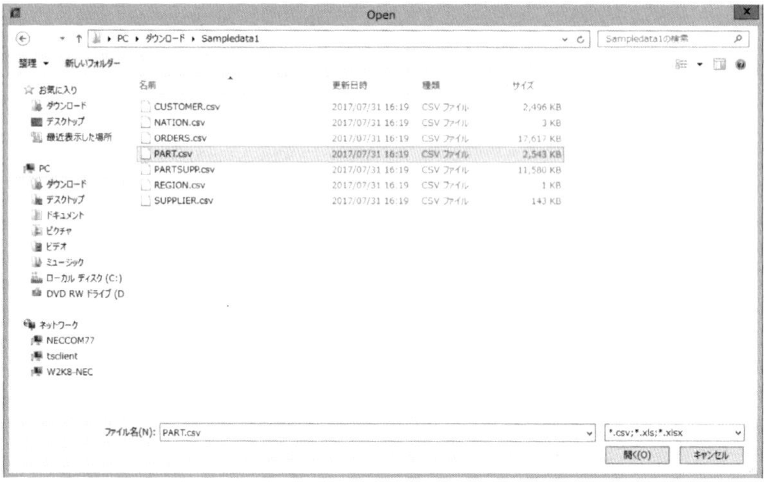

図 4-88.

「File Details」はファイル形式を指定しますが、ダウンロードしたサンプルデータファイルの場合はそのままで結構です。

「Target Table」はインポート先のテーブルを指定します。「New Schema/Table Name」を選択すると、この次の画面でテーブルを作成し、そのテーブルに対してインポートが可能です。今回はすでに作成したPART テーブルに対しインポートを行いますので「Existing」左のラジオボタンを選択し、「Select table」ボタンをクリックします。

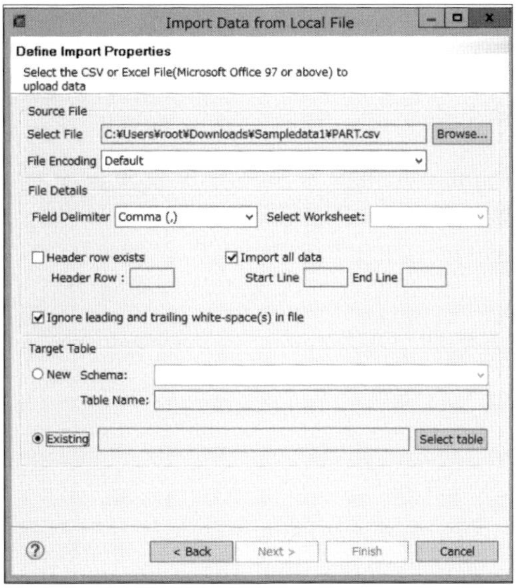

図 4-89.

「Select table」ボタンをクリックします。

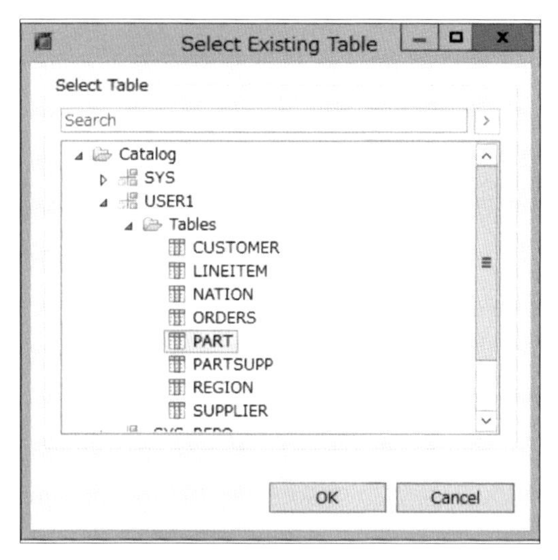

図 4-90.

表示されたダイアログ内のツリーを「Catalog」→「USER1」→「Tables」と展開し、「PART」テーブルを選択し、「OK」ボタンをクリックします。

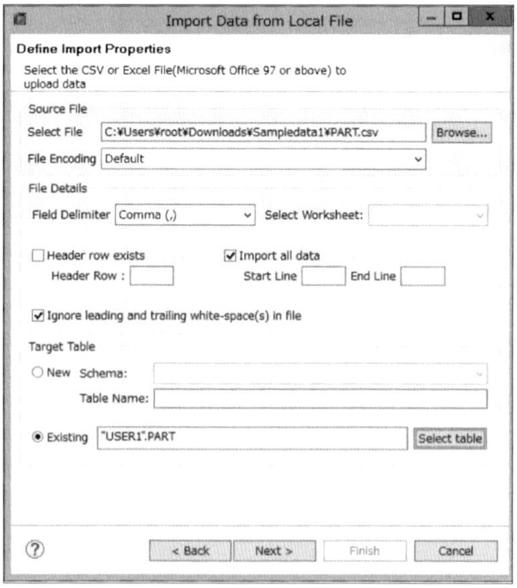

図 4-91.

Source File：

Select File：「Browse」ボタンでファイル選択ダイアログからPART.csvを選択

File Encoding：Defaultを選択

Target Table：

Existingを選択し、「Select table」でテーブル選択ダイアログからPARTテーブルを選択

項目を入力したら「Next」ボタンをクリックします。
次の画面ではデータファイル中のカラムとテーブルカラムのマッピングを行います。

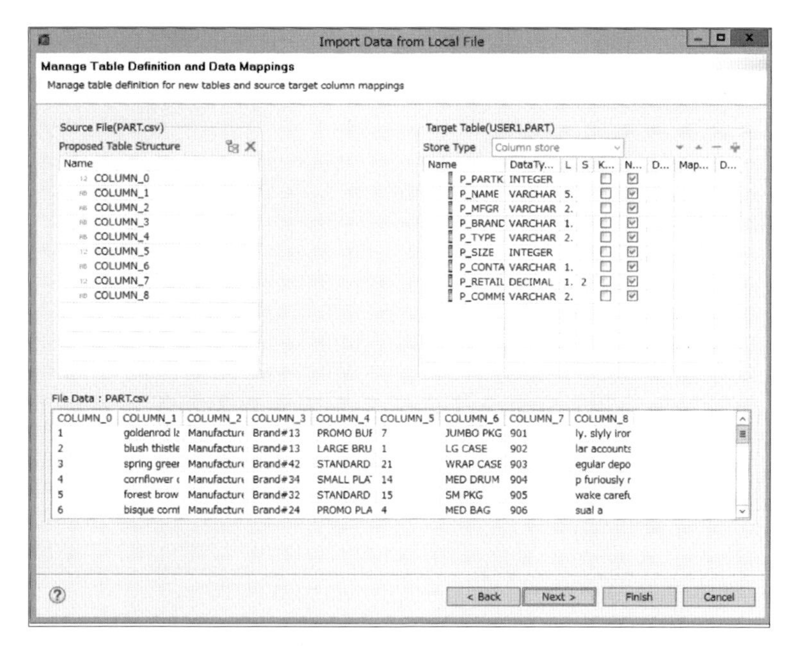

図 4-92.

左側の「Source File」に表示されているカラムをドラッグし、右側の「Target Table」の対応するカラムでドロップすることでカラム同士が線で結ばれます。

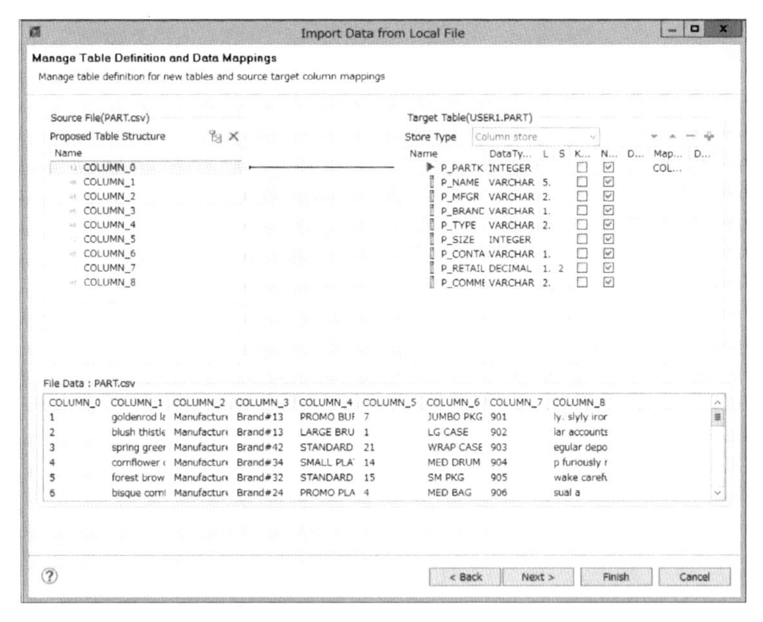

図 4-93.

ダウンロードしたサンプルデータファイルのカラムの順番はテーブルのカラムの順番と一致していますので、上から1カラムずつドラッグ&ドロップで関係づけます。ただし、この例の様にデータファイルとインポート先のテーブルでカラムの順番が同じで、先頭から1：1で対応させればよいという場合は一括で行う方法があります。Source Fileの囲みの中にあるボタンをクリックします。

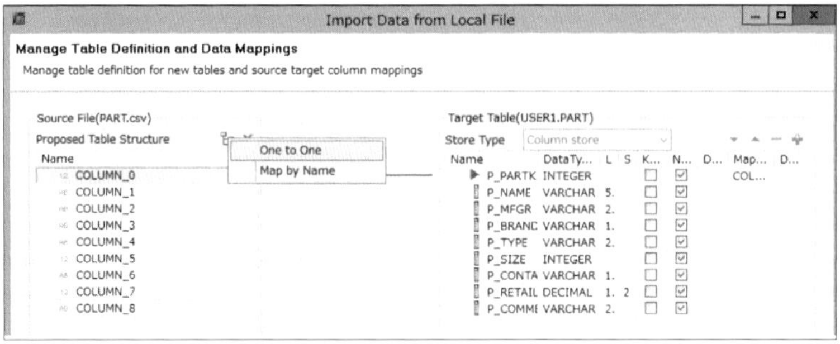

図 4-94.

表示されるメニューの「One to One」をクリックします。

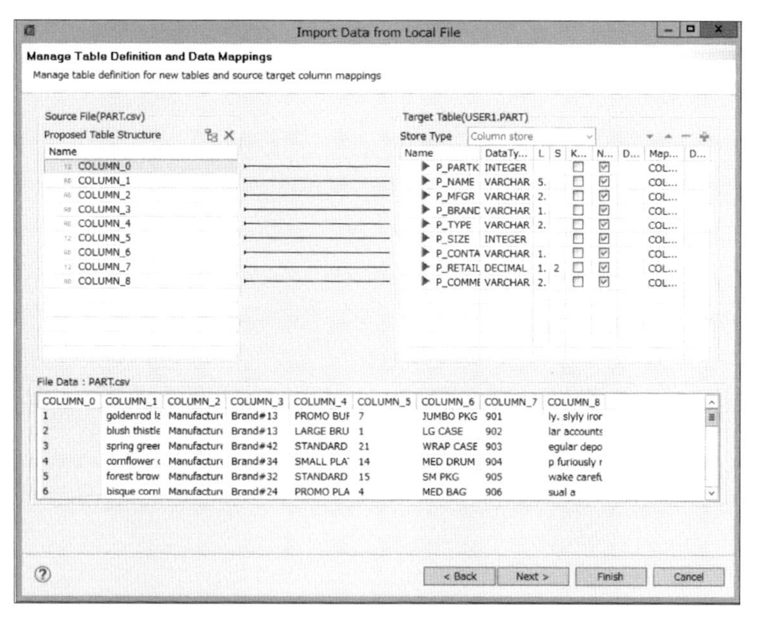

図 4-95.

すると、一度に全てのカラムが結ばれます。なお、「Map By Name」はデータファイルの1行目がカラム名を表すヘッダを含むCSVファイルの場合に有用で、インポート先テーブルのカラム名と合致しているものを自動的に関係づけます。

カラムのマッピングが完了したら「Next」ボタンをクリックします。

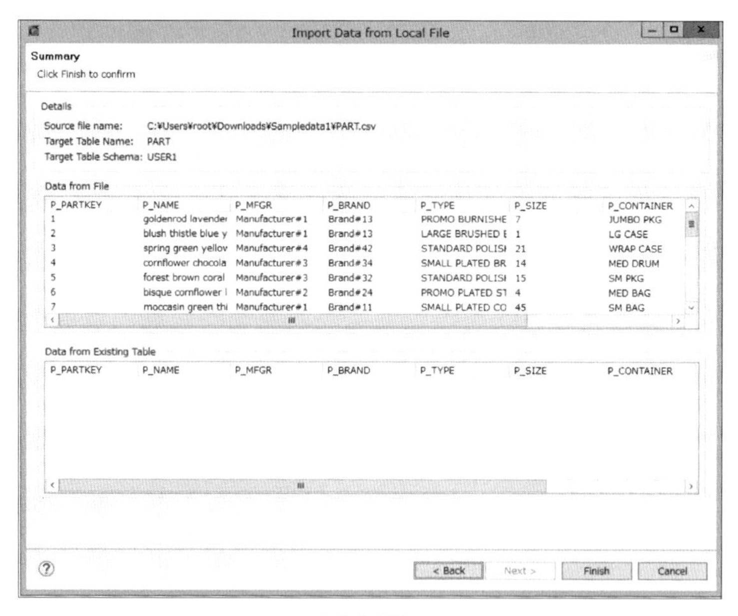

図 4-96.

最終確認画面です。「Finish」ボタンをクリックするとインポートが開始され、完了するとこのダイアログが閉じます。

図 4-97.

完了したらIMPORT文で解説した方法でPARTテーブルのRuntime Informationを開きます。件数を確認してください。

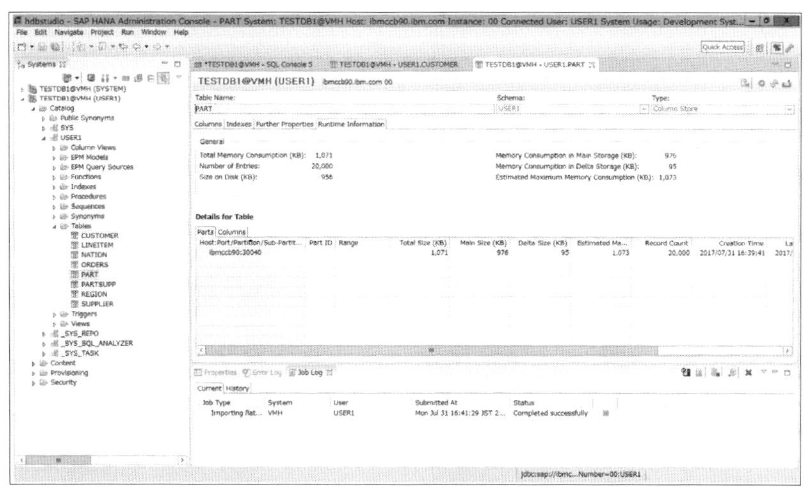

図4-98.

PARTテーブルは20,000件です。Number of Entriesが20000であれば正常にインポートが完了しています。

4-1-6-6. 残りのテーブル

解説でインポートを行っていない残りのテーブルに対しても、先に解説した2つどちらかの方法でデータインポートを行ってください。IMPORT文でのインポート用のコマンドは下記になります。このファイルは「import.sql」として下記のURLにアップロードされています。

https://github.com/team-hana-book/hana-book

これを利用して全テーブルをまとめて一度にインポートする方法もあります。ただしこの中には先に解説で例として挙げたCUSTOMERテーブルとPARTテーブルのIMPORT文も含まれていますので注意してください。

```
------------------ インポートサンプル -----------------
IMPORT FROM CSV FILE '/tmp/sampledata/CUSTOMER.csv' INTO "CUSTOMER"
  WITH RECORD DELIMITED BY '¥n'
  FIELD DELIMITED BY ',';
```

```
IMPORT FROM CSV FILE '/tmp/sampledata/LINEITEM.csv' INTO "LINEITEM"
  WITH RECORD DELIMITED BY '¥n'
  FIELD DELIMITED BY ',';
IMPORT FROM CSV FILE '/tmp/sampledata/NATION.csv' INTO "NATION"
  WITH RECORD DELIMITED BY '¥n'
  FIELD DELIMITED BY ',';
IMPORT FROM CSV FILE '/tmp/sampledata/ORDERS.csv' INTO "ORDERS"
  WITH RECORD DELIMITED BY '¥n'
  FIELD DELIMITED BY ',';
IMPORT FROM CSV FILE '/tmp/sampledata/PART.csv' INTO "PART"
  WITH RECORD DELIMITED BY '¥n'
  FIELD DELIMITED BY ',';
IMPORT FROM CSV FILE '/tmp/sampledata/PARTSUPP.csv' INTO "PARTSUPP"
  WITH RECORD DELIMITED BY '¥n'
  FIELD DELIMITED BY ',';
IMPORT FROM CSV FILE '/tmp/sampledata/REGION.csv' INTO "REGION"
  WITH RECORD DELIMITED BY '¥n'
  FIELD DELIMITED BY ',';
IMPORT FROM CSV FILE '/tmp/sampledata/SUPPLIER.csv' INTO "SUPPLIER"
  WITH RECORD DELIMITED BY '¥n'
  FIELD DELIMITED BY ',';
```

4-1-7. SQLの実行

ここまでの解説ですでに何度か実行していますが、SAP HANA sudioでは「SQL Console」という機能があり、SQLを直接実行することができます。この「SQL Console」は左ペインのツリーの「TESTDB1@VMH（<ユーザー名>)」で右クリックし、「Open SQL Console」というメニューをクリックして呼び出す方法の他に、左ペイン上部の「SQL」と書かれた ボタンをクリックすることでも呼び出しが可能です。

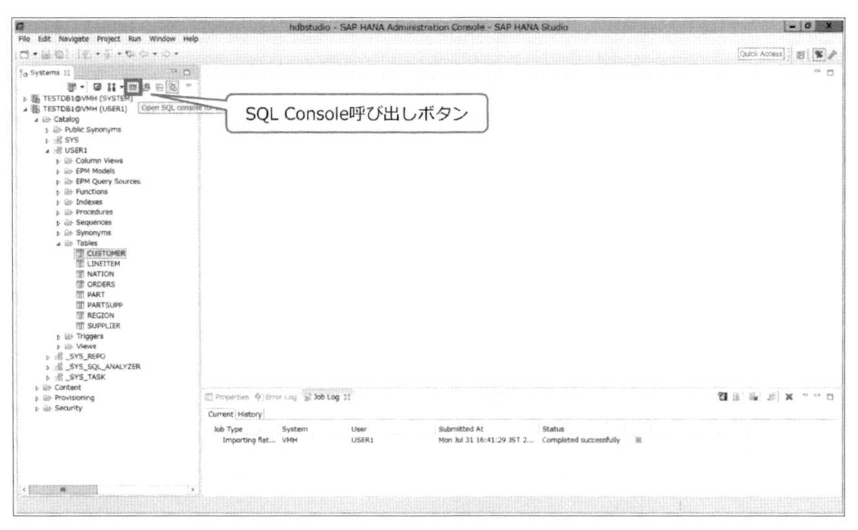

図 4-99.

この方法の場合で、左ペインのツリーに複数の接続設定が存在する場合、現在選択されている方の接続設定を使用してSQL Consoleが起動します。

SQL ConsoleはSAP HANA studioに設定された接続設定で起動するようになっています。今回の様にSYSTEMユーザーとUSER1ユーザーの2つの接続設定が存在する場合、どちらのSQL Consoleかは右ペインに起動したSQL Consoleの上部で判別することができます。

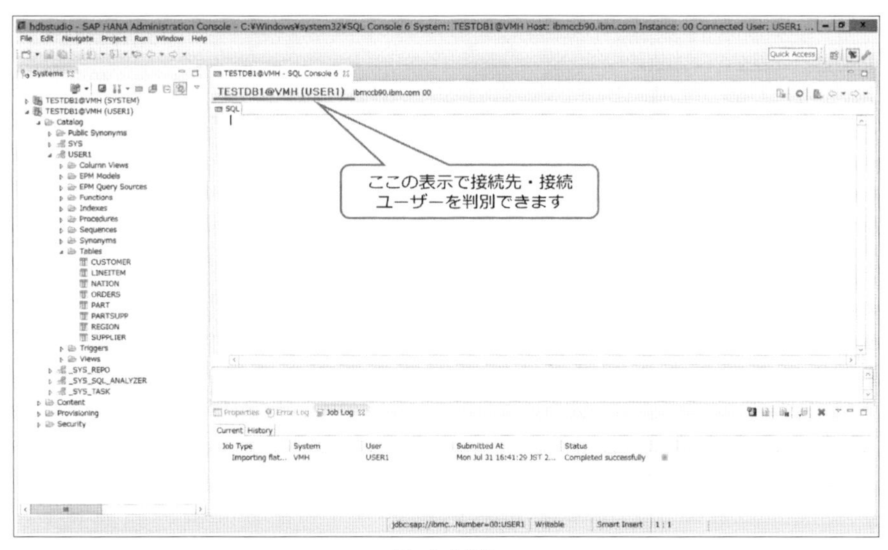

図 4-100.

ここまでの例ではSQL Consoleでテーブル作成とデータのインポートを行ってきました。これらのDDLやINSERT文やUPDATE文、DELETE文などのやDMLを実行した場合、そのコマンドの成否をSQL Console下部に表示するようになっています。

ここで検索結果を返すSQLを入力して実行するとどうなるか見てみましょう。

「TESTDB1@VMH（USER1）」でSQL Consoleを起動し、SQL Consoleに以下のSQL文を入力し実行してください。

```
SELECT * FROM CUSTOMER ;
```

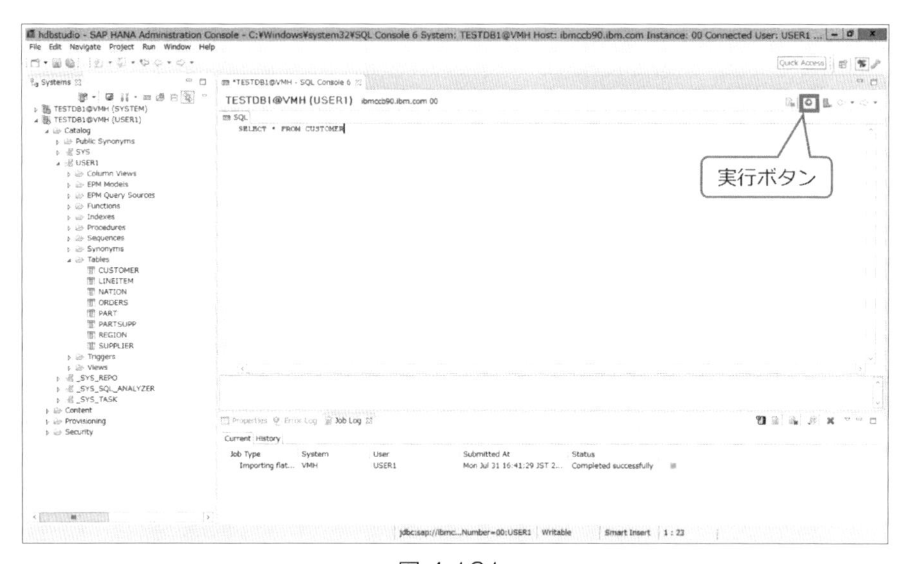

図 4-101.

実行は先に解説しているようにSQL Console右上の緑のボタンです。なお、キーボードのF8ボタンを押すことでも実行できます。

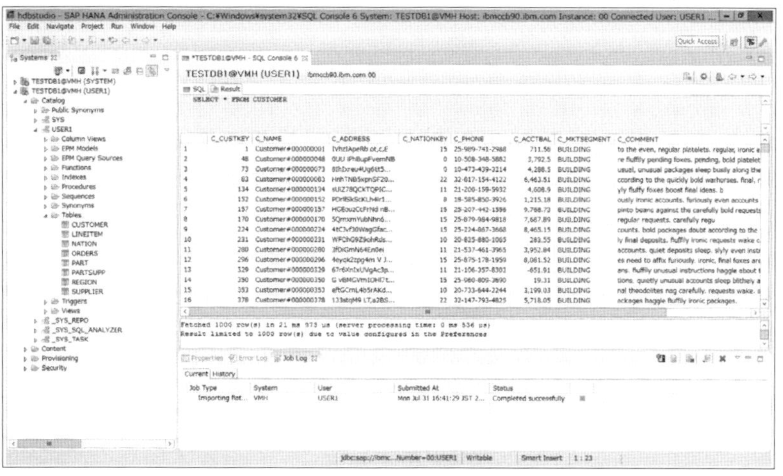

図 4-102.

実行すると SQL Console 内に新たに「Result」というタブが作成され、結果がそちらに表示されます。

また、下記の様に SQL 文を複数記述して実行した場合

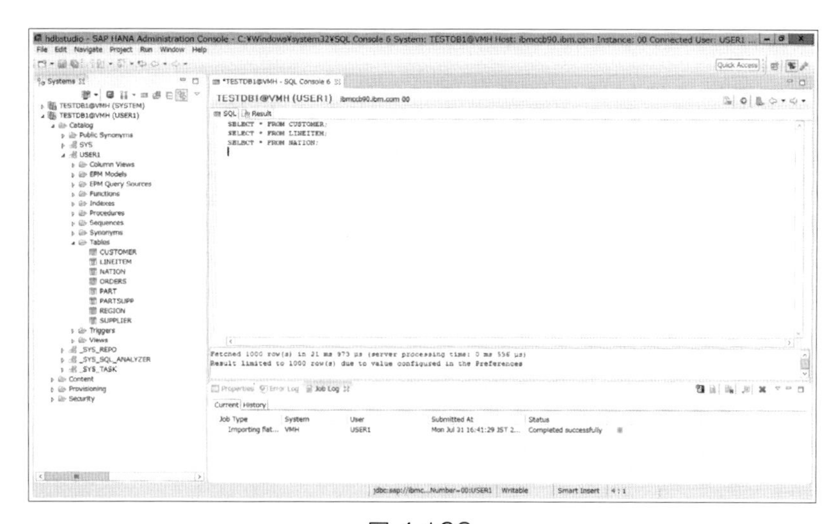

図 4-103.

次図の様に SQL ごとの結果が別の Result タブで表示されます。Result タブは 3 つ作られ、それぞれに SQL1 文ごとの結果が表示されています。

図 4-104.

SQL 文を複数記述した場合、実行したい文だけを選択して実行します。

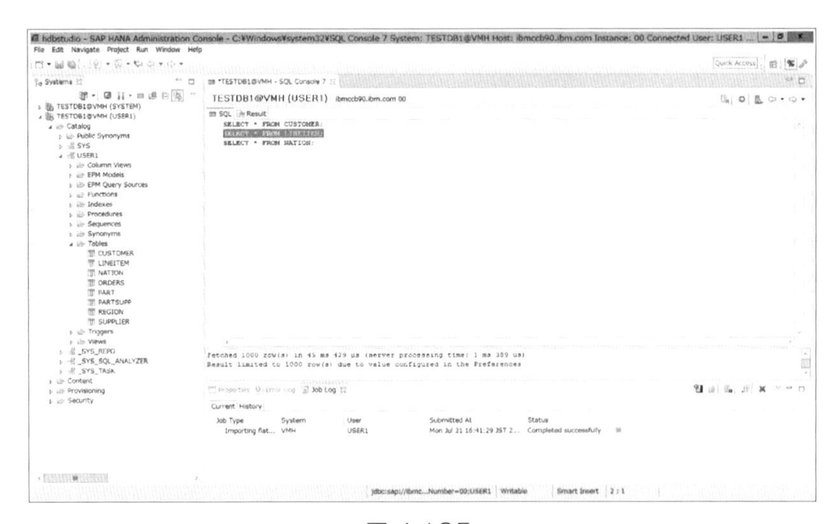

図 4-105.

その文だけを実行することができます。

注意としてSAP HANA studioでは（デフォルト状態では）SELECT文の結果は最大1000件であり、それ以上は表示されないようになっています。それを変更したい場合はSAP HANA studio上部のタスクバーのWindowをクリックします。

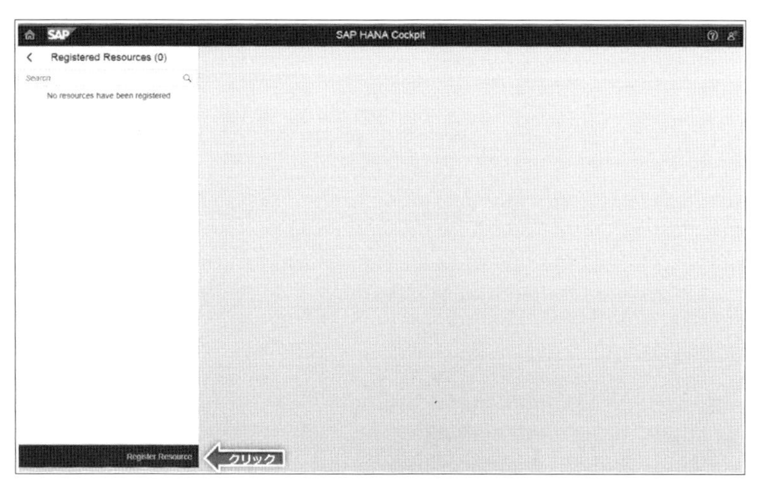

図 4-106.

表示されたメニューから「Preferences」を選択し、ダイアログの左側のツリーで「SAP HANA」→「Runtime」と展開し、「Result」をクリックします。

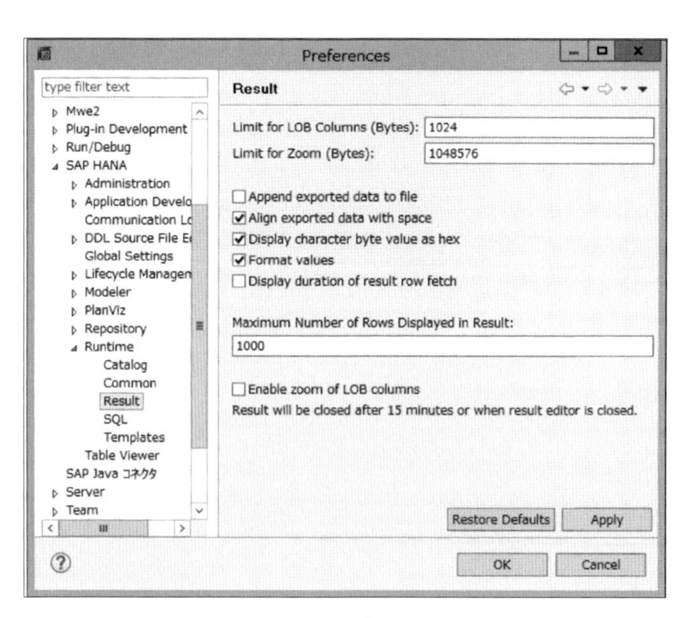

図 4-107.

表示された画面の「Maximum Number of Rows Displayed in Result」の項目を変更することでこの 1000 件という制限を変更することができます。ただし、あまり大きな値にするとデータ転送量が膨大になり、結果がなかなか返ってこないという事態に陥りやすいことに注意が必要です。

また、ツリーの「SQL」という項目で表示される画面では、SQL Consoleに入力されたSQLの実行や挙動を細かく設定できるようになっています。

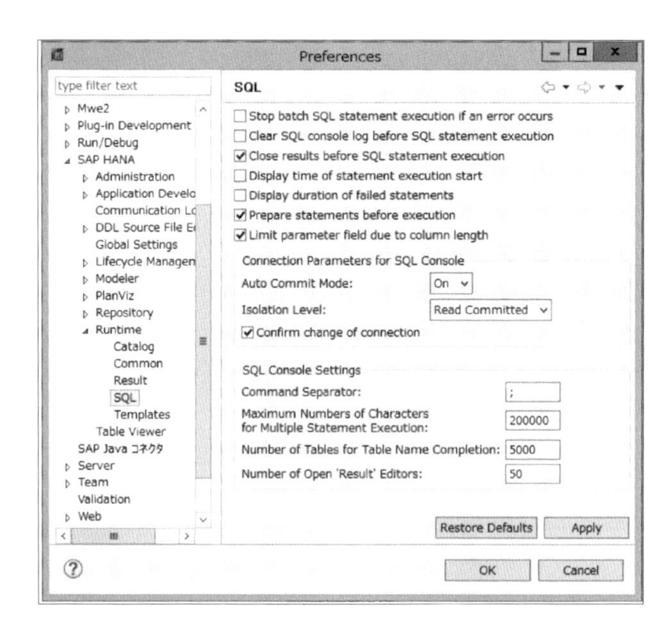

たとえば、通常SAP HANA studioでINSERT文やUPDATE文を実行すると、それはSAP HANA studioの機能で自動的にコミットされるようになっています。この画面で「Auto Commit Mode」を「Off」に変更するとその自動コミットが無効になり、手動でCommitを実行するモードになります。

SAP HANA studioはSAP HANAを使用する上で基本的なツールとなりますので、ぜひ使いこなしましょう。

4-1-8. 補足：システムデータベースへの接続作成

必須ではありませんが、SAP HANA studioで管理を行う上ではマルチテナントデータベースコンテナー構成全体の管理を担当するSYSTEMデータベースに対しての接続を作成しておくと便利かもしれません。この節ではその接続設定の作成方法を解説します。

まず、TESTDB1を追加したときと同様にSAP HANA studioの左ペインの画面で

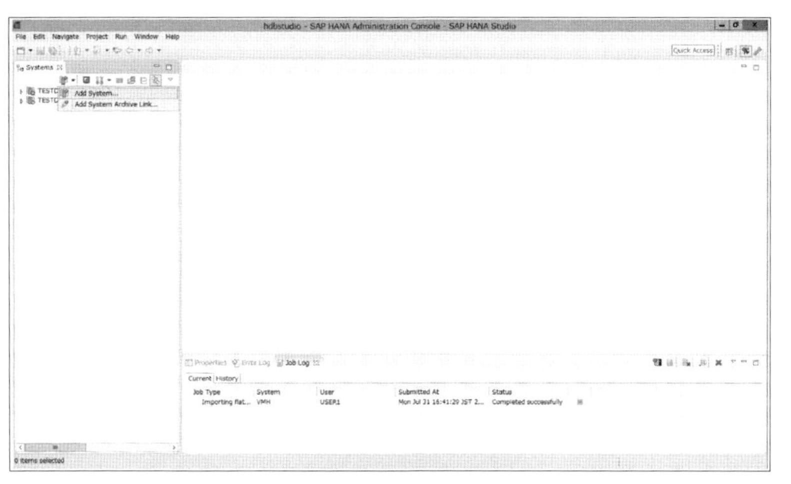

図 4-109.

「Add System」をクリックします。

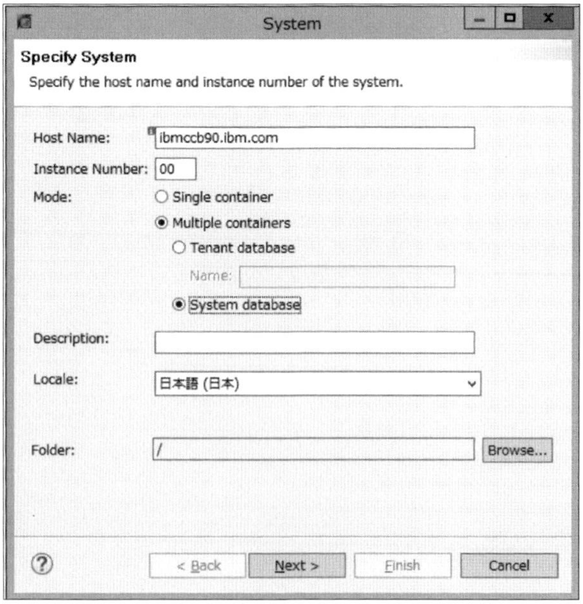

図 4-110.

次のダイアログでHost Name、Instance Numberはテナントデータベースの接続設定を行ったときと同様に設定します。Modeは「Multiple Containers」を選択し、その下の項目で「System database」を選択します。後の設定はテナントデータベースの接続設定と同様です。システムデータベースに接続する機会はあまりありませんが、管理上の作業をコマンドで行いたい場合は、この接続を使用してSQL Consoleを開くことで行うことができます。

4-1-9. SAP HANA Database Explorer

SAP HANA studioのDB定義・開発機能に似たツールとして、SAP HANA Database Explorerがあります。SAP HANA Database ExplorerはSAP HANA cockpitをはじめとするいくつかのツールに付属する機能で、データベースの定義とSQL実行を行うツールです。各クライアントマシンにインストールが必要なSAP HANA studioと違い、このツールはWebブラウザがインストールされていれば使用することができます。ただし、現時点ではSAP HANA studioと違い、GUIによるテーブル作成や、後の章で解説するインフォメーションビュー作成機能はありません。この項ではセットアップ方法とSQL実行インターフェースを呼び出す部分までを解説します。

今回は、このツールをSAP HANA cockpitから起動します。SAP HANA cockpit内のいくつかの箇所からこのツールを起動することができますが、代表的な起動方法は「My Resources」の画面から呼び出す方法です。

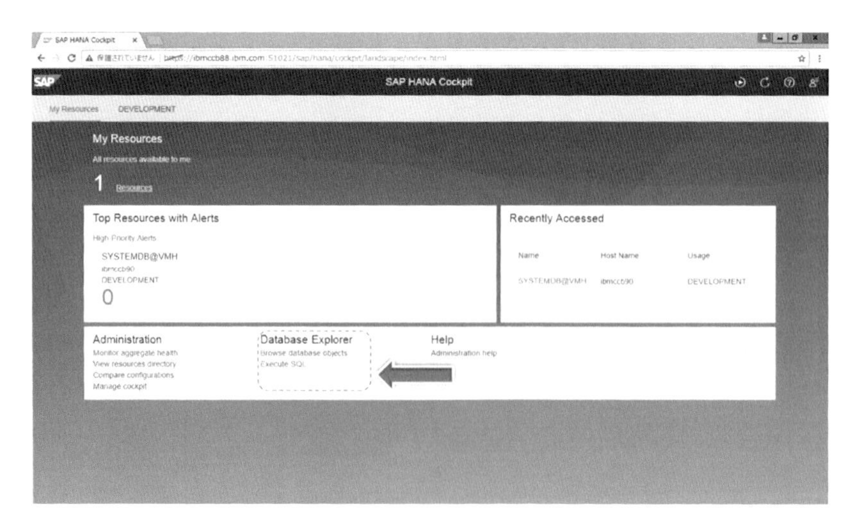

図4-111.

この画面では画面下部のタイルにDatabase Explorerの項目があります。まずは「Browse

Database Objects」をクリックしてみます。

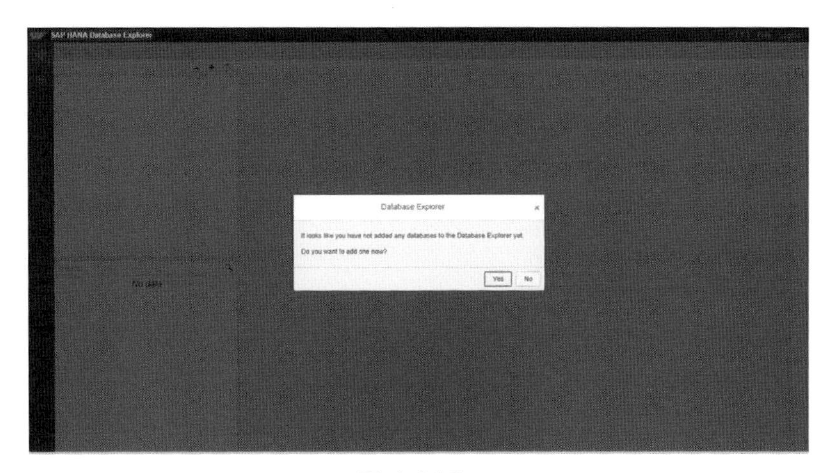

図 4-112.

初回の起動の場合は Database Explorer に対し何もデータベースが登録されていないということで、上記の様なダイアログが表示されます。「Yes」ボタンをクリックします。

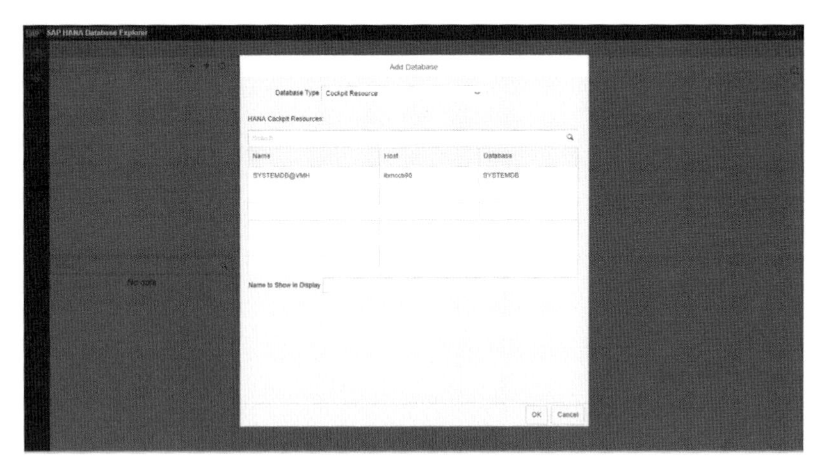

図 4-113.

データベースの追加画面が表示されます。

この画面でデータベースを Database Explorer に対し追加できます。これは新規にデータベースを作成するということではなく、SAP HANA studio でのデータベースの登録作業と同様で、作業対象のデータベースを Database Explorer で使用できるように登録する作業です。

「Database Type」コンボボックスで3種類の登録方法を選択することができます。

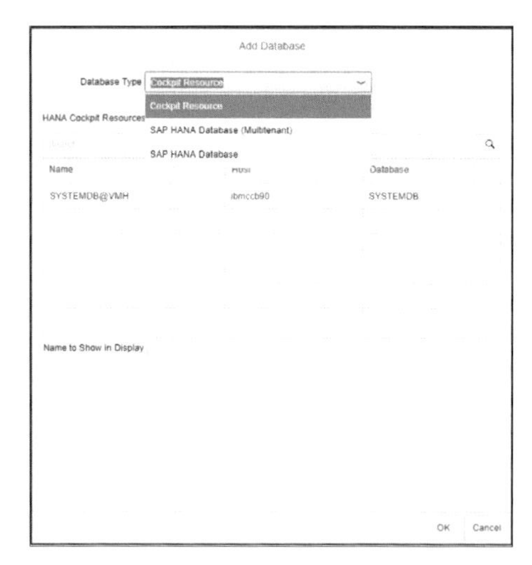

図 4-114.

このコンボボックスに表示されている3項目はそれぞれ以下の意味を持ちます

- Cockpit Resource：Cockpit Managerで登録した情報を利用してデータベースを登録します。
- SAP HANA Database (Multitenant)：マルチテナントデータベースコンテナー構成のSAP HANAデータベースを登録します。
- SAP HANA Database：シングルテナント構成のSAP HANAデータベースを登録します。

先ほど作成した「TESTDB1」を「SAP HANA Database (Multitenant)」で登録することにします。こちらを選択すると画面が変わります。

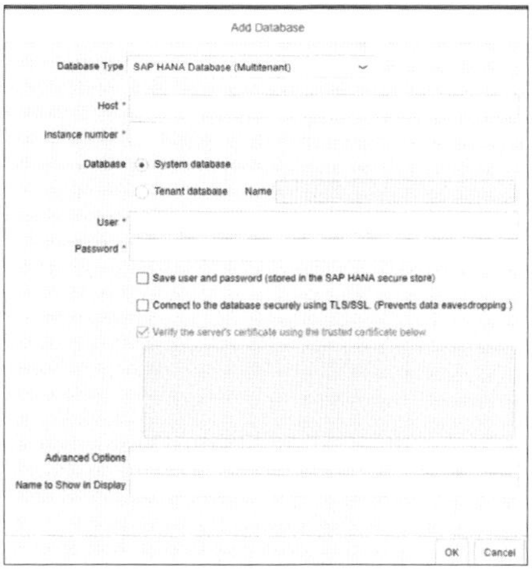

Add Database
Database Type SAP HANA Database (Multitenant)
Host *
Instance number *
Database System database
Tenant database Name
User *
Password *
Save user and password (stored in the SAP HANA secure store)
Connect to the database securely using TLS/SSL. (Prevents data eavesdropping.)
Verify the server's certificate using the trusted certificate below
Advanced Options
Name to Show in Display
OK Cancel

図 4-115.

この画面では以下の様に入力します。

Host : ibmccb90.ibm.com
Instance Number : 00
Database : Tenant databases を選択し、Name に TESTDB1
User:USER1
Password:USER11 作成時に指定したパスワード

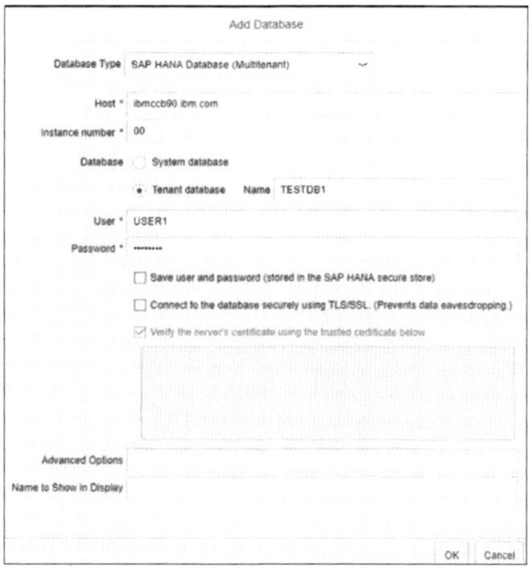

Add Database
Database Type SAP HANA Database (Multitenant)
Host * ibmccb90.ibm.com
Instance number * 00
Database System database
Tenant database Name TESTDB1
User * USER1
Password * ••••••••
Save user and password (stored in the SAP HANA secure store)
Connect to the database securely using TLS/SSL. (Prevents data eavesdropping.)
Verify the server's certificate using the trusted certificate below
Advanced Options
Name to Show in Display
OK Cancel

図 4-116.

入力後 OK ボタンをクリックすると TESTDB1 に接続されます。

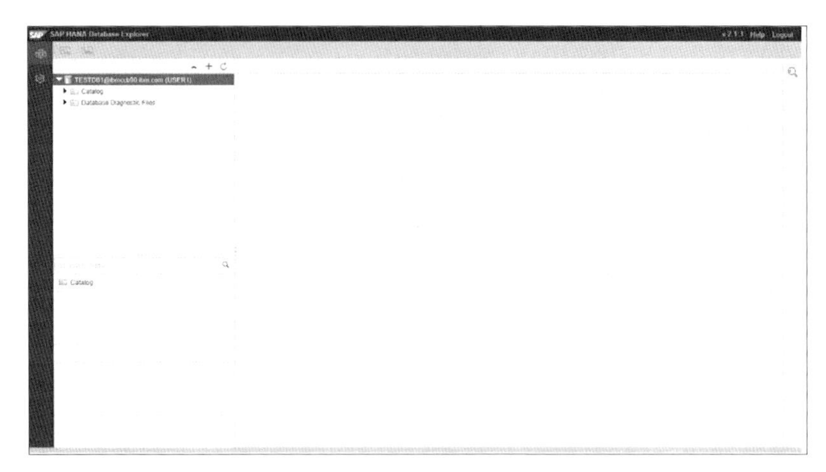

図 4-117.

これで SAP HANA studio と同様に左ペインのツリーの Catalog からスキーマを開き、テーブル一覧が表示されるようになりました。

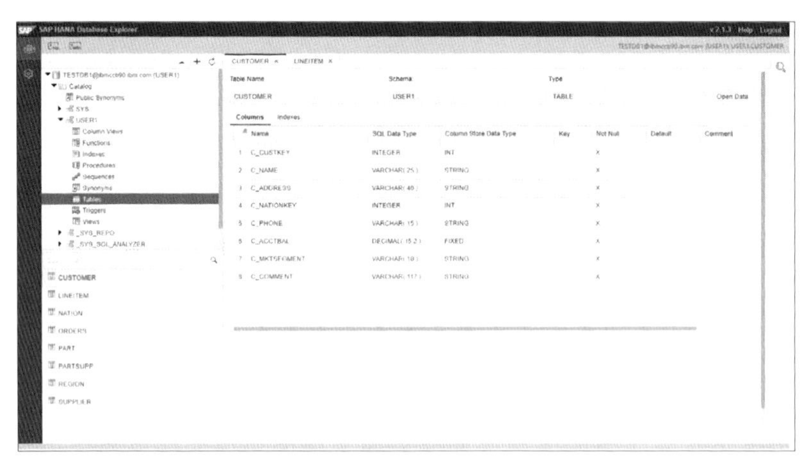

図 4-118.

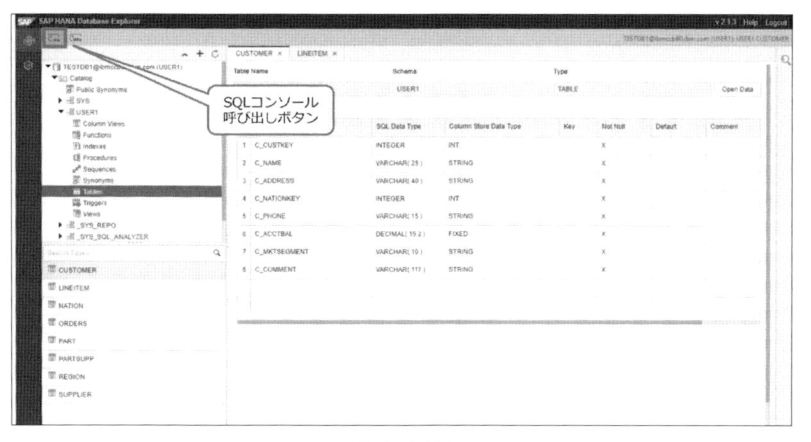

図 4-119.

SQLを実行したい場合は左ペインのツリーの上にあるSQLアイコンをクリックします。

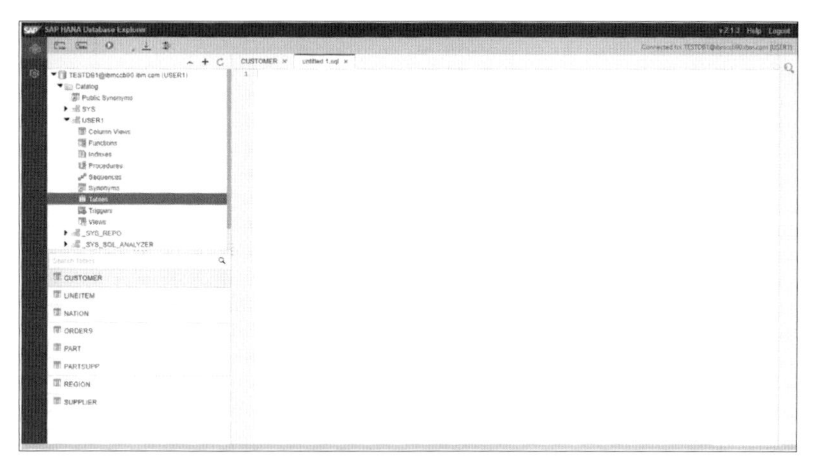

図 4-120.

SQL Consoleが表示されます。使い方はSAP HANA studioとほぼ同様で、右ペインにSQLを記述し、上部の緑の三角形ボタンをクリックすることで実行されます。

現時点ではSAP HANA studioと比較すると一部の機能がありませんが、ブラウザのみで実行できるという観点から有用です。こちらも覚えておくと便利です。

4-2 インフォメーションビューの作成

本節ではSAP HANA studioを使用してUSER1でインフォメーションビューを作成します。

作成に使用するテーブル、ならびにSAP HANA studioの接続設定は前節で作成したものを想定しています。前節の内容を参考にしてください。

4-2-1. 前準備

USER1がインフォメーションビューを作成するためには必要な権限を与える必要があります。SAP HANA studioで「TESTDB1@VMH(SYSTEM)」のツリーを「Security」の下の「User」まで展開し、「USER1」をダブルクリックします。

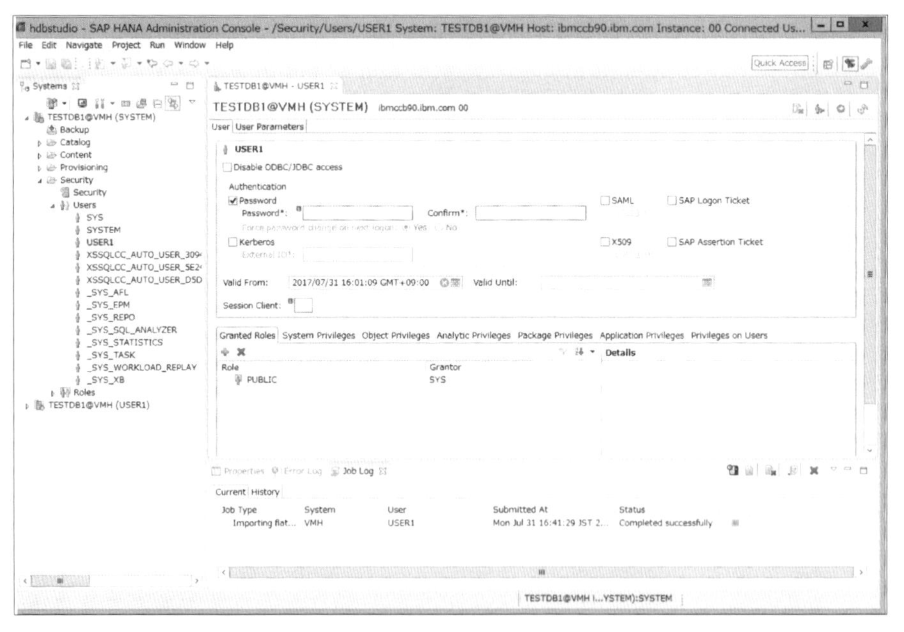

図 4-121.

まず、右ペイン画面下部で「Granted Roles」タブが選択されていることを確認してください。ダブルクリックした時点ではこのタブが開かれているはずです。

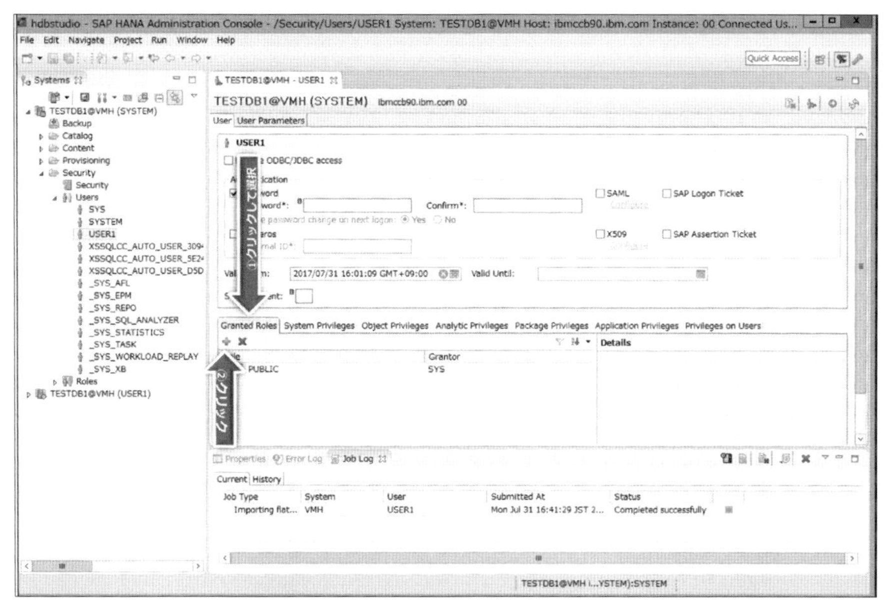

図 4-122.

このタブ内の「+」ボタンをクリックします。

表示されたダイアログから「MODELING」を選択します。数が多いので下記スクリーンショットの様に 「Enter search stringto find a role」のテキストボックスに何文字か入力して絞り込むと楽でしょう。

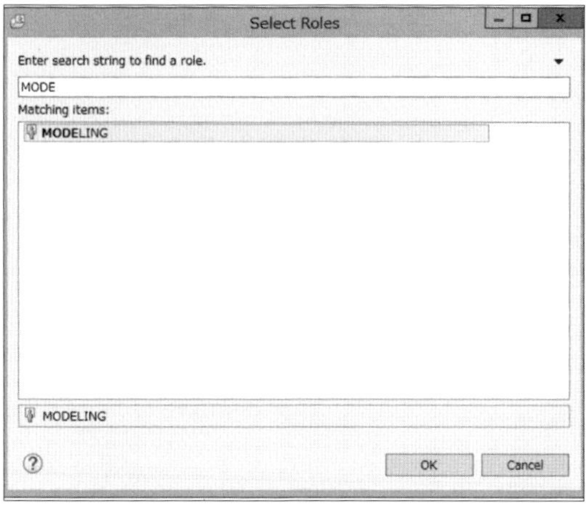

Select Roles
Enter search string to find a role.
MODE
Matching items:
MODELING
MODELING
OK Cancel

図 4-123.

「MODELING」を選択して「OK」ボタンをクリックします。

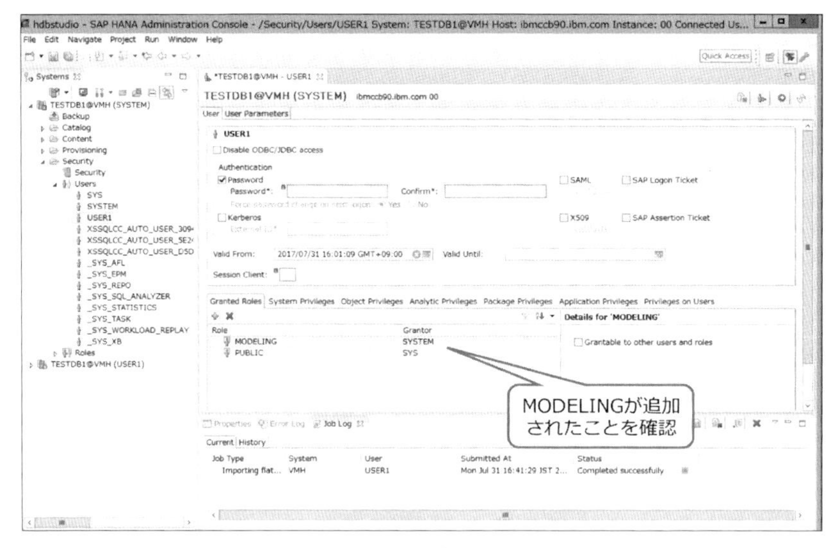

図 4-124.

次に右ペインの画面下部の「Object Privileges」タブをクリックします。

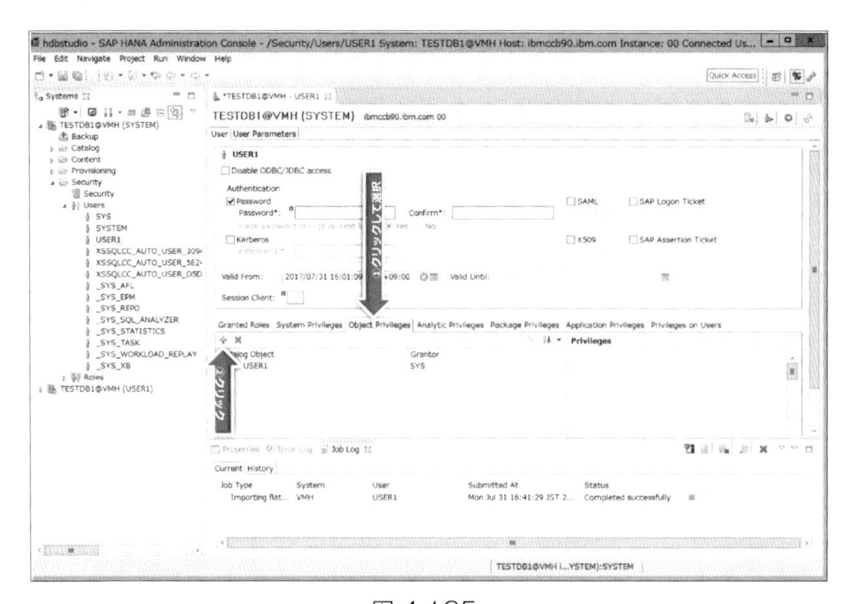

図 4-125.

「Object Privileges」内の「+」ボタンをクリックし、

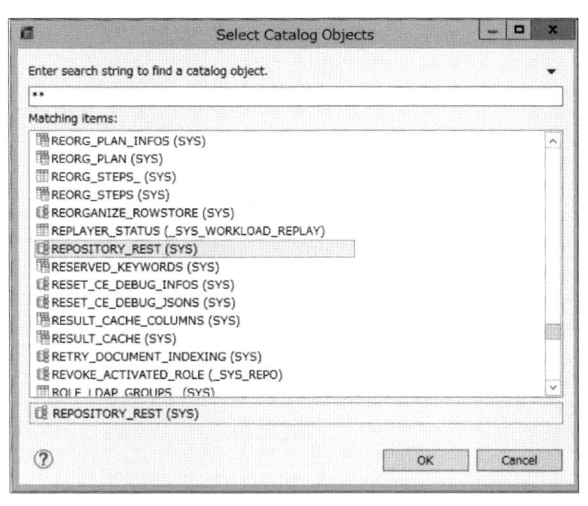

図 4-126.

表示されたダイアログから「REPOSITORY_REST（SYS)」を選択して「OK」ボタンをクリックします。

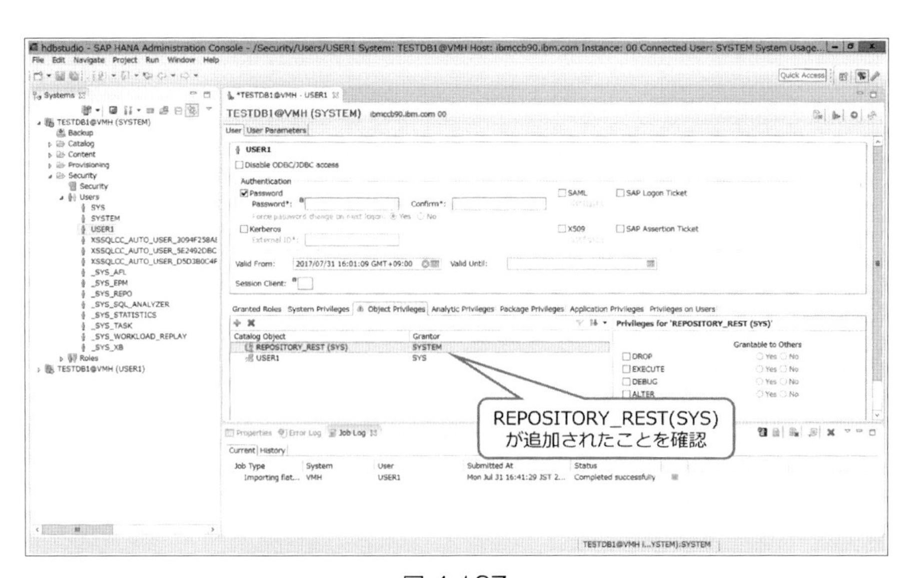

図 4-127.

右ペインの下にREPOSITORY_REST（SYS）が追加されています。これをクリックし、その右に表示されている「Privileges for REPOSITORY_REST（SYS)」の権限一覧で「EXECUTE」のチェックボックスにチェックを入れてください。

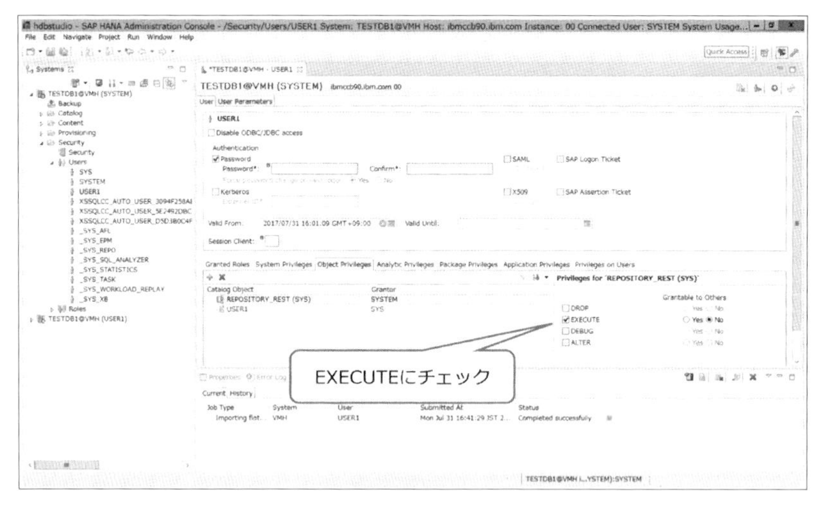

図 4-128.

続けて同じく「Object Privileges」タブで「+」ボタンをクリックします。

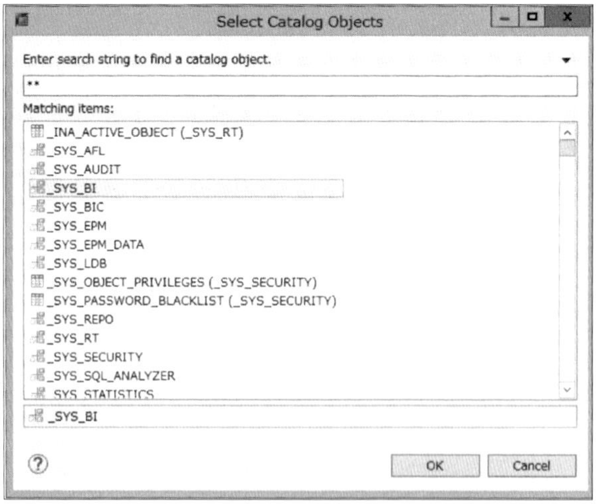

Select Catalog Objects

Enter search string to find a catalog object.

**

Matching items:

_INA_ACTIVE_OBJECT (_SYS_RT)
_SYS_AFL
_SYS_AUDIT
_SYS_BI
_SYS_BIC
_SYS_EPM
_SYS_EPM_DATA
_SYS_LDB
_SYS_OBJECT_PRIVILEGES (_SYS_SECURITY)
_SYS_PASSWORD_BLACKLIST (_SYS_SECURITY)
_SYS_REPO
_SYS_RT
_SYS_SECURITY
_SYS_SQL_ANALYZER
_SYS_STATISTICS

_SYS_BI

OK Cancel

図 4-129.

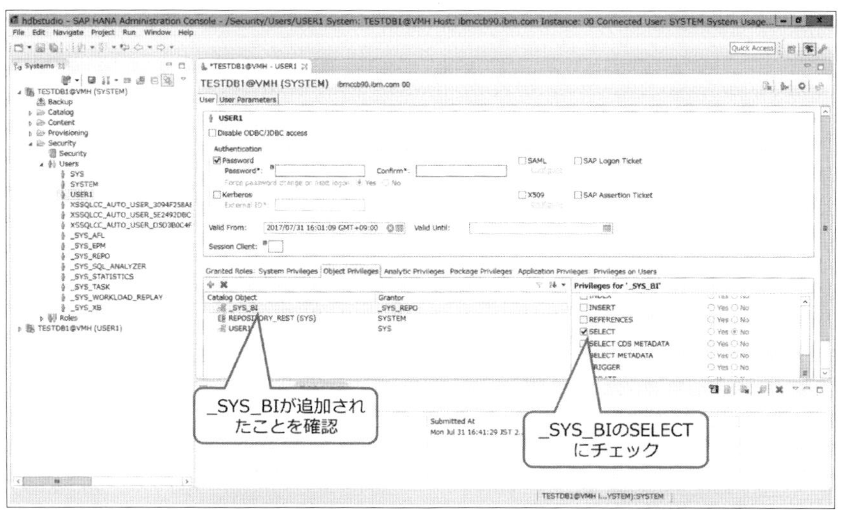

図 4-130.

「_SYS_BI」スキーマを追加してください。右側は「SELECT」のチェックボックスにチェックを入れます。続けて同じく「Object Privileges」タブで＋ボタンをクリックします。

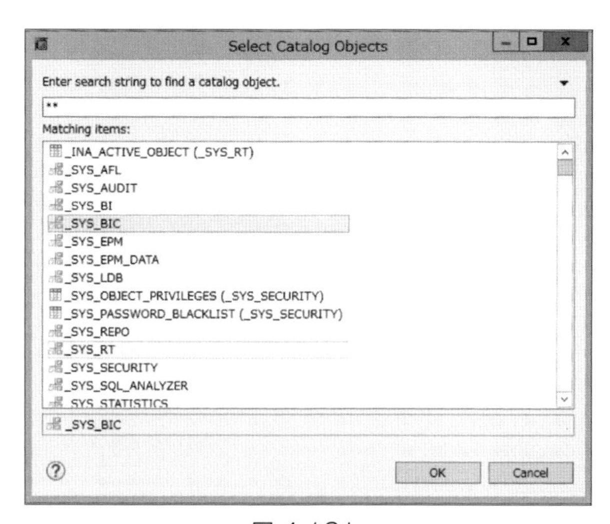

図 4-131.

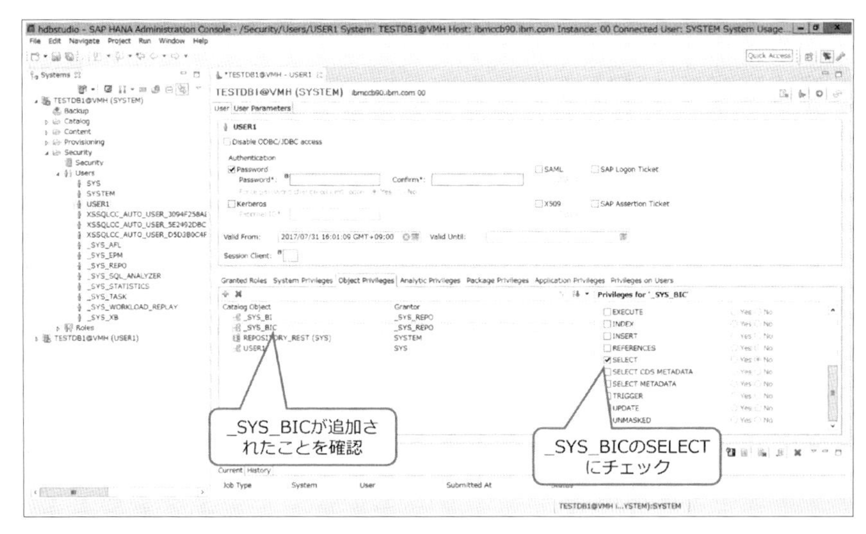

図 4-132.

「_SYS_BIC」スキーマを追加します。こちらも同様に「SELECT」のチェックボックスにチュチェックを入れます。

次に「Analytic Privileges」タブをクリックします。

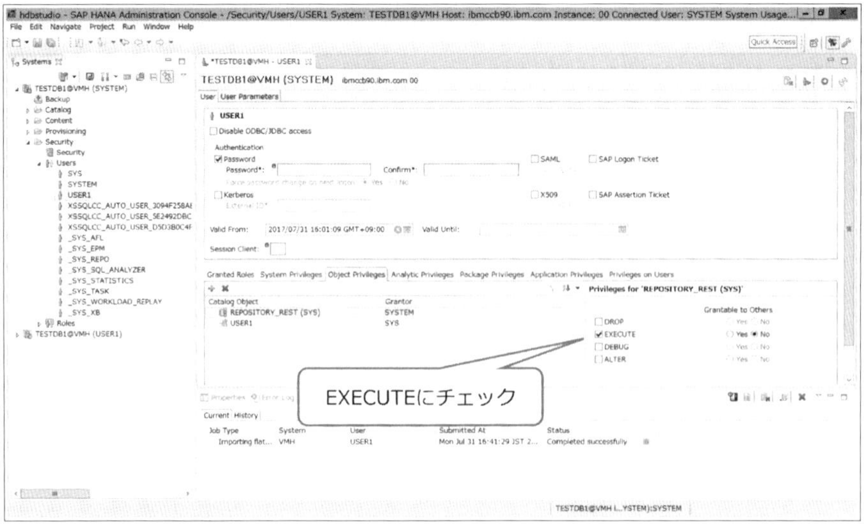

図 4-133.

タブ内の「＋」ボタンをクリックしてます。

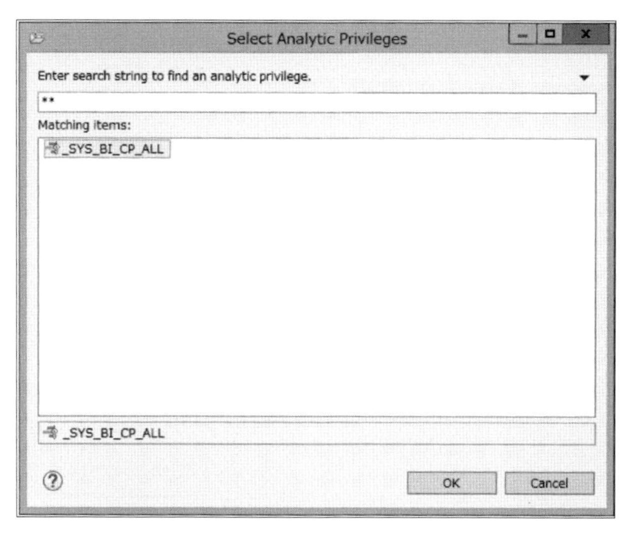

図 4-134.

表示されたダイアログで「_SYS_BI_CP_ALL」を選択して「OK」ボタンをクリックします。

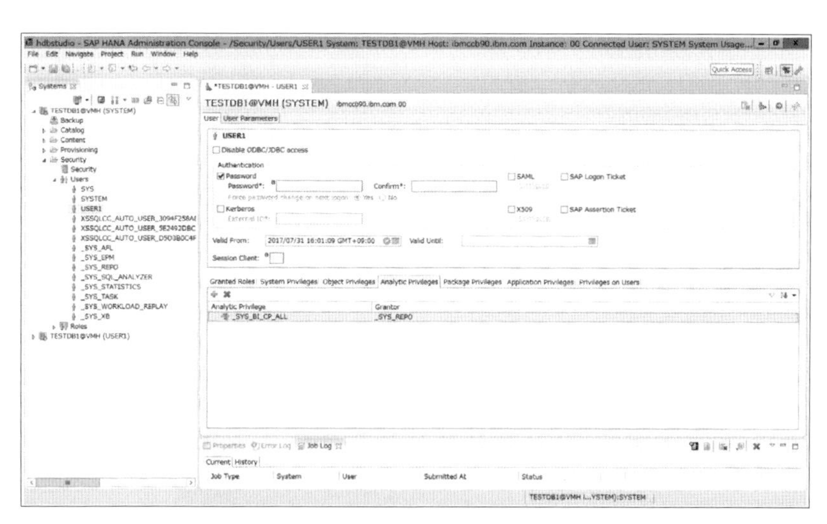

図 4-135.

次に「Package Privileges」タブをクリックします。

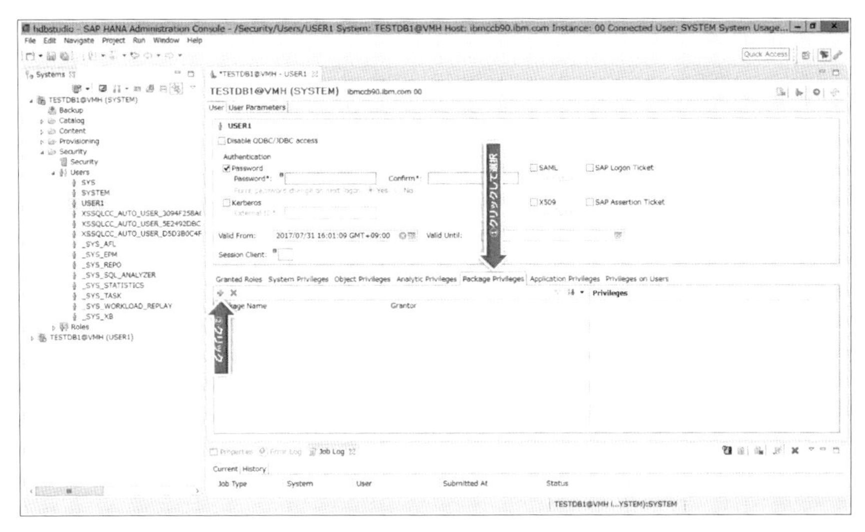

図 4-136.

同様に「+」ボタンをクリックします。

Select Repository Packages
Enter search string to find a package privilege.
ROOT
Matching items:
Root Package
Root Package
OK
Cancel

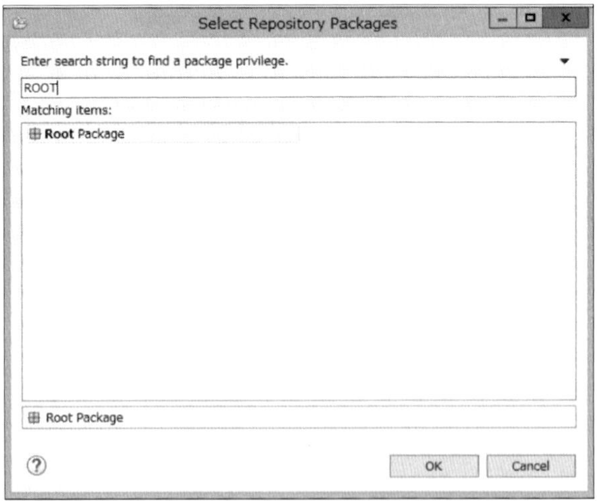

図 4-137.

表示されたダイアログで「ROOT Package」というパッケージを選択し、「OK ボタン」をクリックします。こちらはリストされる量が多いため上部の「Enter search string to find a package privilege」のテキストボックスに「ROOT」と入力して、絞り込みを行った上で選択するのが楽です。

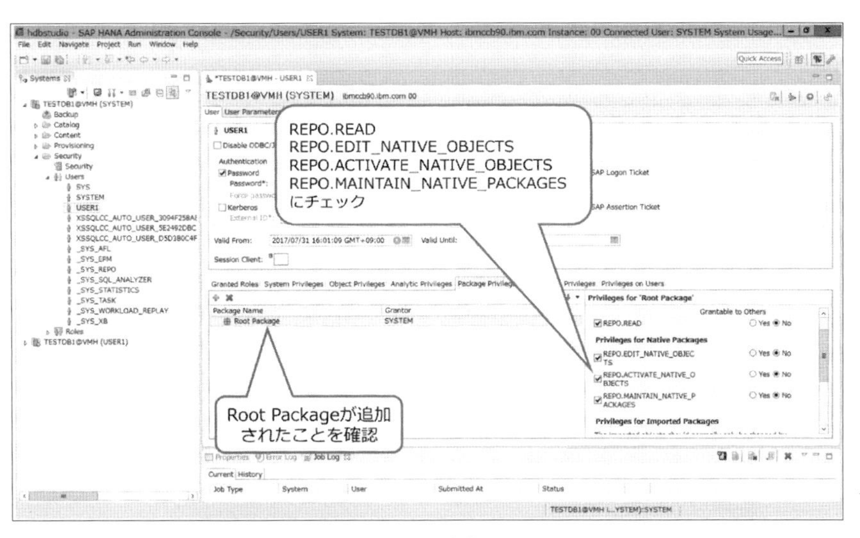

図 4-138.

先ほどと同様に右側のチェックボックスを変更する必要があります。以下の4項目にチェックを入れてください。

- REPO.READ
- REPO.EDIT_NATIVE_OBJECTS
- REPO.ACTIVATE_NATIVE_OBJECTS
- REPO.MAINTAIN_NATIVE_PACKAGES

これで右ペイン上部の実行ボタンをクリックし、設定を反映させます。

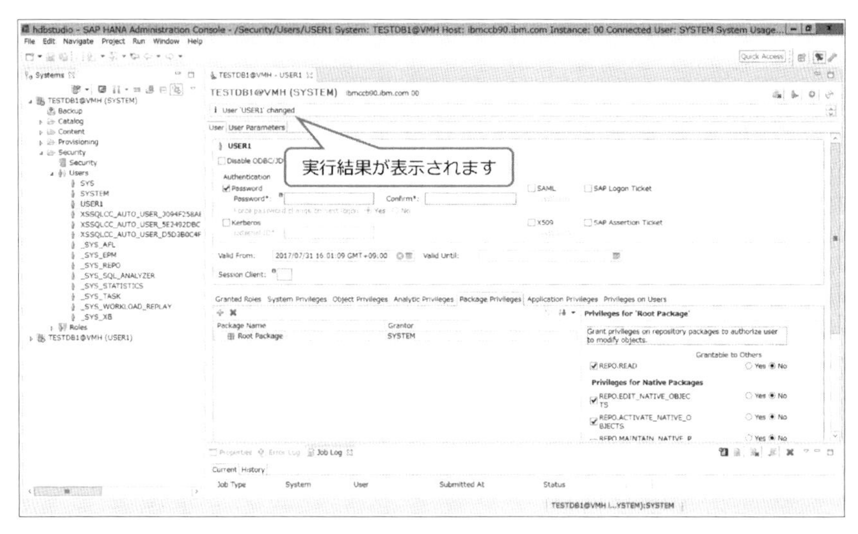

図 4-139.

「User ‘USER1’ changed」と表示されていることを確認してください。

次に「TESTDB1@VMH（USER1）」のツリーを Security の下の User まで展開し、「_SYS_REPO」をダブルクリックします。SYSTEM ではないことに注意してください。

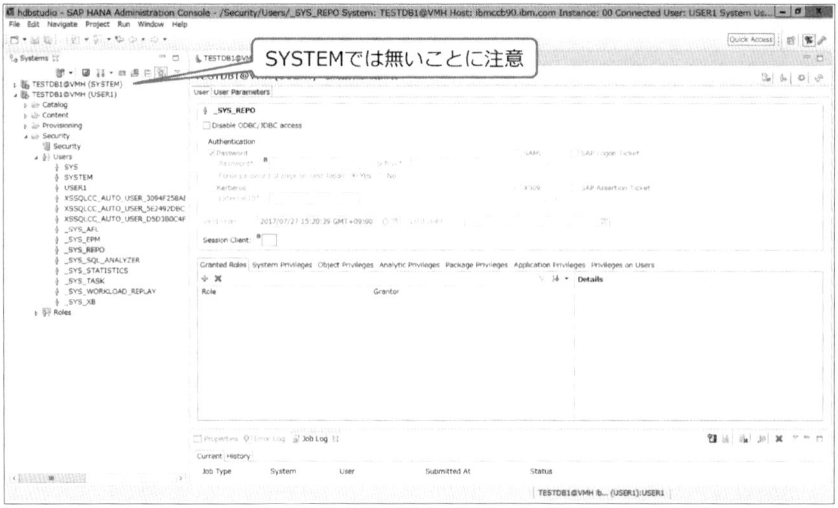

図 4-140.

右ペイン下部で「Object Privileges」タブをクリックします。

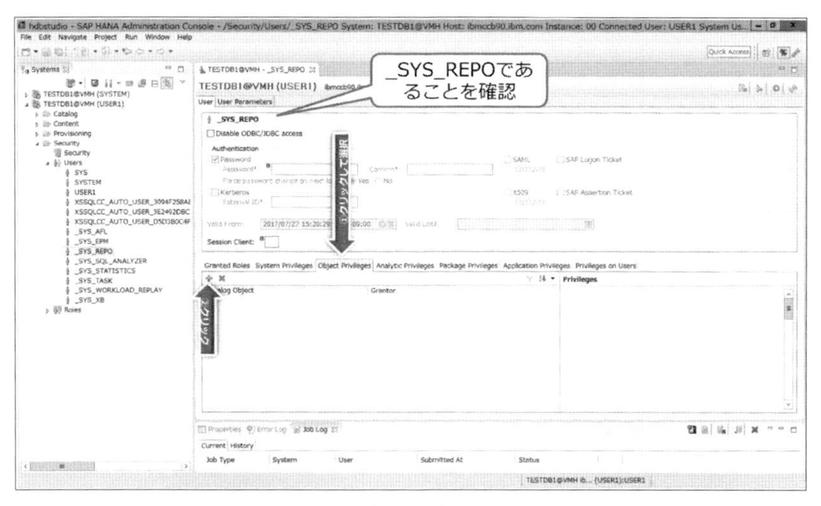

図 4-141.

「+」ボタンをクリックします。

表示されたダイアログでスキーマ「USER1」を選択します。こちらも数が多いので「Enter search string to find a catalog object」のテキストボックスに「USER1」と入力して絞り込みをすると簡単に選択できます。

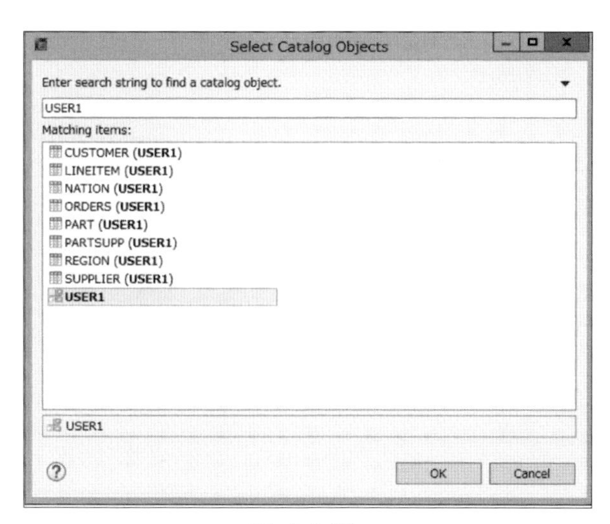

図 4-142.

「OK」ボタンをクリックします。

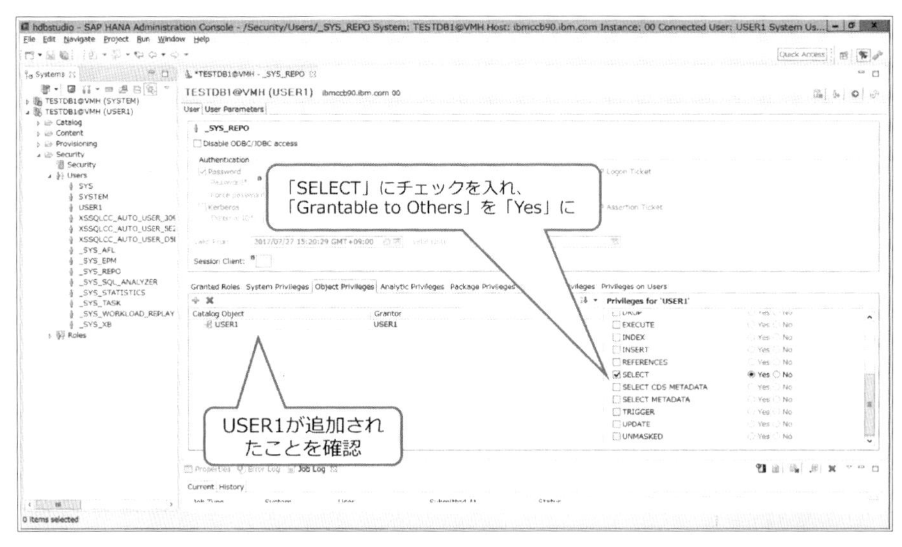

図 4-143.

右側のパネルで「SELECT」にチェックを入れ、「Grantable to Others」をYesに設定します。右ペイン上部実行ボタンをクリックし、設定を反映させます。

図 -144.

以上の作業でインフォメーションビューが作成できる権限がUSER1に付与されました。

上記作業はSAP HANA studio上でGUIによって操作しましたが、SQLの実行という方法でも行うことができます。以下の文を実行することで先に説明したSAP HANA studioでの設定と同義となります。実行するユーザーが違うことに注意が必要です。

SQLで実行する場合の同義コマンド
以下はSYSTEMユーザーで実行

```
GRANT MODELING TO "USER1";
GRANT SELECT ON SCHEMA "_SYS_BI" TO "USER1";
GRANT SELECT ON SCHEMA "_SYS_BIC" TO "USER1";
call GRANT_ACTIVATED_ANALYTICAL_PRIVILEGE（'_SYS_BI_CP_ALL','USER1'）;
GRANT EXECUTE ON "REPOSITORY_REST" TO "USER1";
GRANT REPO.READ ON ".REPO_PACKAGE_ROOT" TO "USER1";
GRANT REPO.EDIT_NATIVE_OBJECTS ON ".REPO_PACKAGE_ROOT"
TO "USER1";
GRANT REPO.ACTIVATE_NATIVE_OBJECTS ON ".REPO_PACKAGE_ROOT"
TO "USER1";
GRANT REPO.MAINTAIN_NATIVE_PACKAGES ON ".REPO_PACKAGE_ROOT"
TO "USER1";
```

＊ GUIで選択した“Root Package”の本当の名前は".REPO_PACKAGE_ROOT"です。

以下はUSER1ユーザーで実行

```
GRANT SELECT ON SCHEMA “USER1” TO "_SYS_REPO" WITH GRANT OPTION;
```

4-2-2. 作成するインフォメーションビュー

今回作成するインフォメーションビューはLINE_ITEMテーブルとORDERSテーブルをジョインしたものをファクトテーブルとし、CUSTOMERテーブルとNATIONテーブル、REGIONテーブルをジョインしたものとPARTテーブルをディメンションテーブルとしたスタースキーマ構造です。LINE_ITEM テーブルと ORDER テーブルにあるパーツの出荷個数データを顧客別、国別、地域別、さらにはパーツ別に分析できるようするというものです。全体構成としては下図の様になります。

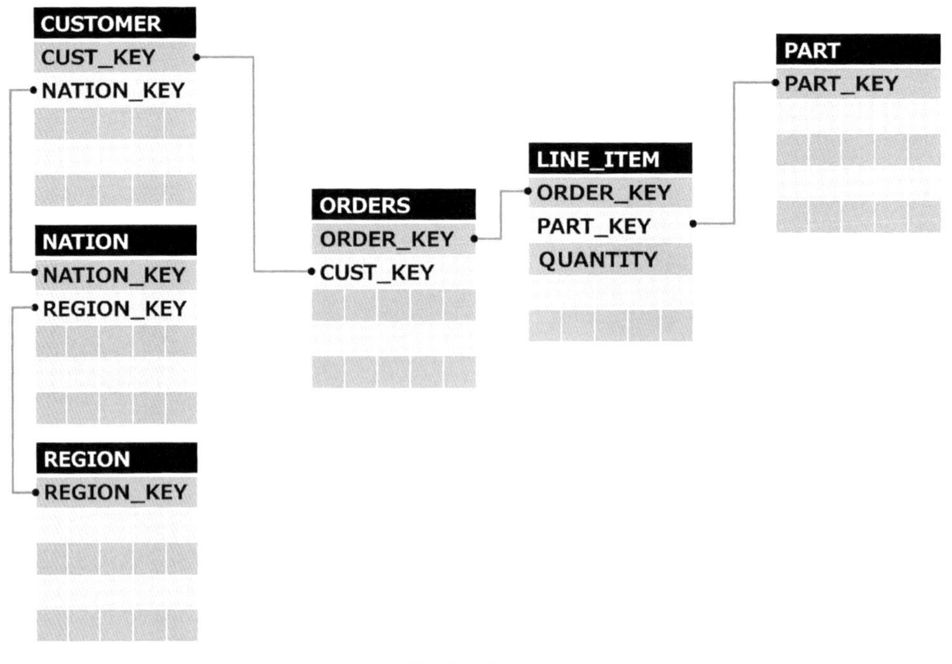

図 4-145.

4-2-3. 作成

4-2-3-1　パッケージの作成

インフォメーションビューを作成する際には事前にそのビューを所属させるパッケージを作成しておいた方がよいでしょう。パッケージはインフォメーションビューやプロシージャをひとまとめにしたグループであり、パッケージの単位で他の SAP HANA 環境に対してもエクスポートやインポートが可能です。今回の例では「TEST」という名称のパッケージを作成することにします。

SAP HANA studio で「TESTDB1@VMH（USER1）」のツリーを展開し、

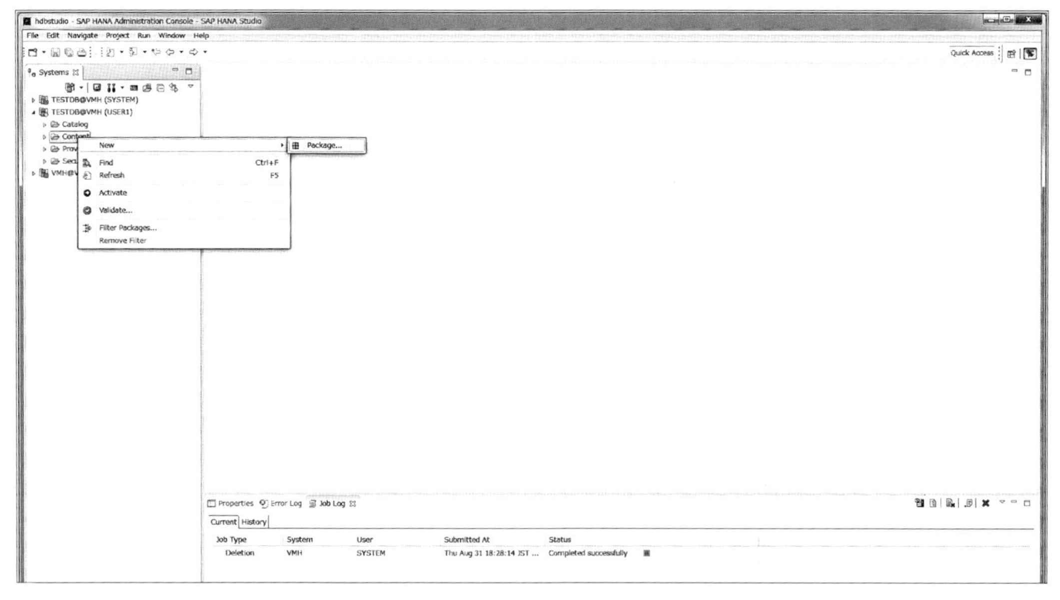

図 4-146.

「Content」で右クリックして表示されたメニューで「New」→「Package」を選択します。

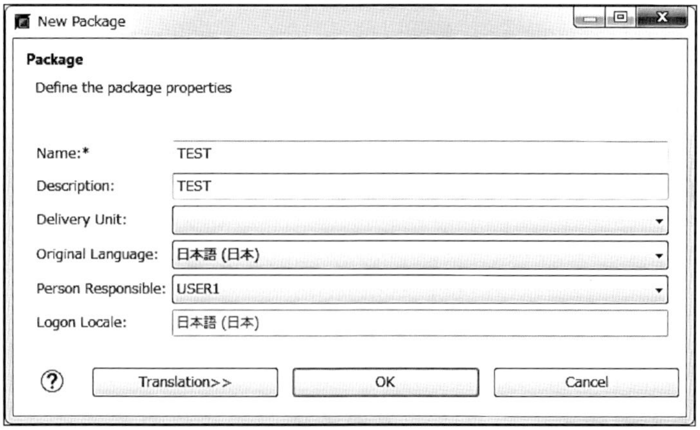

New Package
Package
Define the package properties
Name:* TEST
Description: TEST
Delivery Unit:
Original Language: 日本語 (日本)
Person Responsible: USER1
Logon Locale: 日本語 (日本)
Translation>> OK Cancel

図 4-147.

表示されたダイアログで、Nameとして「TEST」を入力し「OK」ボタンをクリックします。

図 4-148.

これでパッケージ「TEST」が作成されました。

4-2-3-2. ディメンションとしてのカリキュレーションビューの作成

次にCUSTOMERテーブル、NATIONテーブル、REGIONテーブルをジョインしたビューを作成します。このようなディメンションテーブル、あるいはそれをジョインしてディメンションテーブルとして用いるものはカリキュレーションビューでディメンションデータとして定義する必要があります。インフォメーションビューはファクトテーブルに対してディメンションテーブルを結合するという形を取ることが多いので、ディメンションデータとしてのカリキュレーションビューを先に作成しておきます。

先ほど作成したパッケージ「TEST」で右クリックします。

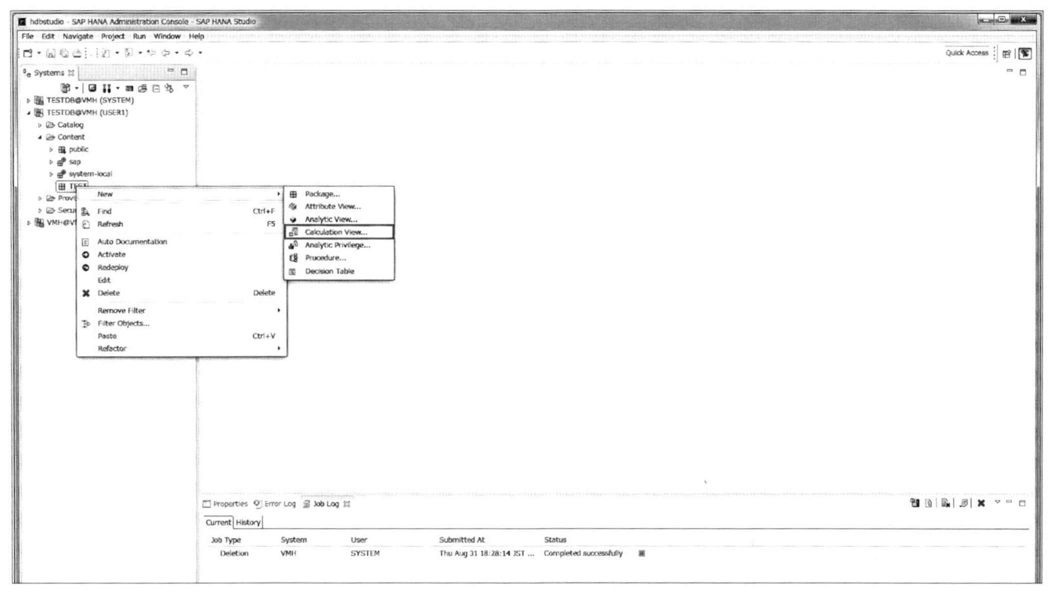

図 4-149.

表示されたメニューで「New」→「Calculation View」をクリックします。
表示されたダイアログの「Name」にこのディメンションビューの名前を入力します。

New Information View
Create an Information View
Select the required view type and enter the details
Name:* CUSTOMER_INFO
Label: CUSTOMER_INFO
Package:* TEST Browse...
View Type: Calculation View
Copy From: Browse...
Subtype: Standard
Calculation View
Type: Graphical
Data Category: DIMENSION With Star Join
Note: If you set the Data Category as Dimension, the default node is Projection.
DIMENSIONを選択
Finish Cancel

図 4-150.

Customer テーブルを中心としたものですので「CUSTOMER_INFO」という名前にすることにします。今回の例では次の様に入力します。

Name：CUSTOMER_INFO
Label：任意、なしでも可
Package：TEST
View Type：Calculation View
Copy From：チェックなし
Subtype：Standard
Calculation View
　Type：Graphical
　Data Category：DIMENSION

入力内容を確認して「Finish」ボタンをクリックします。
右ペインがインフォメーションビュー作成画面に変わります。

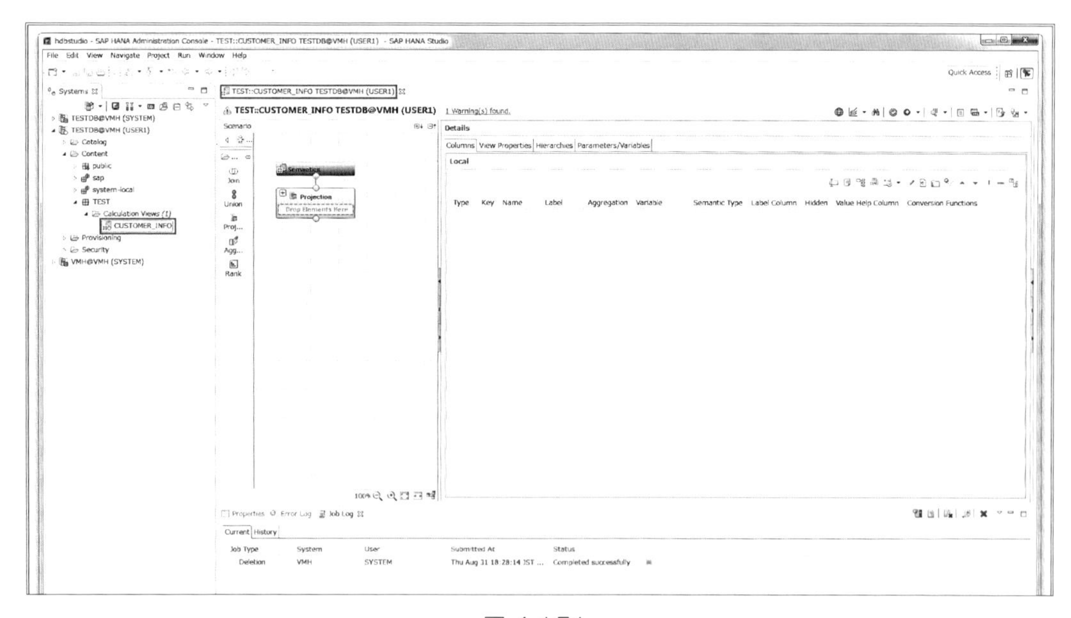

図 4-151.

カリキュレーションビューの作成は、まず作成画面の「Scenario」にノードを配置してビューの結果セットを得るためのフローを作成します。ノードには「Join」、「Union」、「Projection」、

「Aggregation」、「Rank」などがあります。フロー内の各ノードを選択すると、作成画面右側の「Details」に専用のエディターが現れ設定が可能になります。

CUSTOMER_INFOビューは、CUSTOMERテーブル、NATIONテーブル、REGIONテーブルをジョインしますので、まずNATIONテーブルとREGIONテーブルのジョインを定義します。

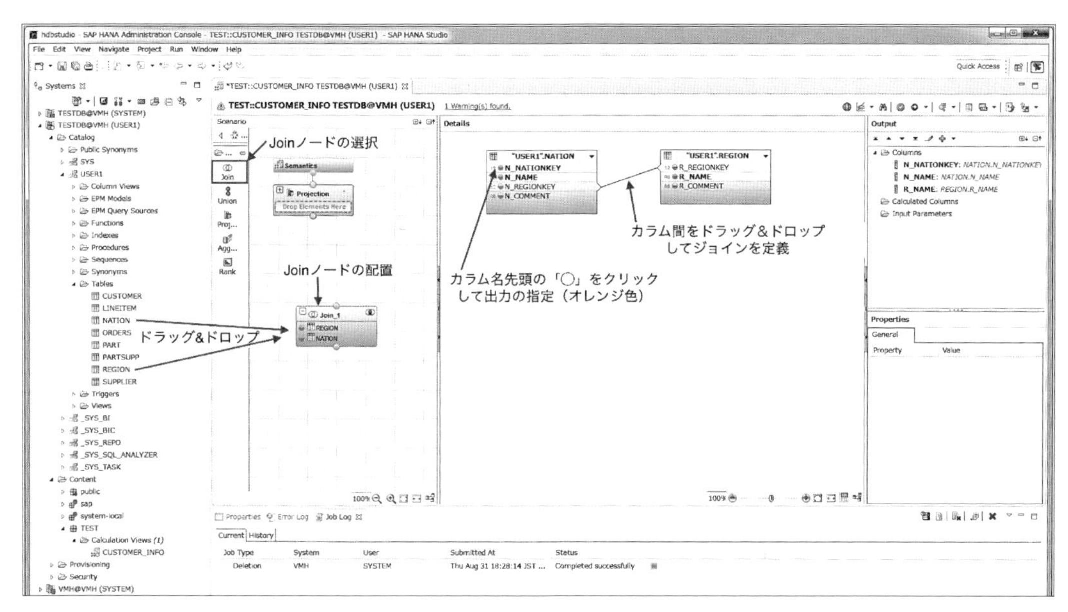

図 4-152.

Joinノードを配置するために、「Scenario」の「Palette」で「Join」ノードを選択し、フロー描画のスペースをクリックします。デフォルトで「Join_1」と命名されたノードが配置されます。次に、Join_1に配置するテーブルを選ぶために左ペインツリーの「Catalog」→「USER1」→「Tables」と展開し、NATIONテーブルとREGIONテーブルをJoinノードにドラッグ&ドロップします。

自動的に「Details」に2テーブルが表示されます。NATIONテーブルのN_REGIONKEYカラムをREGIONテーブルのR_REGIONKEYカラムにドロップ&ドロップしてジョインを定義します。

次に、Join_1の出力項目を決めます。必要なカラムは、先頭の○アイコンをクリックすることにより定義します。出力カラムの○アイコンはオレンジ色になります。出力項目は、次のノードで使用するジョインキーも含めて以下のようになります。

NATION テーブル：
N_NATIONKEY
N_NAME
REGION テーブル：
R_NAME

次に、CUSTOMER テーブルと join_1 の出力とのジョインを定義します。

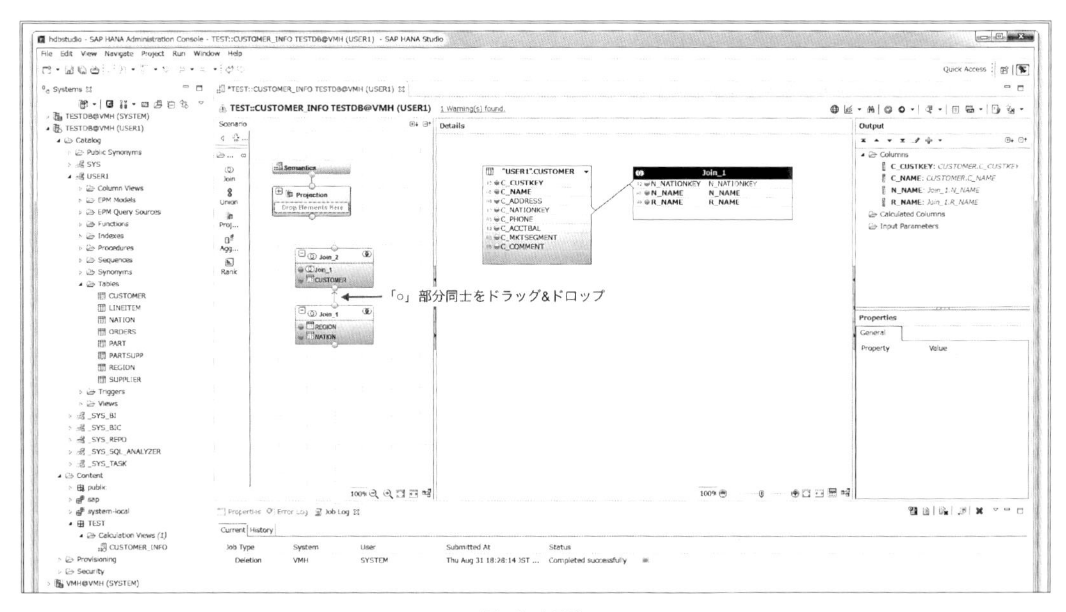

図 4-153.

「Scenario」内のフローの最上位にある「Semantics」をクリックします。すると、作成画面右側の「Details」に前ノードの Projection から出力された、４つのカラムとその付帯情報がグリッド形式で表示されます。

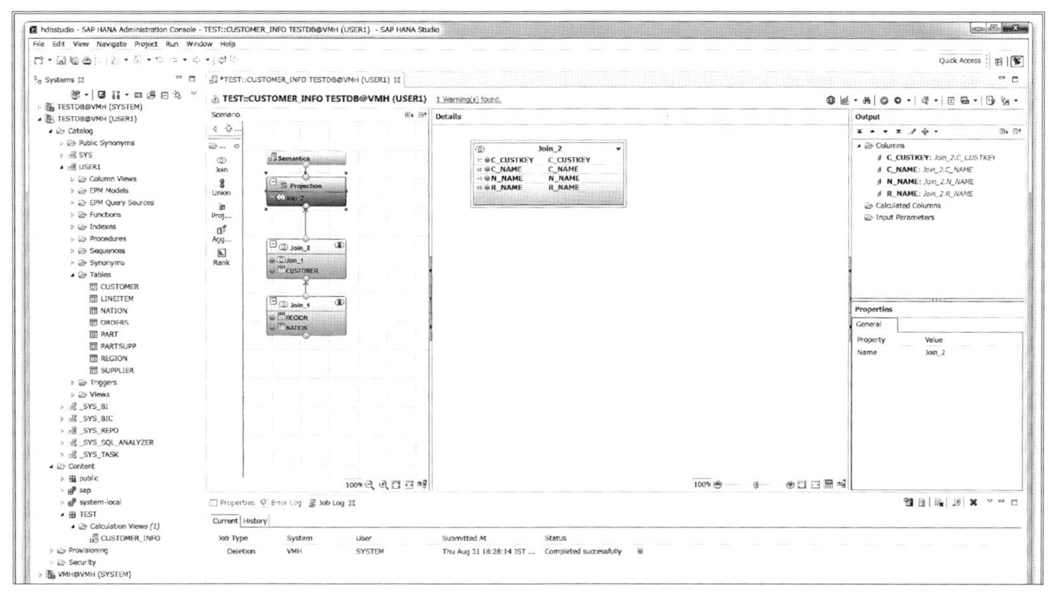

図 4-154.

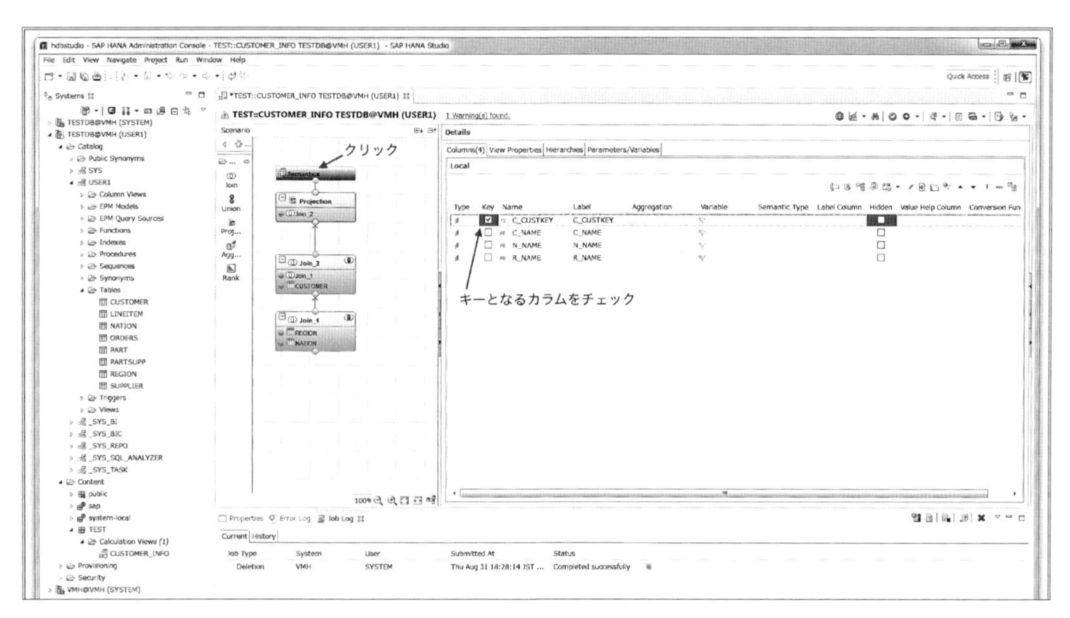

図 4-155.

「Scenario」内のフローの最上位にある「Semantics」をクリックします。すると、作成画面右側の「Details」に前ノードのProjectionから出力された、4つのカラムとその付帯情報がグリッド形式で表示されます。

キーとなるカラムはC_CUSTKEYです。この行の「KEY」カラムのチェックボックスにチェックを入れます。

これで右ペイン上部実行ボタンをクリックし、このカリキュレーションビューのビルドを行います。下部の「Job Log」でエラーが出ていないことを確認してください。

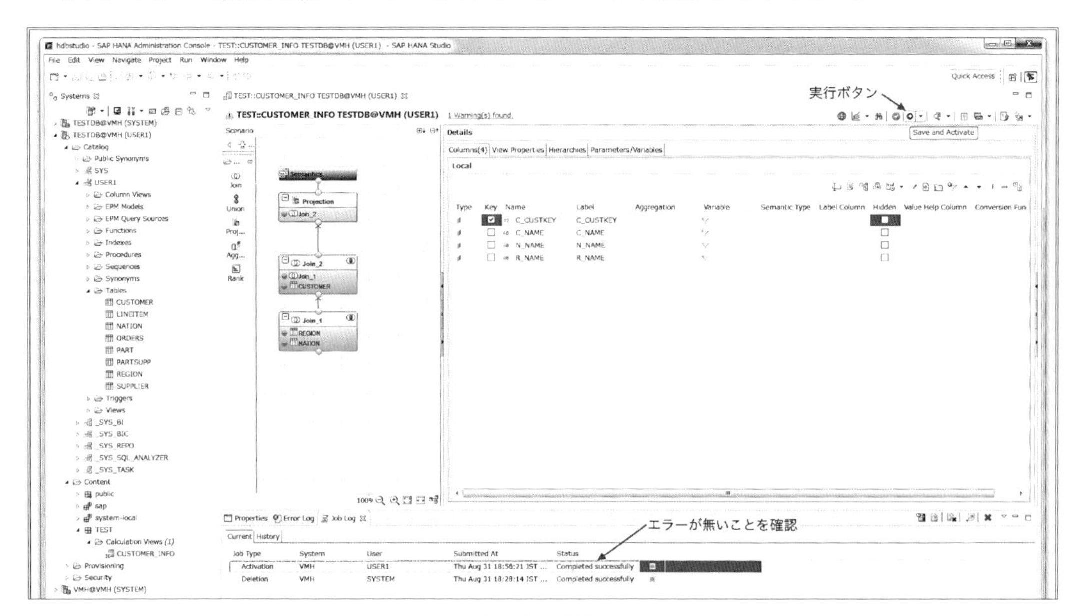

図 4-156.

次にもう一つのPARTテーブルもカリキュレーションビューにします。これは1つのテーブルでジョインする必要はないのですが、ディメンションとしてのカリキュレーションビューにしないとディメンションテーブルとして使用できません。

CUSTOMER_INFOビューを作成したときと同様にパッケージ「TEST」のコンテキストメニューで「New」→「Calculation View」をクリックします。

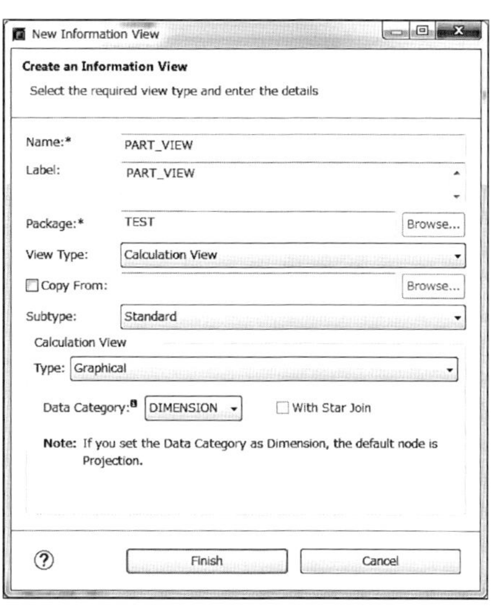

図 4-157.

ビューの名称は「PART_VIEW」とします。他の入力、設定値は以下の通りです。

Name：PART_VIEW
Label：任意、なしでも可
Package：TEST
View Type：Attribute View
Copy From：チェックなし
Subtype：Standard
Calculation View
　Type：Graphical
　Data Category：DIMENSION

入力が完了したら「Finish」ボタンをクリックします。

右ペインがインフォメーションビュー作成画面に変わります。
右ペインの「Scenario」内のフローのProjectionノードに左ペインからPARTテーブルをドラッグ&ドロップします。

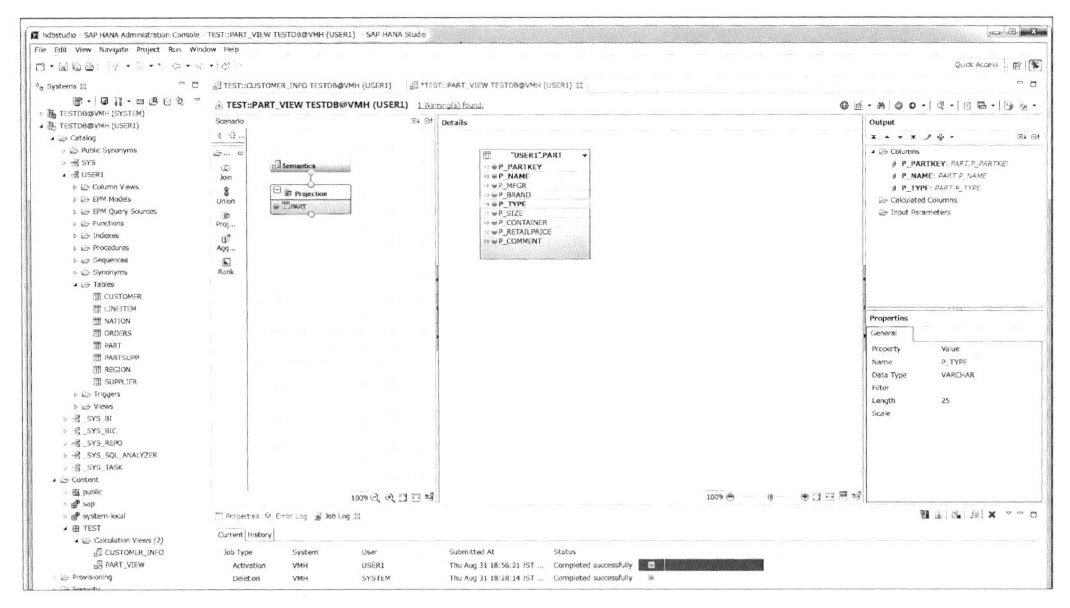

図 4-158.

このビューでは結合は行いませんので、右ペイン「Detail」内に表示されたテーブルで出力対象カラムを選択します。結合を行うためのP_PARTKEY、パーツ名称のP_NAME、タイプ別でも分析できるようにP_TYPEを出力カラムとすることにします。

PARTテーブル：
P_PARTKEY
P_NAME
P_TYPE

次に右ペイン「Scenario」内の「Semantics」をクリックし、キーを指定します。

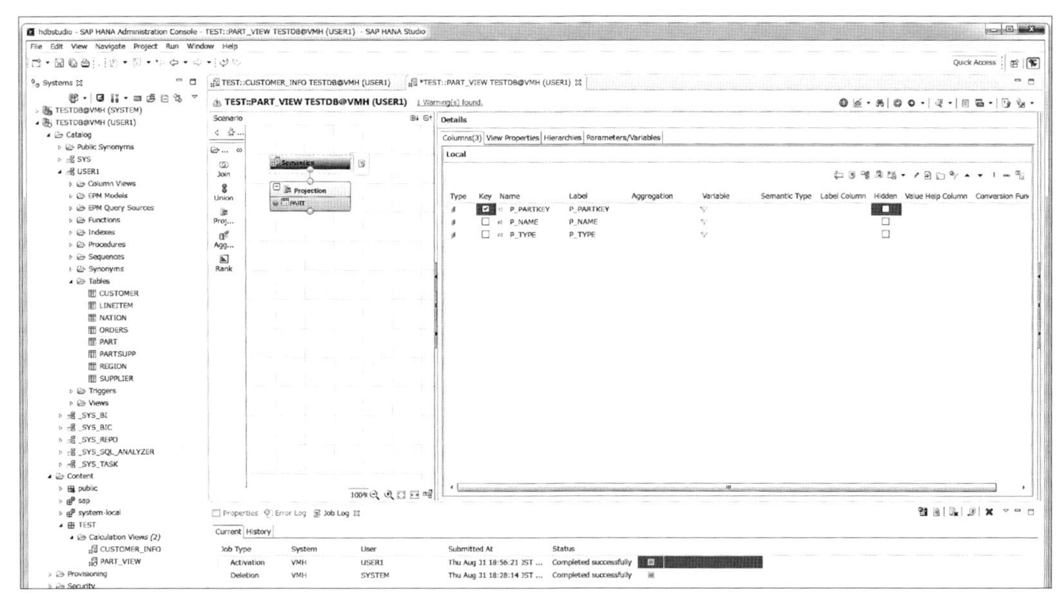

図 4-159.

キーはP_PARTKEYです。P_PARTKEYの行のKEYカラムにチェックを入れます。右ペイン上部の実行ボタンをクリックし、このカリキュレーションビューのビルドを行います。

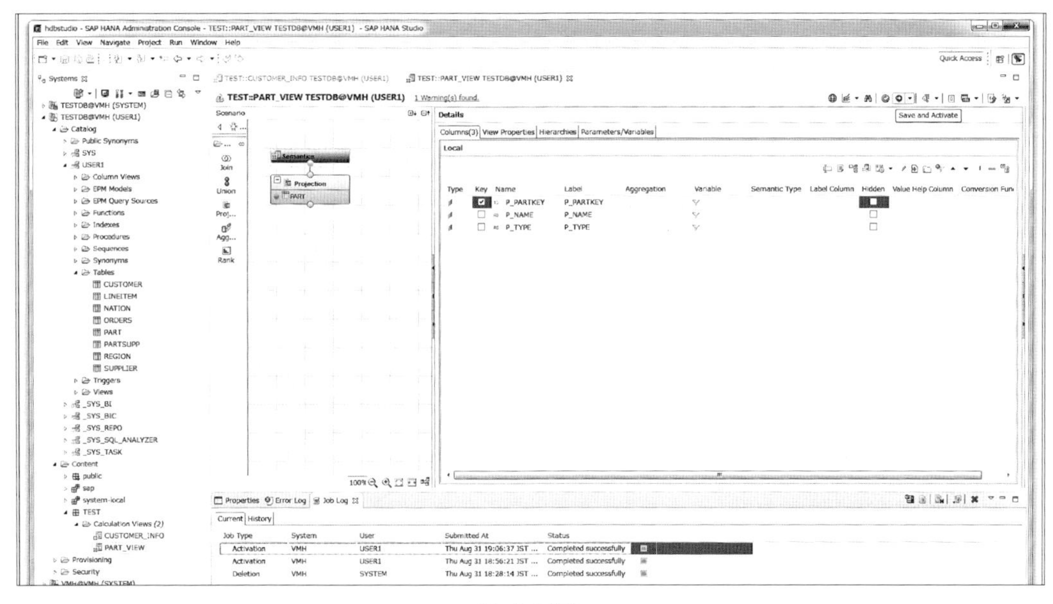

図 4-160.

下部の「Job Log」でエラーが出ていないことを確認してください。

4-2-3-3. キューブとしてのカリキュレーションビューの作成

最後にLINEITEMテーブルとORDERSテーブルを結合したファクトテーブルを作り、それに先ほど作成したインフォメーションビュー「CUSTOMER_INFO」「PART_VIEW」を結合するカリキュレーションビューを作成します。

CUSTOMER_INFOを作成したときと同様にパッケージ「TEST」の「New」>「Calculation View」を選択します。

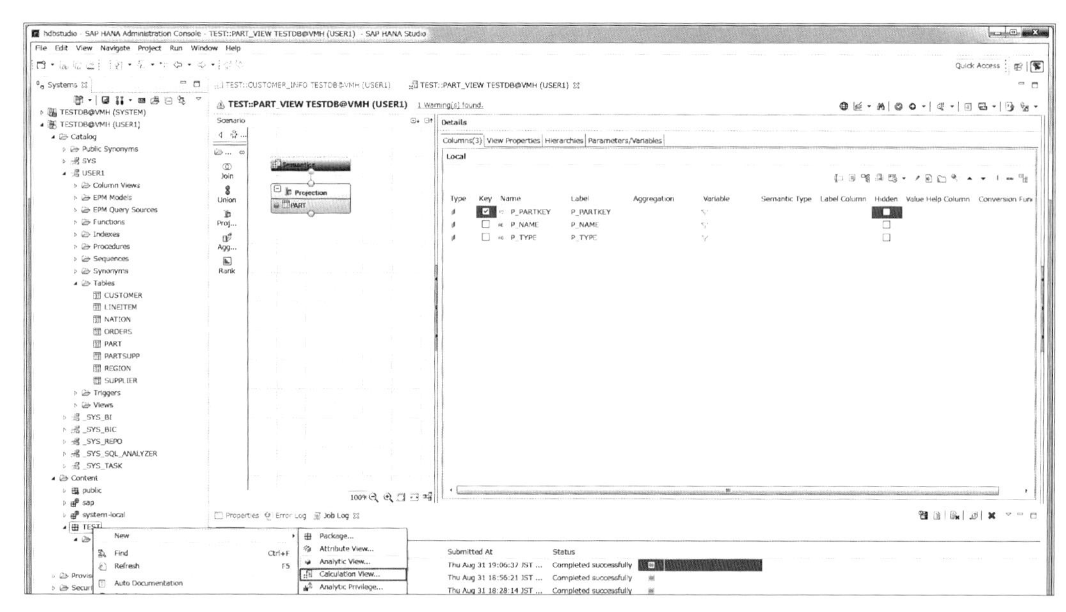

図4-161.

表示されたダイアログでこのカリキュレーションビューの名称をNameに入力します。このビューは「CUST_ORDER」という名称にします。

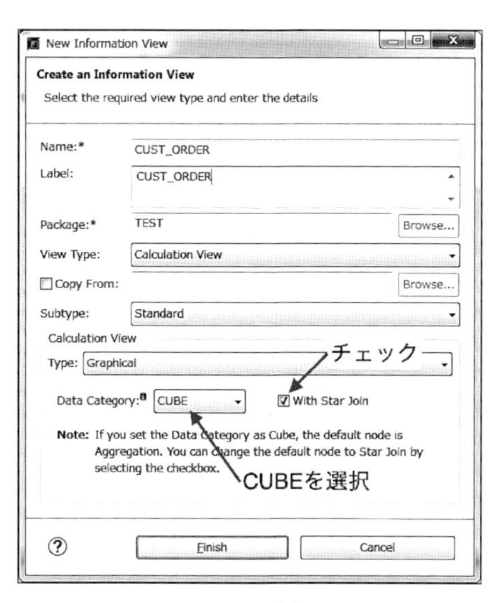

図 4-162.

Name：CUST_ORDER
Label：任意、なしでも可
Package：TEST
View Type：Calculation View
Copy From：チェックなし
Subtype：空白（デフォルトのまま）
Calculation View
　Type：Graphical
　Data Category：CUBE

入力が完了したら「Finish」ボタンをクリックします。

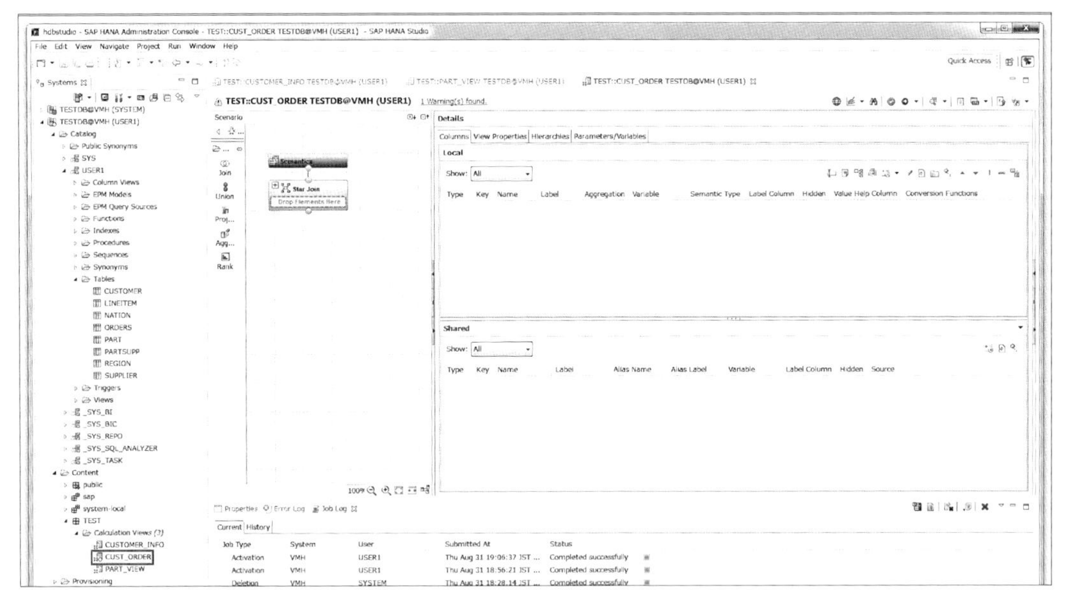

図 4-163.

ファクトテーブルは、Star Join ノードに直接取り込むのではなく、Projection ノード、Join ノードなどの出力結果として取り込む必要があります。ここでは LINEITEM テーブルと ORDERS テーブルの 2 テーブルからファクトテーブルを作るので、Join ノードを介することにします。

「Scenario」の「Palette」で「Join」ノードを選択し、フロー描画のスペースをクリックすると「Join_1」と命名されたノードが配置されます。

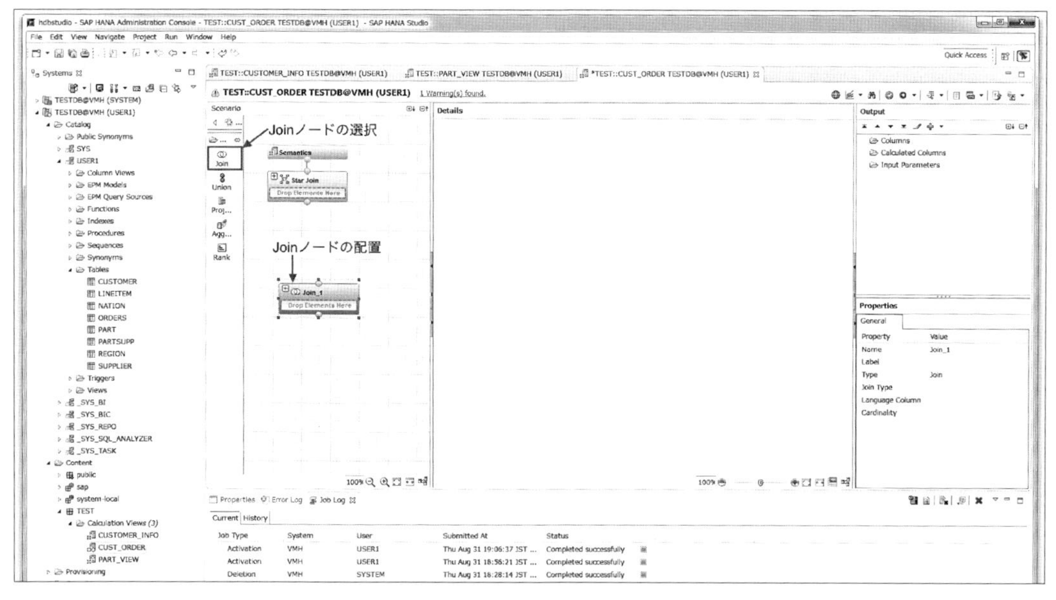

図 4-164.

左ペインのツリーからLINEITEMテーブルとORDERSテーブルを右ペインの「Scenario」内の「フローのJoin_1」にドラッグ&ドロップします。

この2つのテーブルはORDERKEYカラムで結合します。LINE_ITEMテーブルのL_ORDERKEYカラムをクリックしドラッグして、そのままORDERSテーブルのO_ORDERKEYカラムでドロップして結合します。

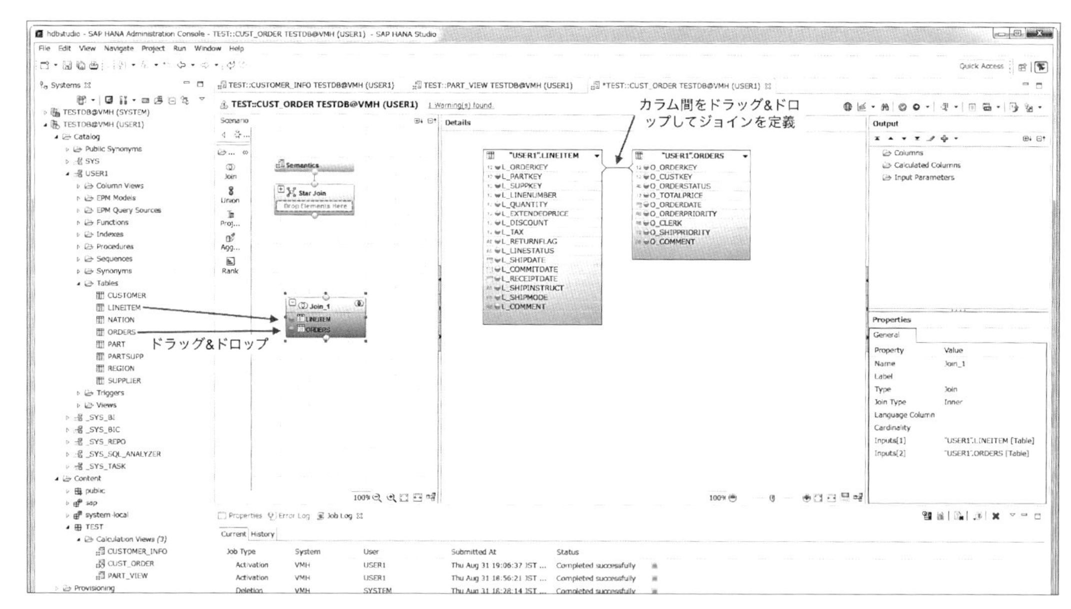

図 4-165.

次に右ペイン「Details」で出力対象のカラムにチェックを入れます。結合用のカラムと分析対象となるL_QUANTITYカラムにチェックを入れます。以下のカラムにチェックを入れることにします。

LINE_ITEM テーブル：
L_ORDERKEY
L_PARTKEY
L_QUANTITY
ORDERS テーブル：
O_CUSTKEY

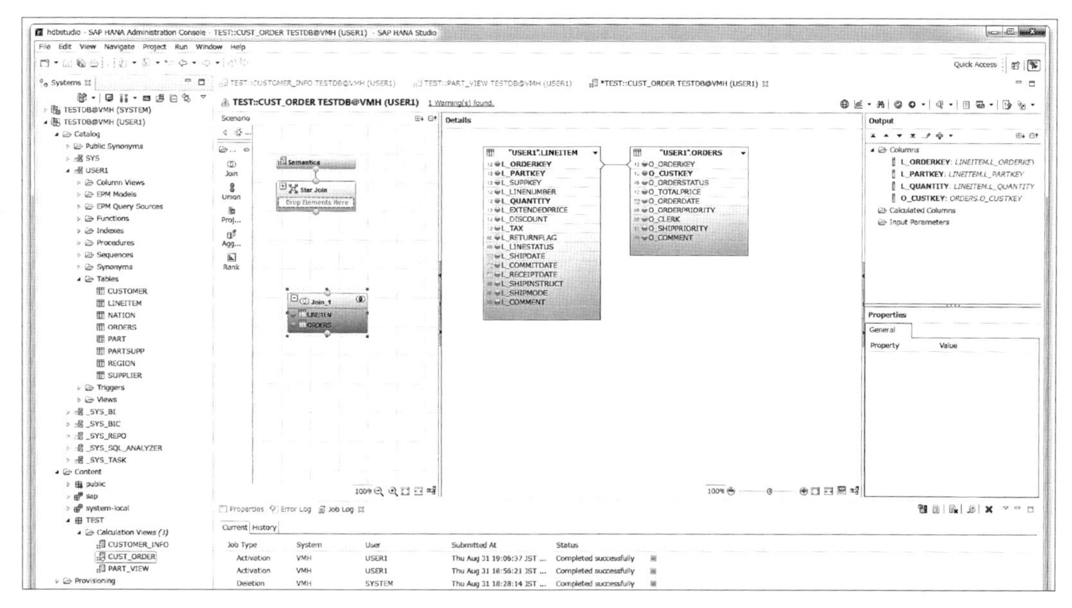

図 4-166.

次に「Star join」ノードの設定を行います。ここで行うことは、「join_1」で出力されたファクトテーブルと作成済みのCUSTOMER_INFOビューとPART_VIEWビューを結合して、顧客情報と部品情報の2つを軸とするキューブを定義することです。

まず、「Join_1」の終端を「Star Join」の始端に接続します。

次に、左ペインのTESTパッケージ以下の「Calculation Views」を展開し、先に作成した「CUSTOMER_INFO」、「PART_VIEW」の2つのビューを「Star Join」にドラッグ&ドロップします。

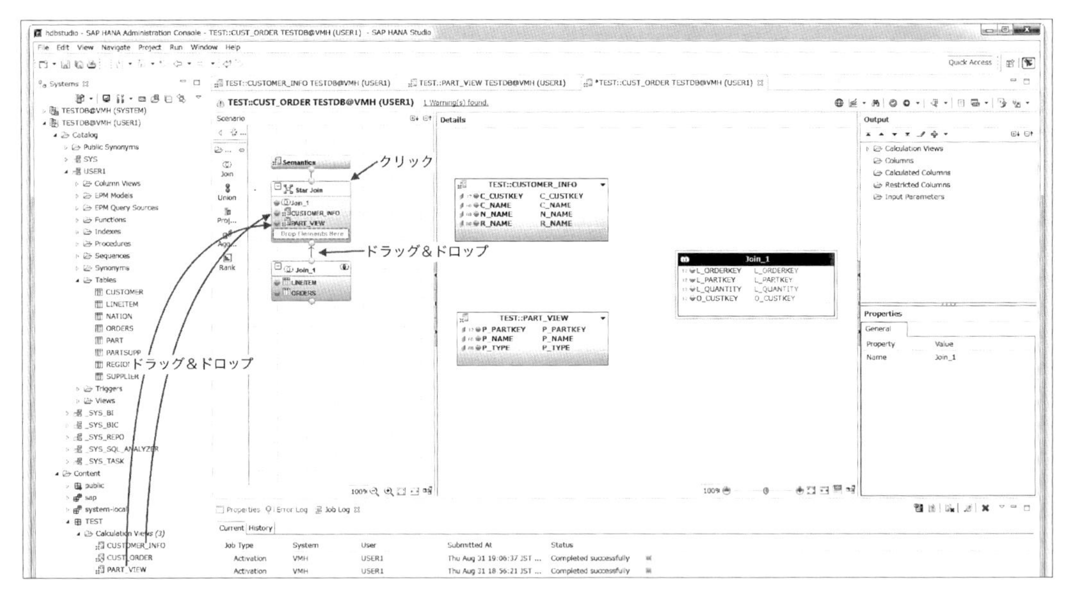

図 4-167.

右ペイン「Scenario」内のフローの「Star Join」をクリックし、右ペイン中央の「Details」を確認すると、先ほどドラッグ＆ドロップしたカリキュレーションビューの他に「Join_1」からの出力で計3つのテーブルオブジェクトが存在するはずです。この3つのテーブルを結合します。

「Join_1」のO_CUSTKEYカラムをCUSTOMER_INFOビューのC_CUSTKEYカラムにドラッグ＆ドロップし、「Join_1」のL_PARTKEYカラムをPART_VIEWビューのP_PARTKEYカラムにドラッグ＆ドロップします。

少々わかりにくいですが、全体像としては次頁の様になります。Join_1、つまりLINEITEMテーブルとORDERSテーブルからの出力結果をファクトテーブルとしたスタースキーマ構造です。

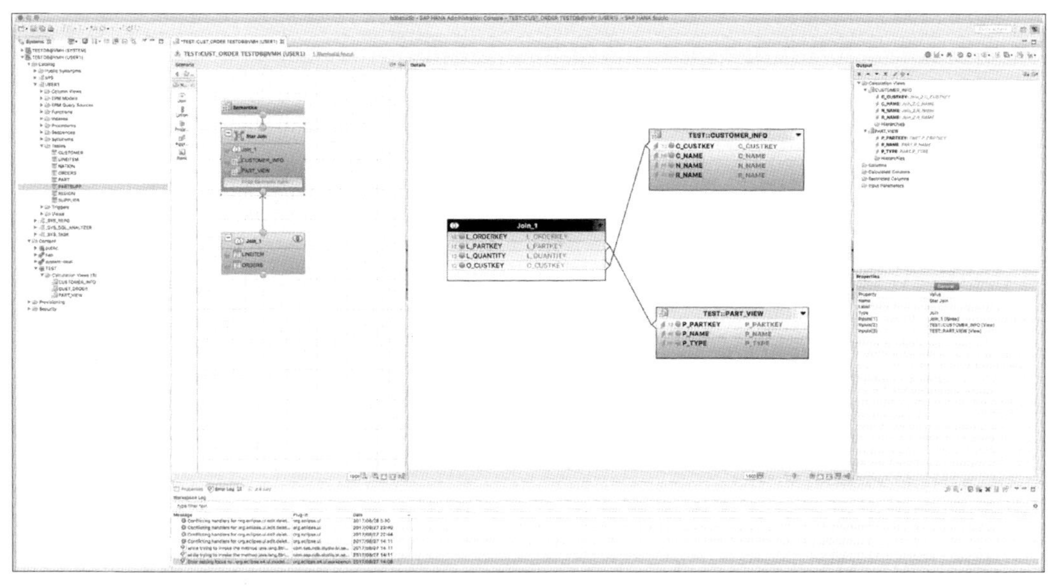

図 4-168.

次にこれまでと同じように出力対象を設定します。

「CUSTOMER_INFO」、「PART_VIEW」のカラムは全て出力項目に設定されているはずです。

「Join_1」のL_QUANTITYが集計対象項目として必要ですので出力項目にします。

実際の使用環境では、キーの値ではなく、C_NAMEやP_NAMEなどの名称を分析で使用するケースがあります。ここではそのようなケースを想定して、C_CUSTKEYとP_PARTKEYは不要であるとみなし、これらを出力対象から外すことにします。

以上に従って、「Details」内の各カラムの先頭の○アイコンで設定すると、出力項目は以下のようになります。

Name
Join_1：
　L_QUANTITY
CUSTOMER_INFO：
　C_NAME
　N_NAME
　R_NAME
PART_VIEW：
　P_NAME
　P_TYPE

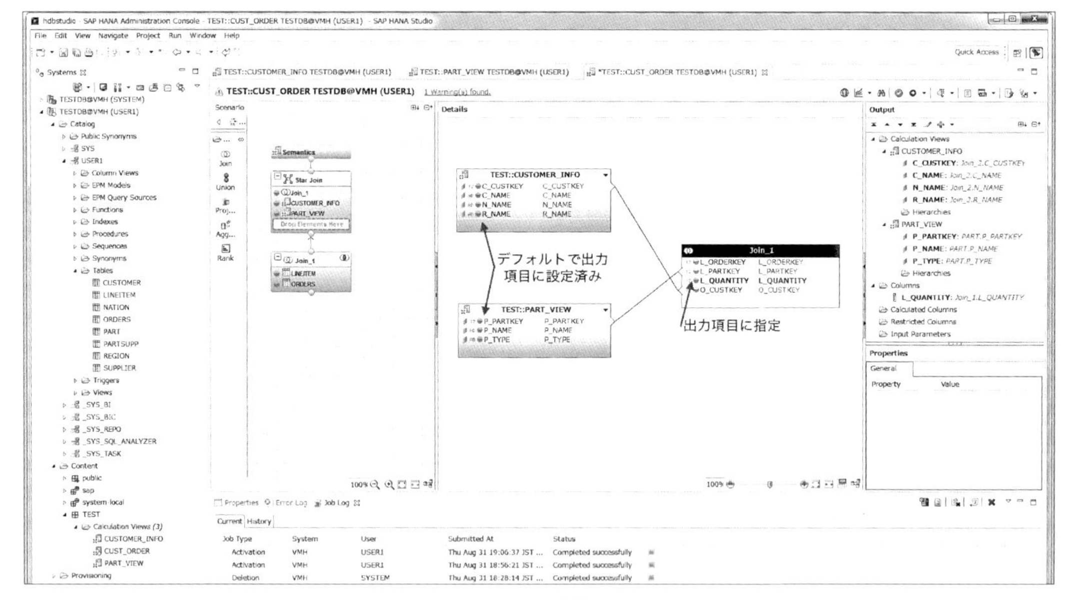

図 4-169.

右ペイン「Scenario」の「Semantics」をクリックします。

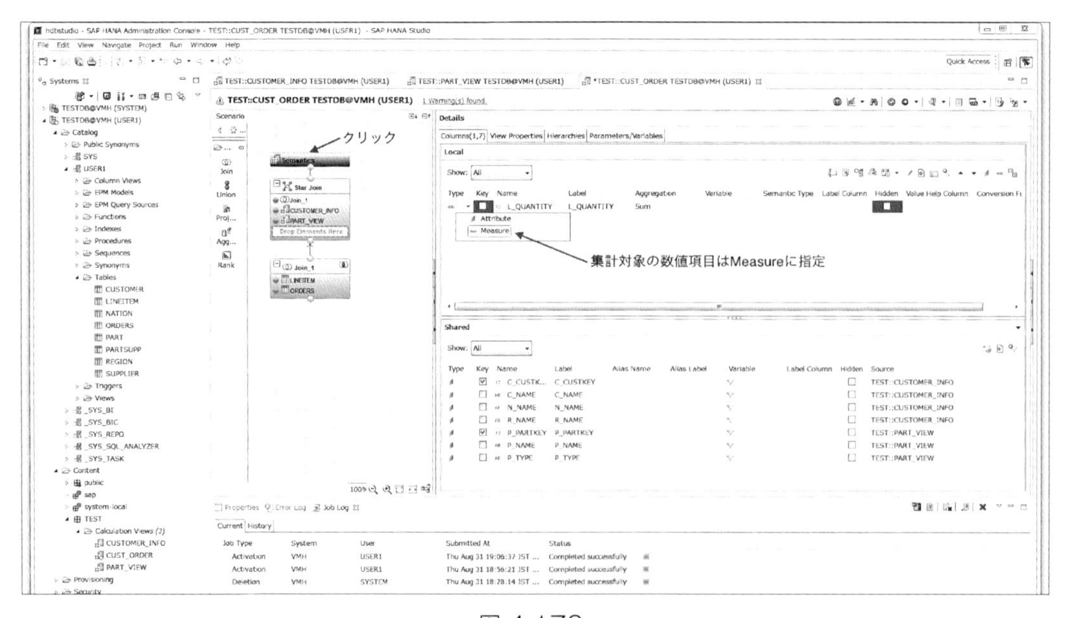

図 4-170.

4-2-4 実行

作成したインフォメーションビューは大体の場合はSAP BusinessObjectsやSAP Lumiraなどのデータ分析ツールからOLAPキューブとして使用します。ただ、SAP HANA studioには簡易的に分析を行う機能がありますのでこれを使用して分析を行ってみましょう。

この機能を使用するには、作成した「CUST_ORDER」ビューを右クリックします。

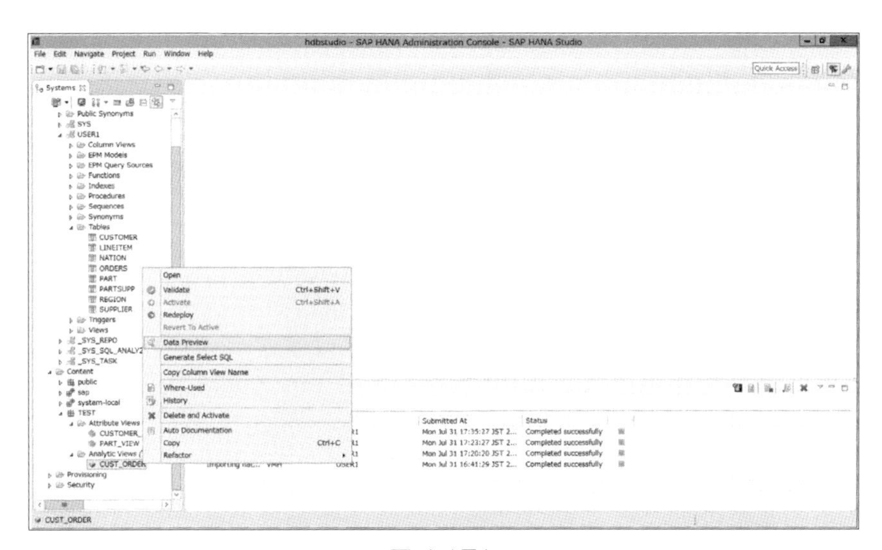

図4-171.

表示されたメニューから「Data Preview」を選択します。

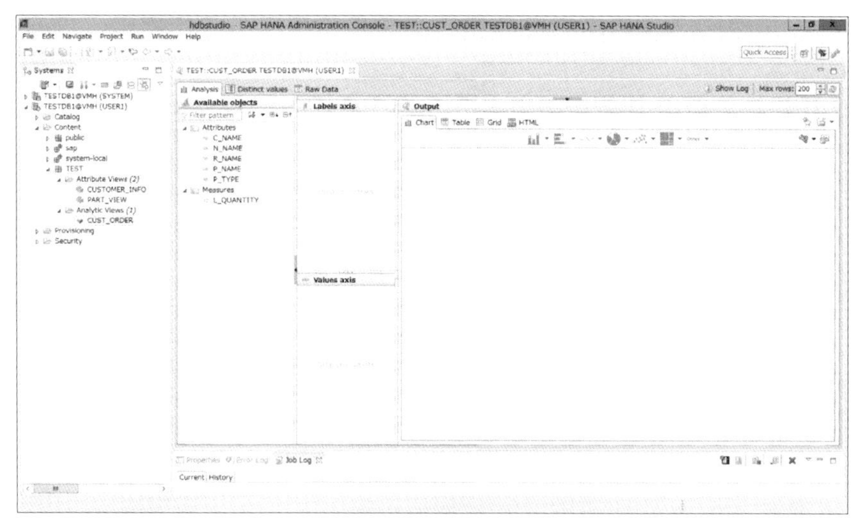

図 4-172.

右ペインにプレビュー機能画面が表示されます。

まず、プレビュー機能の「Available Objects」のツリーのMeasureにあるL_QUANTITYカラムを中央下の「Values Axis」へドラッグ&ドロップします。

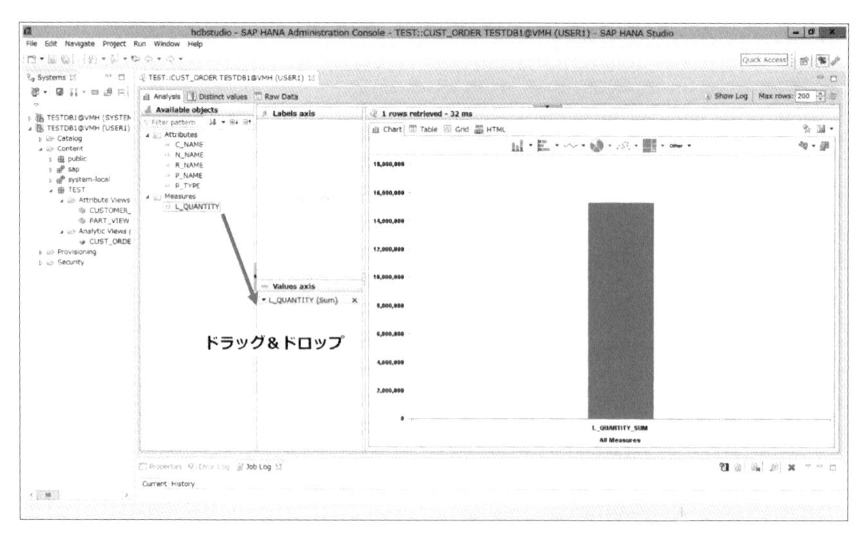

図 4-173.

右側に棒グラフが表示されます。これでL_QUANTITYの合計が棒グラフとして表示されます。

次に「Available Objects」のツリーの「Attributes」にある R_NAME カラムを中央上の「Labels Axis」へドラッグ＆ドロップしてみます。

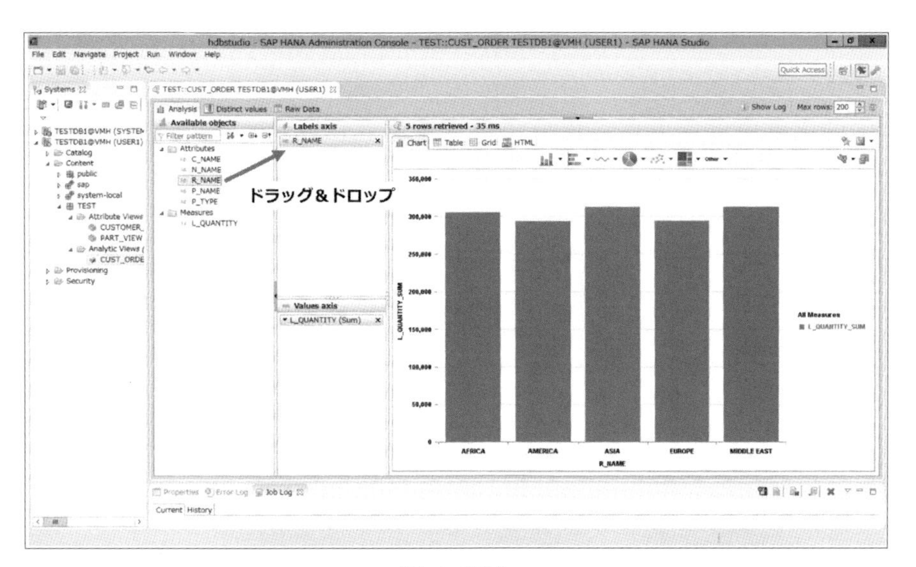

図 4-174.

R_NAME カラムは地域名です。この作業により「表示している L_QUANTITY を地域別表示」することができます。

さらに「Attributes」にある N_NAME カラムを中央上の「Labels Axis」へ追加でドラッグ＆ドロップしてみましょう。

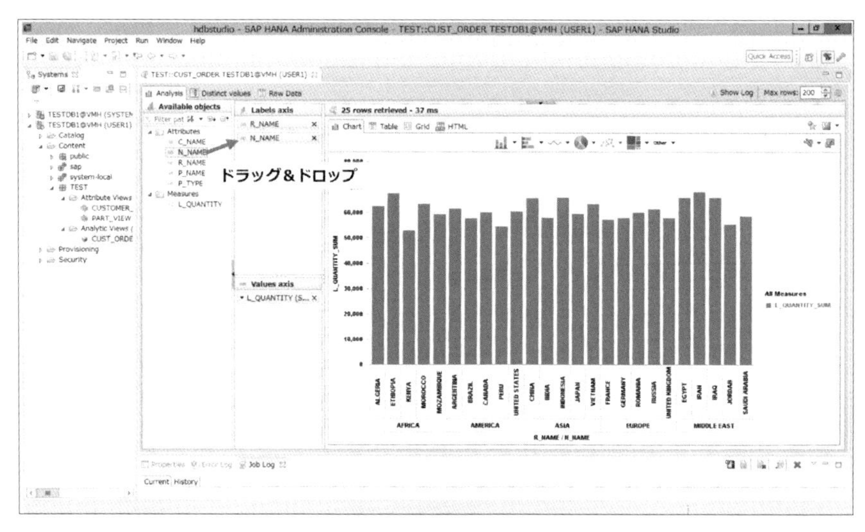

図 4-175.

これで L_QUANTITY を地域別した上で、さらに国別に表示というグラフが表示されます。(カラムを追加するとそれも考慮された結果がグラフとして表示されます)
グラフ上部の種別切り替えボックスを利用するとパイチャートやツリーマップ表示にも変更することができます。

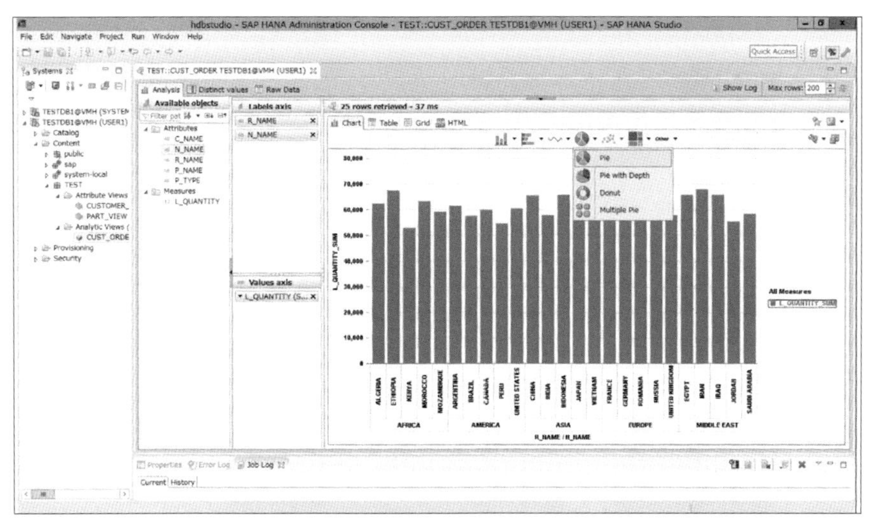
hdbstudio - SAP HANA Administration Console - TEST::CUST_ORDER TESTDB1@VMH (USER1) - SAP HANA Studio
File Edit Navigate Project Run Window Help
Analysis
Distinct values
Raw Data
Available objects
Labels axis
Values axis
25 rows retrieved - 37 ms
Chart
Table
Grid
HTML
Pie
Pie with Depth
Donut
Multiple Pie
All Measures

図 4-176

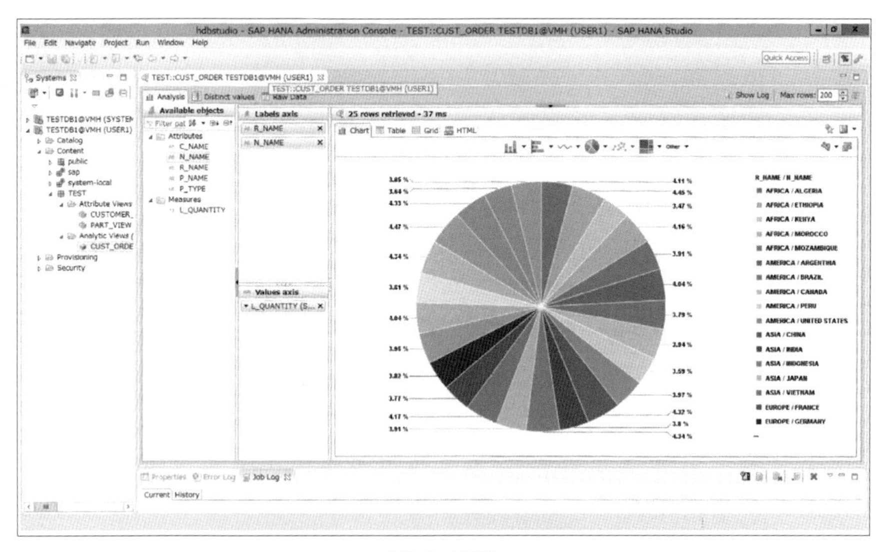
hdbstudio - SAP HANA Administration Console - TEST::CUST_ORDER TESTDB1@VMH (USER1) - SAP HANA Studio
File Edit Navigate Project Run Window Help
Analysis
Distinct values
Raw Data
Available objects
Labels axis
Values axis
25 rows retrieved - 37 ms
Chart
Table
Grid
HTML

図 4-177.

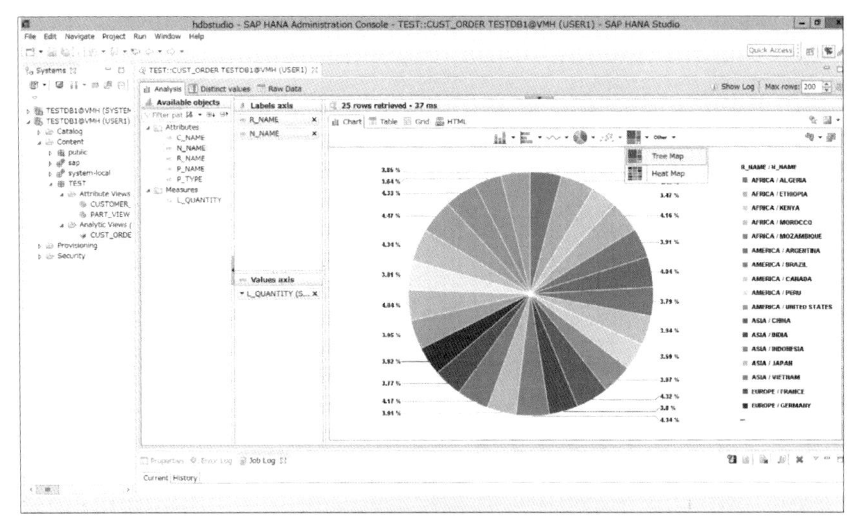

図 4-178.

図 4-179.

このグラフ化機能はSAP HANA studioの機能で、簡易的なデータ分析ツールとも言えるものです。SAP BusinessObjectsやSAP Lumira等の本格的なデータ分析ツールを用いると、より要件に沿った分析やグラフが作成できます。

今回、作成したインフォメーションビューは「Cube」と呼ばれ、本来はデータ分析ツール側で作成するものです。SAP HANAではデータベース側で「Cube」を作成することができます。

これによるメリットは柔軟な分析ができることとデータの変更に素早く対応できることです。この機能を使いこなすことがSAP HANAを使用する上でのポイントとなります。

4-3 SAP HANAの起動・停止

この節ではSAP HANAの起動方法と停止方法について説明します。

SAP HANAにおいて「SAP HANAを起動する」「停止する」と言った場合、対象には、

・インスタンス

・データベース

の2つがあります。「SAP HANAインスタンスの停止」はSAP HANAのプロセスの停止を意味し、全てが停止することを意味します。「SAP HANAデータベースの停止」はSAP HANAのプロセスは動作させている状態でありながら、データベースのみ停止させるということです。マルチテナントデータベースコンテナー環境において、ある特定のデータベースのみ停止させたい場合に使われることが多いでしょう。起動においても同様です。

このように起動・停止の意味する対象には注意が必要です。特定のデータベースのみ停止させたい場合にインスタンスを停止すると運用に深刻な影響を与える事が考えられますので、必ずどちらを意味するか確認すべきと言えます。

4-3-1. インスタンスの起動方法

インスタンスを起動するには通常OSのコマンドラインによる操作が必要です。SAP HANAをインストールした際に、<SID>admというユーザーを作成しました。そのユーザーでSAP HANAマシンへログオンします。これはSSHやTelnetなどを使用しても、コンソールが存在するのであればコンソールからログオンしてもかまいません。

起動コマンドの「HDB start」です。

<SID>admユーザーでコマンドを投入し、しばらく待つとプロンプトが返ってきます。これで起動が完了です。

```
vmhadm@ibmccb90:/usr/sap/VMH/HDB00> HDB start


StartService
Impromptu CCC initialization by 'rscpCInit'.
  See SAP note 1266393.
OK
OK
Starting instance using: /usr/sap/VMH/SYS/exe/hdb/sapcontrol -prot NI_HTTP -nr 0
0 -function StartWait 2700 2


03.08.2017 13:27:02
Start
OK

03.08.2017 13:28:26
StartWait
OK
vmhadm@ibmccb90:/usr/sap/VMH/HDB00>
```

図 4-180.

また、rootユーザーで実行する必要がありますが、sapcontrolというコマンドでも起動は可能です。

```
/usr/sap/hostctrl/exe/sapcontrol -nr <instance number> -function Start
```

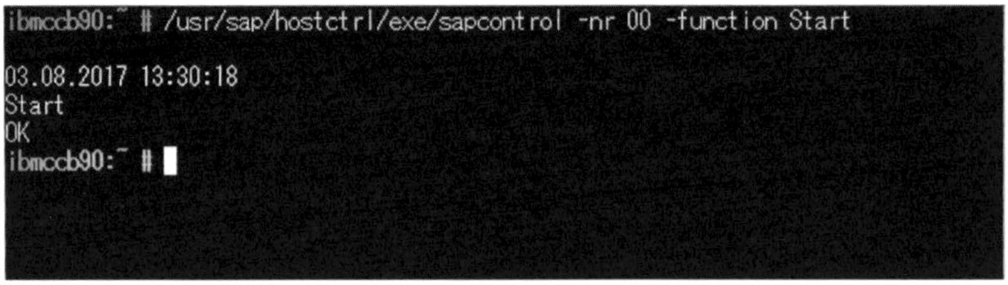

```
ibmccb90:~ # /usr/sap/hostctrl/exe/sapcontrol -nr 00 -function Start

03.08.2017 13:30:18
Start
OK
ibmccb90:~ #
```

図 4-181.

このコマンドの場合、HDB startと違い、SAP HANAインスタンスの起動とコマンドの完了が非同期です。次のプロンプトが返ってきた時点ではインスタンスの起動が完了していないことに注意が必要です。

4-3-2. インスタンスの停止方法

インスタンスの停止は起動と同様に、<sid>admユーザーでログオンしてから「HDB stop」コマンドで行います。こちらもコマンド投入後、しばらく待つことで停止します。

```
vmhadm@ibmccb90:/usr/sap/VMH/HDB00> HDB stop
hdbdaemon will wait maximal 300 seconds for NewDB services finishing.
Stopping instance using: /usr/sap/VMH/SYS/exe/hdb/sapcontrol -prot NI_HTTP -nr
0 -function Stop 400

03.08.2017 13:25:33
Stop
OK
Waiting for stopped instance using: /usr/sap/VMH/SYS/exe/hdb/sapcontrol -prot
_HTTP -nr 00 -function WaitforStopped 600 2


03.08.2017 13:26:07
WaitforStopped
OK
hdbdaemon is stopped.
vmhadm@ibmccb90:/usr/sap/VMH/HDB00>
```

図 4-182.

また、こちらもrootユーザーで実行する必要がありますが、sapcontrolコマンドでも停止は可能です。

```
/usr/sap/hostctrl/exe/sapcontrol -nr <instance number> -function Stop
```

```
ibmccb90:~ # /usr/sap/hostctrl/exe/sapcontrol -nr 00 -function Stop

03.08.2017 13:29:35
Stop
OK
ibmccb90:~ #
```

図 4-183.

このコマンドもインスタンスの停止とコマンドの完了が非同期です。次のプロンプトが返ってきた時点ではインスタンスが完全停止していないことに注意してください。

4-3-3. テナントデータベースの起動方法

起動・停止のもう一つの対象がデータベースです。SAP HANA マルチテナントデータベースコンテナー構成ではテナントデータベース単位で起動・停止を行うことができます。ただし、起動に関してはコンテナー作成時にインスタンスに連動して起動することがデフォルトになっています。4-1-2. でテナントデータベースを作成しましたが、その際の画面の Advanced Setting では Start Automatically にチェックが入っています。

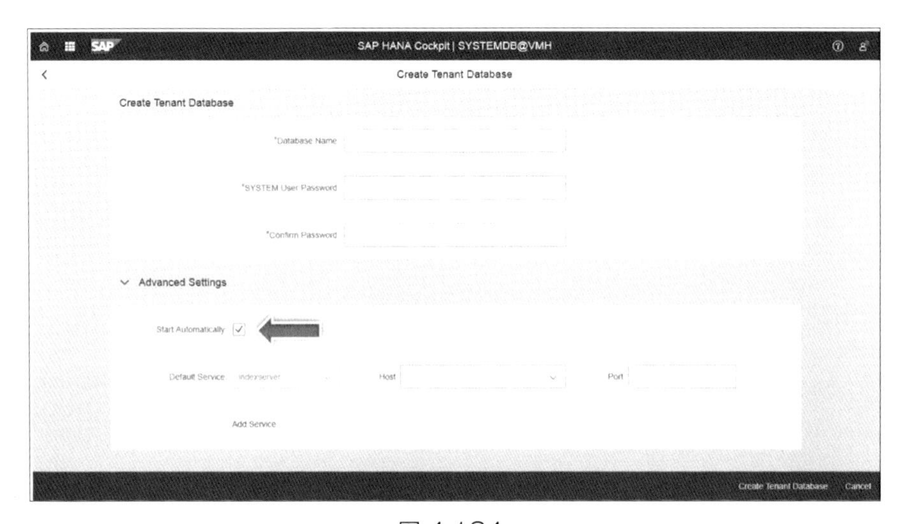

図 4-184.

これにより、インスタンスが起動すると自動的に(この)テナントデータベースも起動します。

テナントデータベースの代表的な起動方法は2つあります。1つはコマンドによるもの、もう一つは SAP HANA cockpit からの起動です。

4-3-3-1. SAP HANA Cockpit による起動

SAP HANA cockpit に COCKPIT_ADMIN あるいは必要な権限を持ったユーザーでログオンし、起動対象データベースが含まれる SAP HANA サーバに接続します。

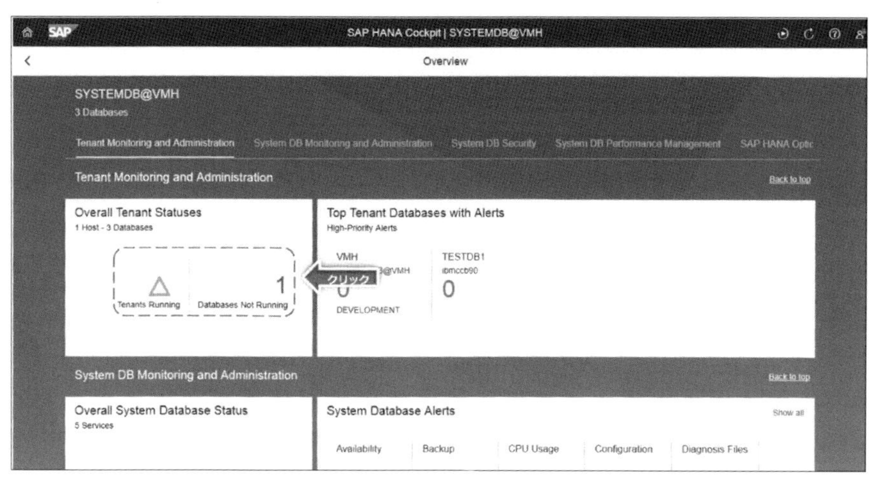

図 4-185.

「Overall Tenant Statuses」タイル内のアイコンをクリックするとManage Databasesの画面に移動します。

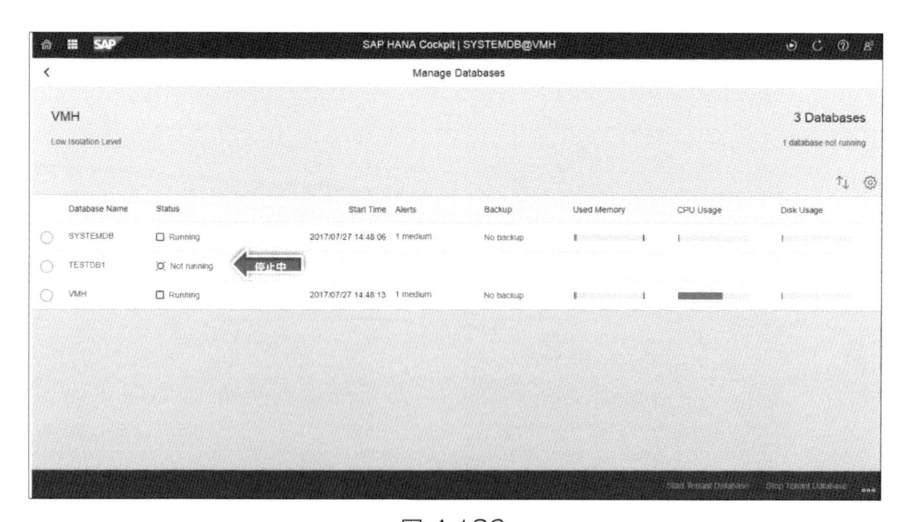

図 4-186.

テナントデータベース一覧が表示されます。停止しているデータベースは赤で表示されています。起動したいデータベース左のラジオボタンにチェックを入れます。

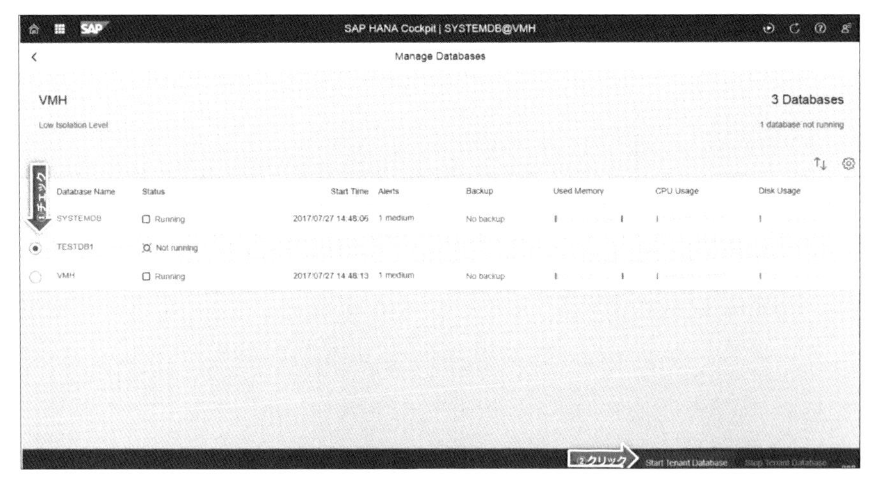

図 4-187.

画面下部の「Start Tenant Database」をクリックします。

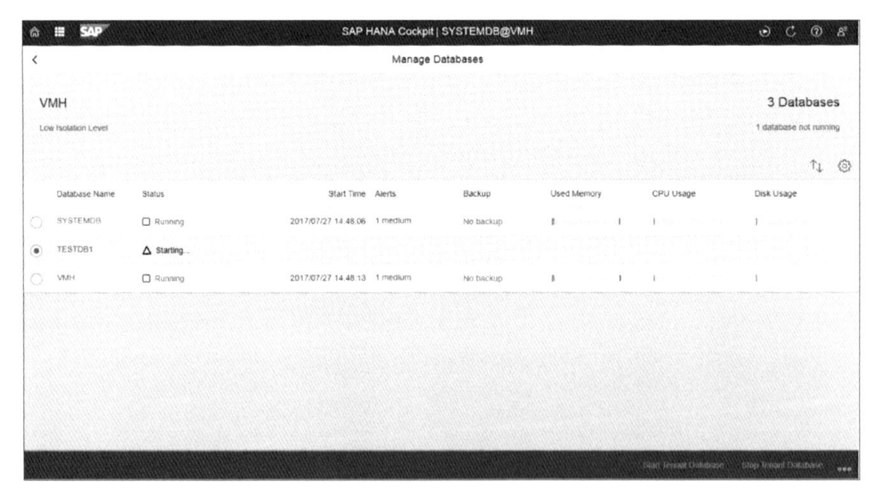

図 4-188.

起動中の旨が表示されるので、少し待ちます。

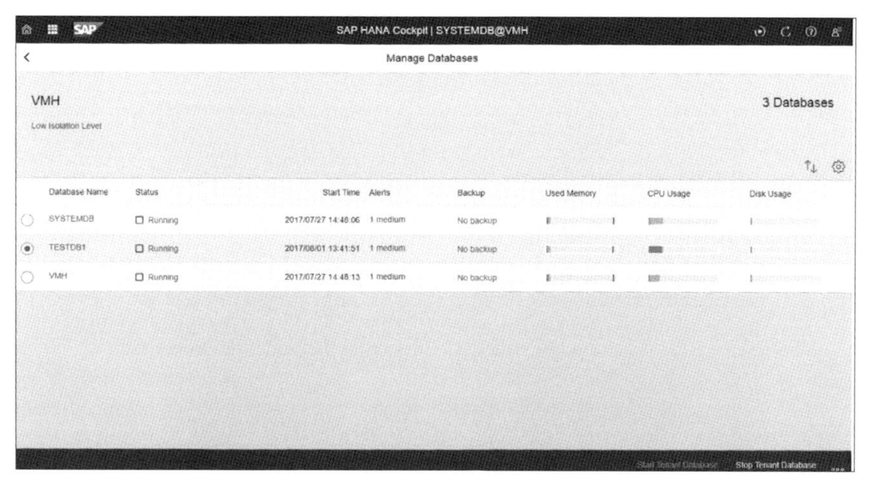

図 4-189.

起動した旨が表示されます。これでテナントデータベースが起動しました。

4-3-3-2. コマンドによる起動

コマンドによる起動はSQLを実行できるツールであればどのようなツールでも停止しているテナントデータベースを起動することができます。こちらは起動したいデータベースではなくテナント全体を管理するシステムデータベースに接続する必要があるのと、コマンドを実行するユーザーにDATABASE ADMIN権限が必要になります。コマンドとしては

```
ALTER SYSTEM START DATABASE <DATABASE NAME>;
```

を実行することでそのデータベースを起動する事ができます。

4-3-4. テナントデータベースの停止方法

停止もテナントデータベース単位で行うことができます。ただし、システムデータベースはマルチテナントデータベースコンテナーシステム全体を管理するデータベースですので停止させることはできません。

こちらも代表的な方法はコマンドとSAP HANA cockpitからの方法です。

4-3-4-1. SAP HANA cockpitによる停止

SAP HANA cockpitにCOCKPIT_ADMINあるいは必要な権限を持ったユーザーでログオンし、起動対象データベースが含まれるSAP HANAサーバに接続します。

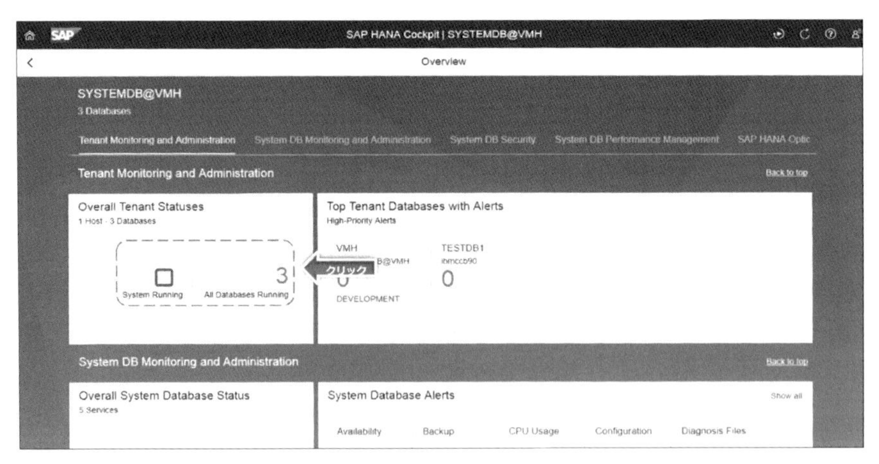

図4-190.

「Overall Tenant Statuses」のタイル内のアイコンをクリックするとManage Databasesの画面に移動します。テナントデータベースの一覧が表示されます。

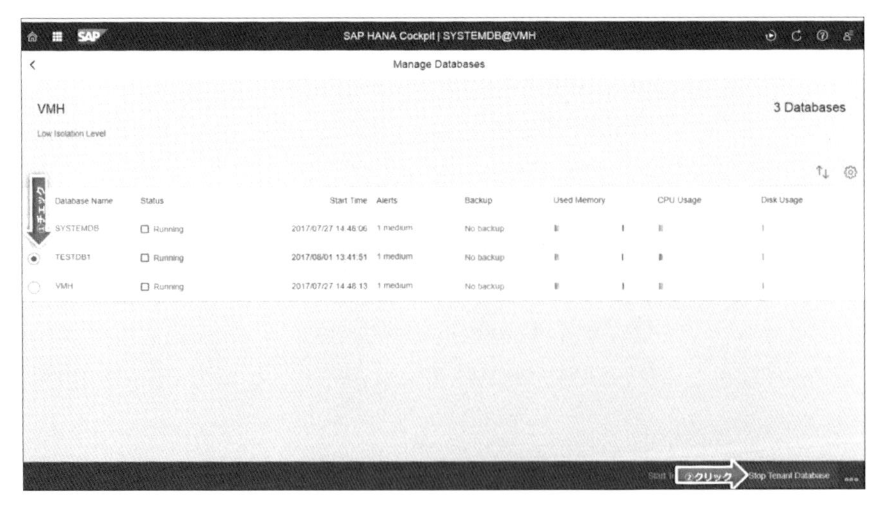

図4-191.

停止したいテナントデータベースの左のラジオボタンにチェックを入れ、画面下部の「Stop

Tenant Database」をクリックします。

SAP HANA Cockpit | SYSTEMDB@VMH
Manage Databases
VMH
3 Databases
Stop Tenant Database
Do you really want to stop the tenant database "TESTDB1"?
Yes
Cancel

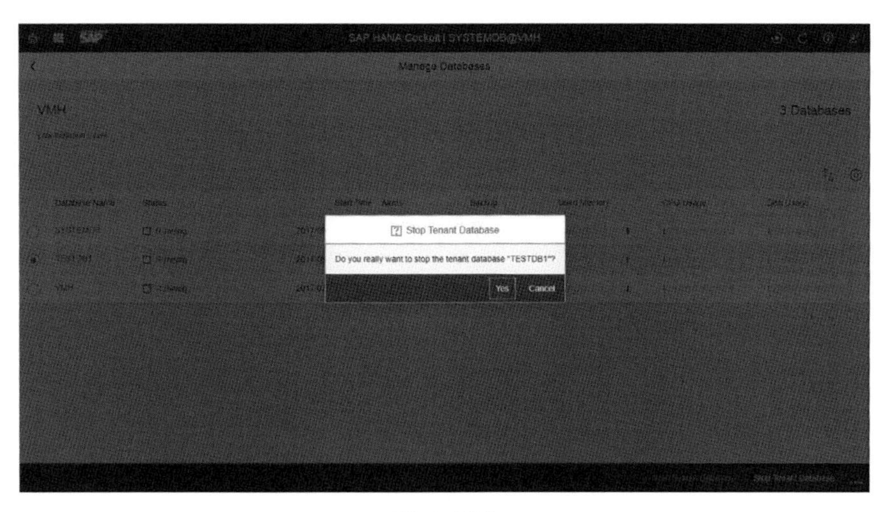

図 4-192.

確認が求められます。データベース名を確認して、正しければ「Yes」ボタンをクリックしてください。

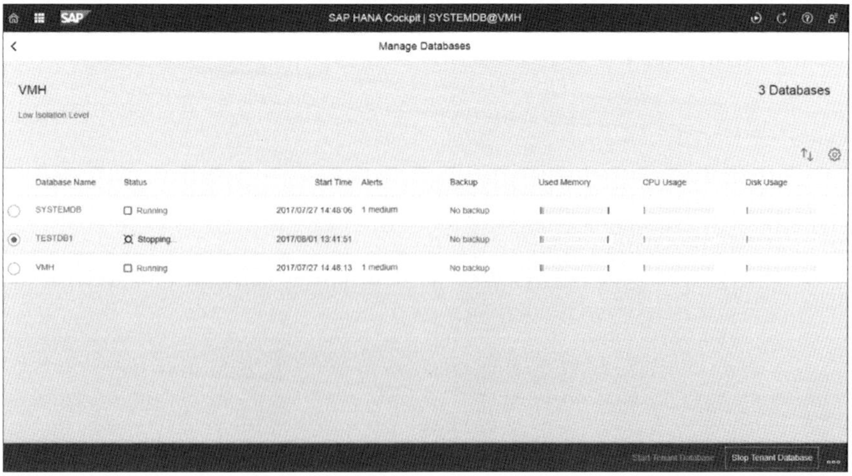

SAP HANA Cockpit | SYSTEMDB@VMH
Manage Databases
VMH
Low Isolation Level
3 Databases
Database Name
Status
Start Time
Alerts
Backup
Used Memory
CPU Usage
Disk Usage
SYSTEMDB
Running
2017/07/27 14:48:06
1 medium
No backup
TESTDB1
Stopping...
2017/08/01 13:41:51
No backup
VMH
Running
2017/07/27 14:48:13
1 medium
No backup
Start Tenant Database
Stop Tenant Database

図 4-193.

停止中はその旨が表示されます。

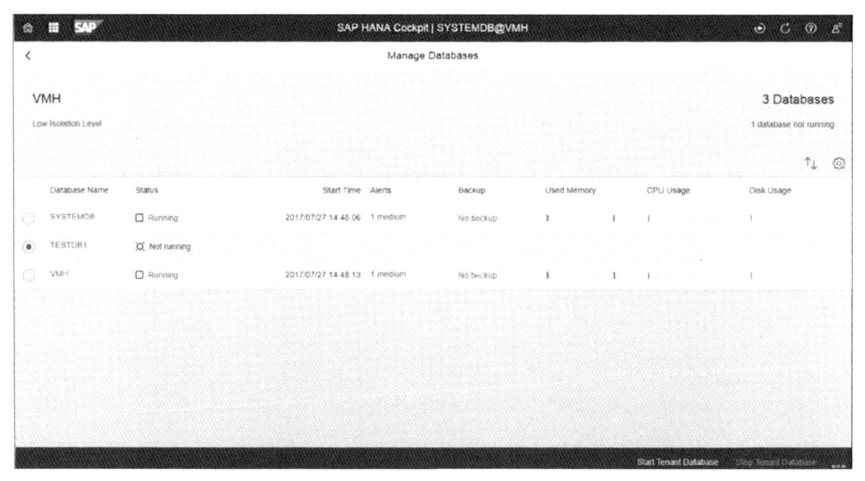

図 4-194.

「動作していない」という表示に変わります。これで停止しました。

4-3-4-2. コマンドによる停止

コマンドによる停止は起動と同様にSQLを実行できるツールであれば、どのようなツールでも起動しているテナントデータベースを停止することができます。こちらも停止したいデータベースではなくテナント全体を管理するシステムデータベースに接続する必要があるのと、コマンドを実行するユーザーにDATABASE ADMIN権限が必要になります。コマンドとしては

```
ALTER SYSTEM STOP DATABASE <DATABASE NAME>;
```

を実行することでそのデータベースを停止する事ができます。

停止するとそのデータベースが起動するまで使用できなくなります。アプリケーションも使用できなくなることを意味しますので、停止の際は事前に周知を徹底する、間違ったテナントデータベースを停止しないように注意するなど慎重に行うことを推奨します。

4-3-5. 参考：スケールアウト環境でのインスタンス起動方法と停止方法

SAP HANA スケールアウト環境ではインスタンスの起動方法や停止方法が異なります。HDB start コマンドや HDB stop コマンドでは「それを実行したノード」でのみインスタンスの起動や停止が行われます。スケールアウト環境を構成するノード全てに対して、一度に起動や停止を行いたい場合は root ユーザーで sapcontrol コマンドによる起動と停止を行ってください。スケールアウト環境の場合、このコマンドはスケールアウト内のノード全ての起動と停止を行うことができます。

4-4 バックアップとリカバリ

第3章で説明したとおり、バックアップには様々な方法があり、出力先としてもファイルシステムと BackInt API 対応のサードパーティーバックアップツールを選択することが可能で、ストレージの機能を利用したスナップショットによるバックアップも可能です。ただしそれらは SAP HANA 以外に外部のソリューションや対応したハードウェアが必要となります。

この節ではどのような SAP HANA 環境でも実行できる、最も標準的なバックアップの方法とリカバリの方法について説明します。

バックアップとリカバリを行う方法は、コマンドや SAP HANA studio から実行等、何種類かありますが、本書では SAP HANA Cockpit による方法を取り扱います。

4-4-1. SAP HANA cockpit でのバックアップ

SAP HANA cockpit によるバックアップはテナントデータベース一覧画面から行います。

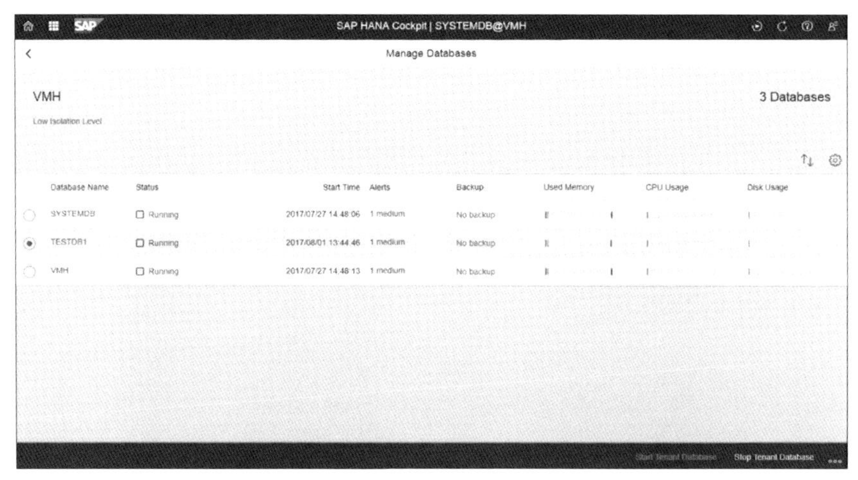

図 4-195.

バックアップ対象のデータベース左のラジオボタンにチェックを入れます。

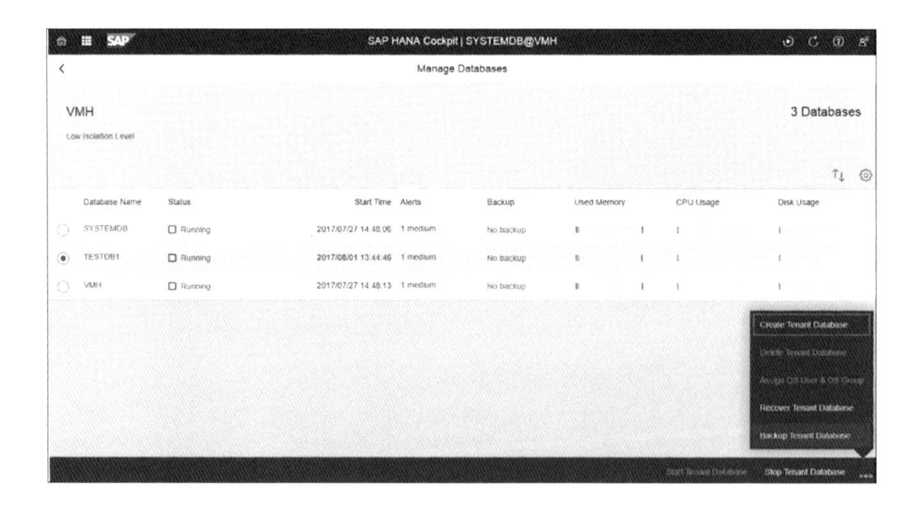

図 4-196.

右下の「…」ボタンをクリックし、表示されたメニューから「Backup Tenant Database」をクリックします。

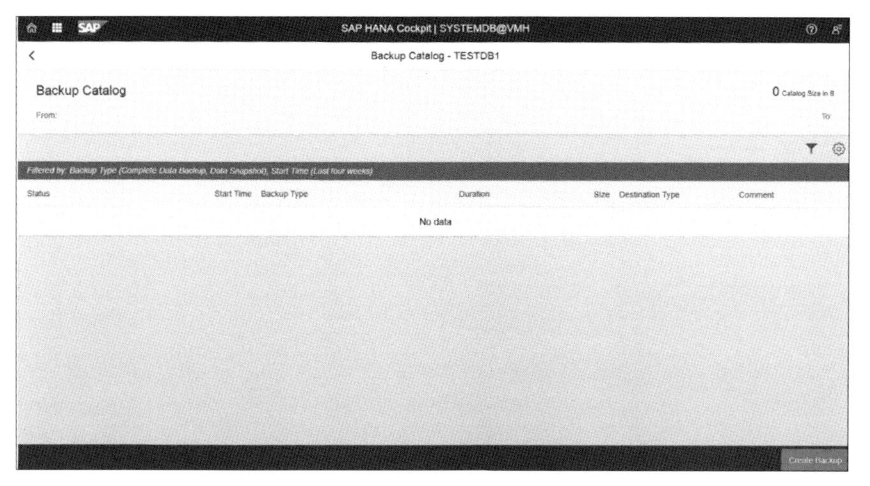

図 4-197.

バックアップカタログが表示されます。初回のバックアップの場合は上記の様に何も表示されませんが、これまでバックアップを行ったことがあれば、その日時などがリストされます。

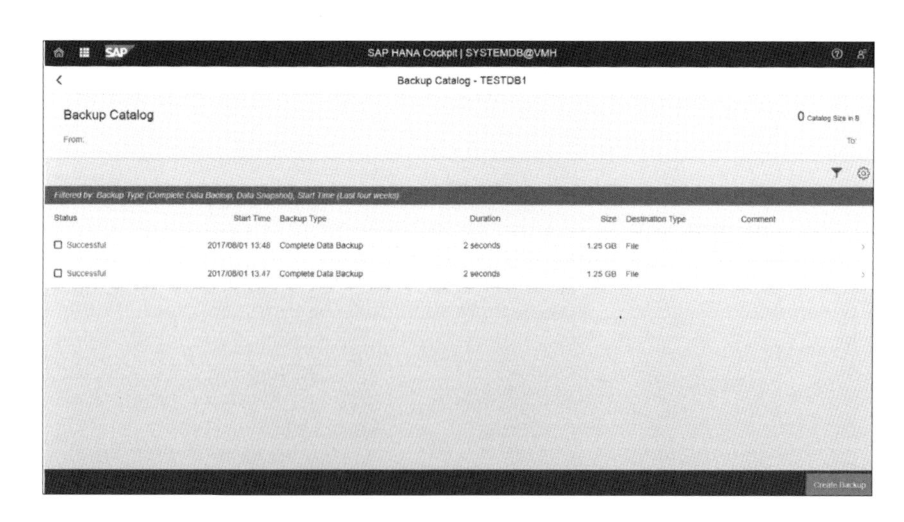

図 4-198.

右下の「Create Backup」ボタンをクリックします。

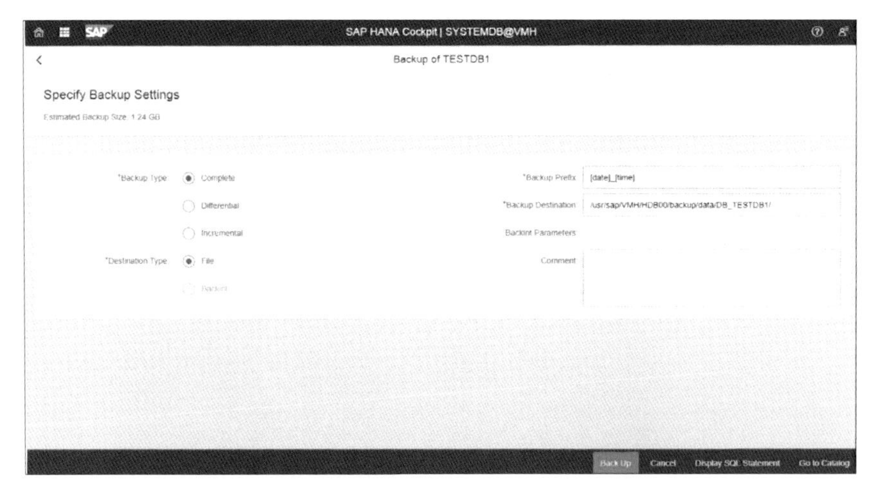

図 4-199.

バックアップの種類と出力タイプ、出力先ディレクトリとファイル名のプレフィックス情報の設定画面が表示されます。バックアップの種類、フルバックアップなのか差分バックアップなのかは注意して選択が必要です。今回のこの例ではこのままバックアップを行いますので画面下部の「Backup」ボタンをクリックします。

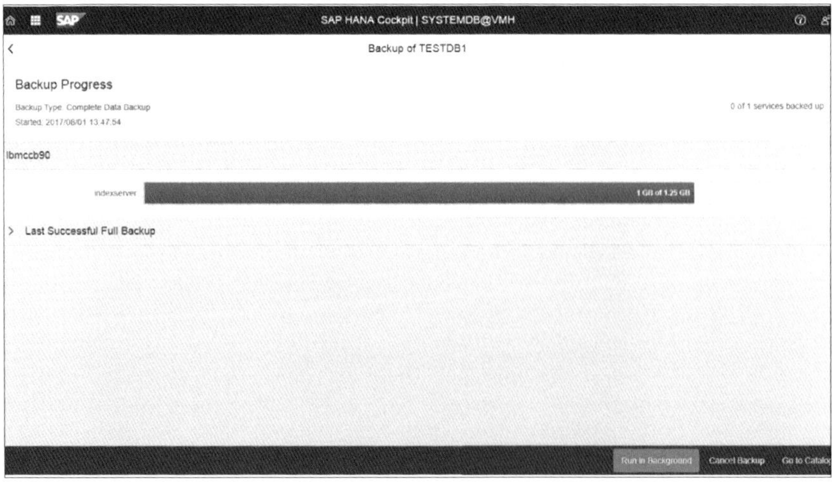

図 4-200.

バックアップの進捗状況が表示されます。

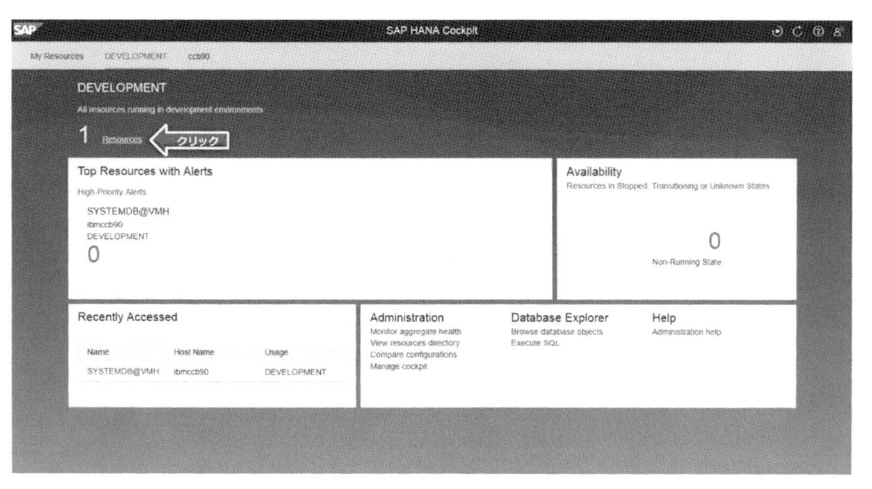

図 4-201.

バックアップが完了すると詳細情報が表示されます。Statusが「Successful」になっていれば、バックアップは正常に完了しています。

4-4-2. SAP HANA cockpit によるリカバリ

リカバリもSAP HANA cockpitから行うことができます。この場合、事前に認証情報の設定が必要です。

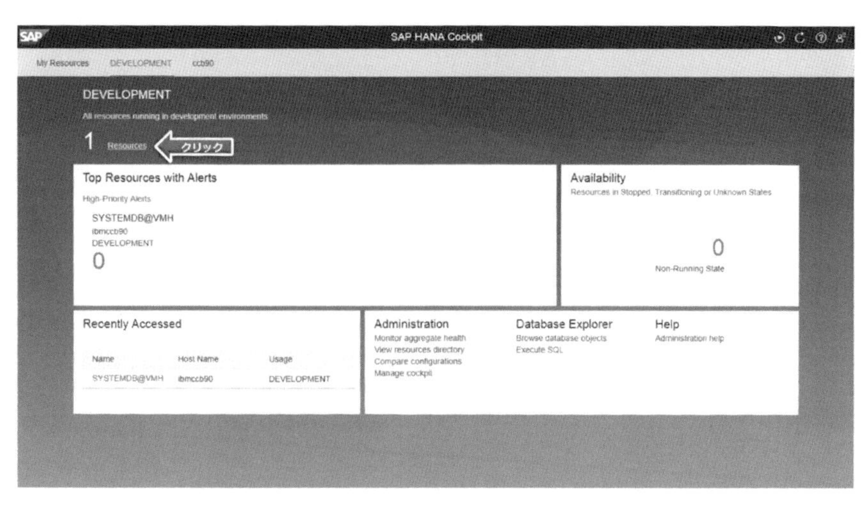

図 4-202.

SAP HANA cockpitのホーム画面で「Resources」をクリックします。

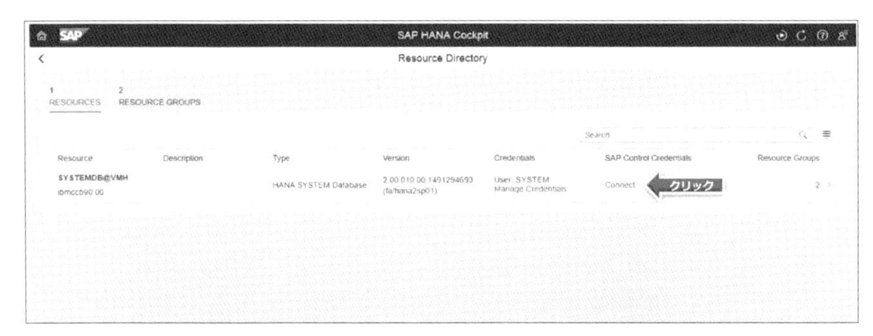

図 4-203.

表示されたResource Directory 画面で、「SAP Control Credentials」にあるConnectというリンクをクリックします。

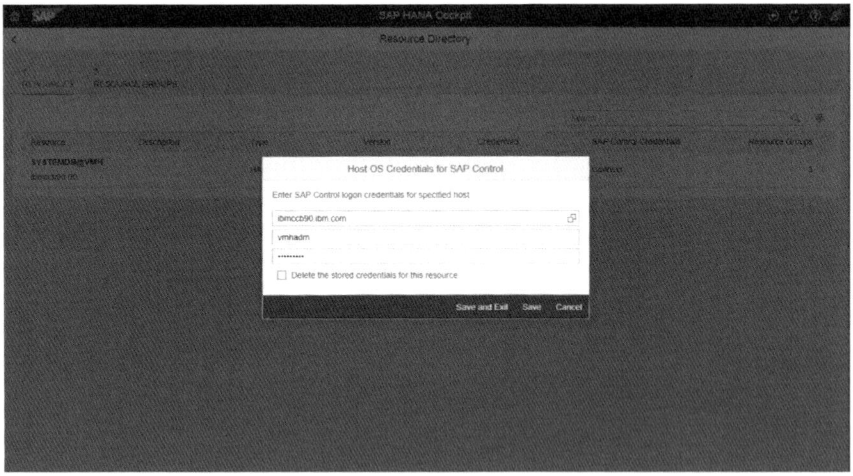

図 4-204.

表示されたダイアログで、このデータベースが稼働しているマシンのホスト名とユーザー名として<sid>admユーザー、パスワードを入力して「Save and Exit」ボタンをクリックします。これで設定完了です。この設定は記憶されますので一度のみ必要です。

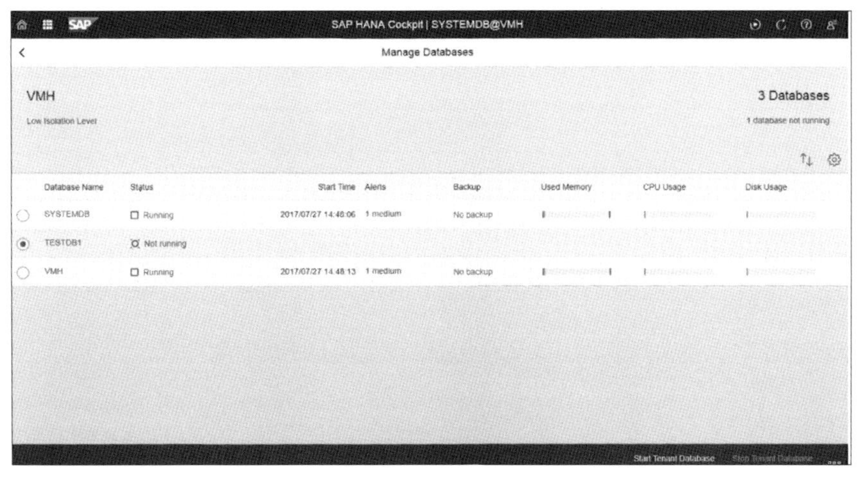

図 4-205.

実際にリカバリを行うにはテナントデータベース一覧画面で、リカバリ対象の「停止している」データベース右のラジオボタンをクリックします。リカバリを行うデータベースは停止している必要があります。動作中のデータベースをリカバリすることはできません。（稼働している場合は停止してからリカバリが行われます。）

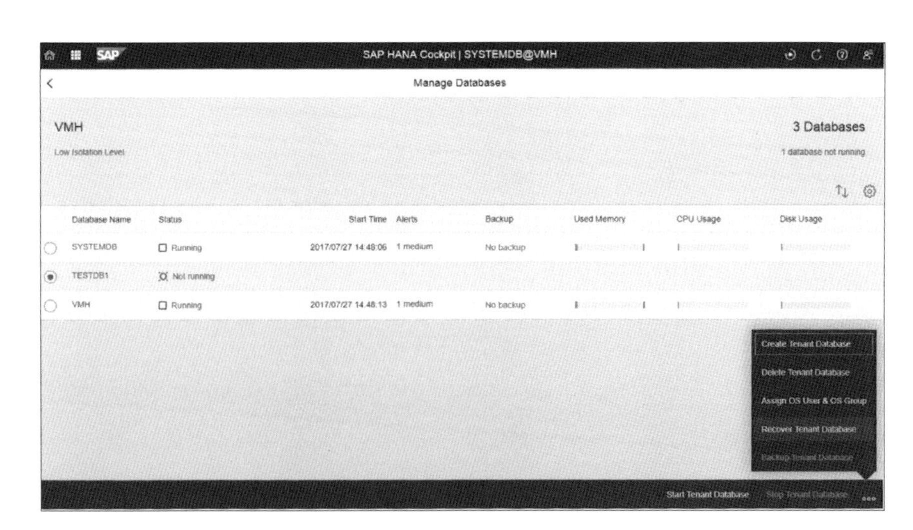

図 4-206.

右下の「…」ボタンをクリックし、表示されたメニューから「Recover Tenant Database」をクリックします。

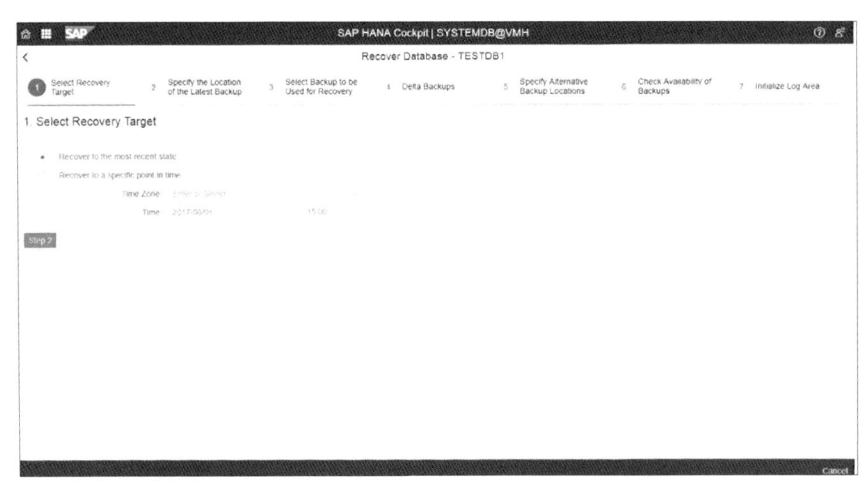

図 4-207.

リカバリできる最新の時点にリカバリするのか、時刻を指定してリカバリするのかの問い合わせがあります。ある特定の時点にリカバリしたい場合はその日時を指定してください。この例では最新時点にリカバリしますので「Recover to the most recent state」を選択して「Step2」ボタンをクリックします。

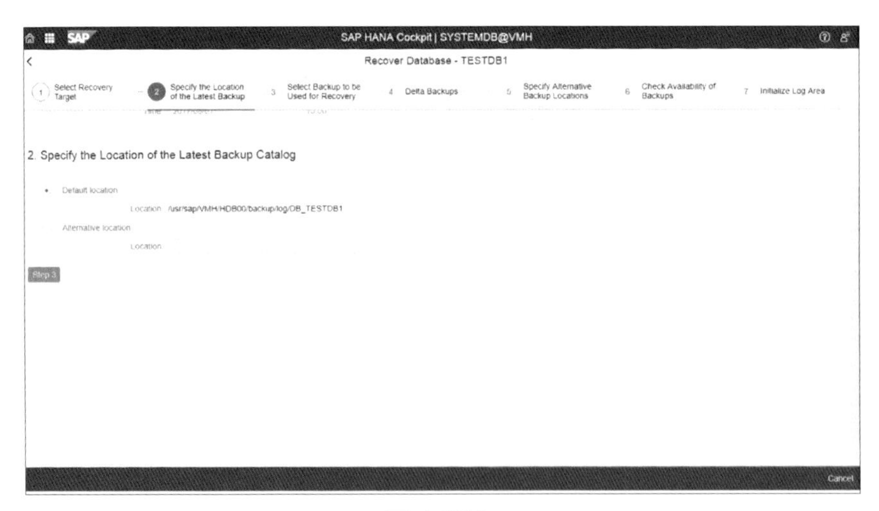

図 4-208.

バックアップカタログの場所を指定します。バックアップカタログをデフォルトのディレクトリから移動させた場合はそのディレクトリを指定する必要があります。この例では「Default

Location」を選択します。「Step3」ボタンをクリックしてください。

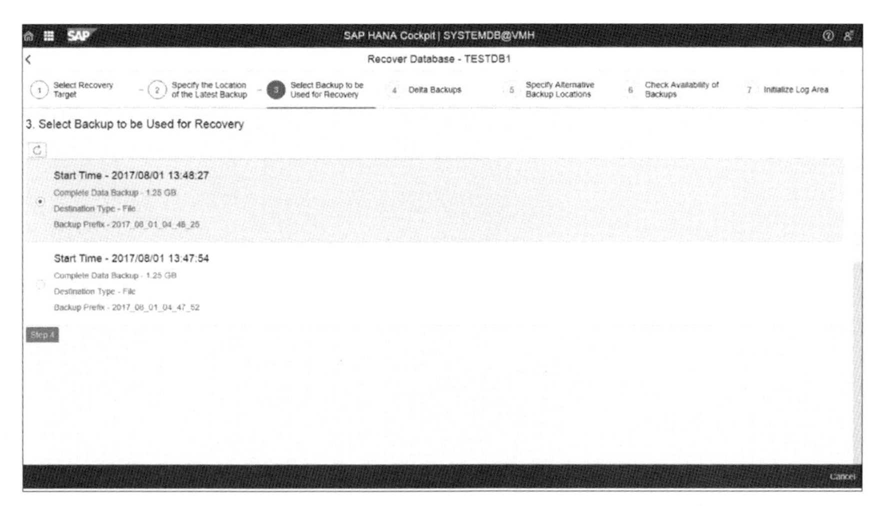

図 4-209.

Step2で選択したカタログからリカバリに使用できるバックアップ一覧が表示されますので、選択して「Step4」ボタンをクリックします。

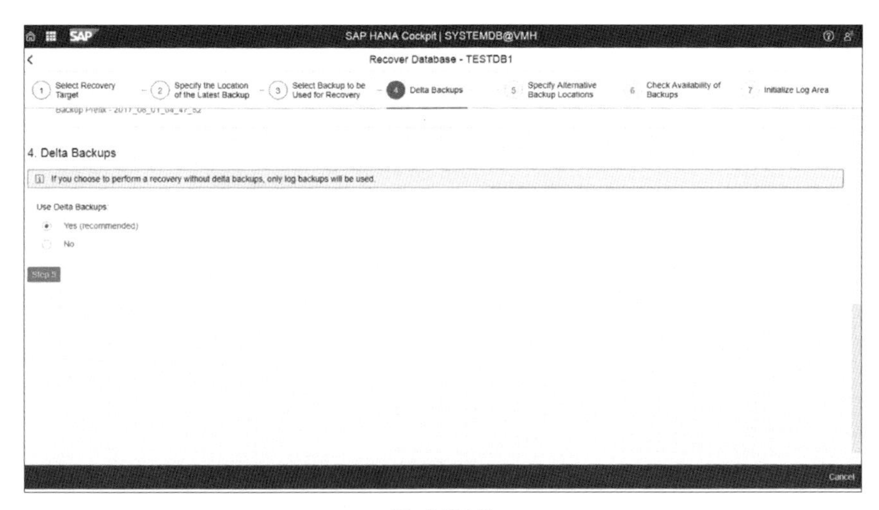

図 4-210.

リカバリにデルタバックアップを使用するかの問い合わせです。使用できるのであれば使用した方がリカバリ時間が短くなります。この例ではこのまま「Step5」ボタンをクリックします。

SAP HANA Cockpit | SYSTEMDB@VMH

Recover Database - TESTDB1

1 Select Recovery Target
2 Specify the Location of the Latest Backup
3 Select Backup to be Used for Recovery
4 Delta Backups
5 Specify Alternative Backup Locations
6 Check Availability of Backups
7 Initialize Log Area

5. Specify Alternative Backup Locations

If no location is specified, the location in the backup catalog is used

Data Backup(s)

Location:

Log Backup(s)

Location 1 Add more

Step 6

Cancel

図 4-211.

バックアップカタログに含まれるバックアップディレクトリ（バックアップしたときのバックアップ出力先ディレクトリ）と実際のバックアップファイルの場所が異なる場合、ここでそのディレクトリを指定することができます。
「Step6」ボタンをクリックします。

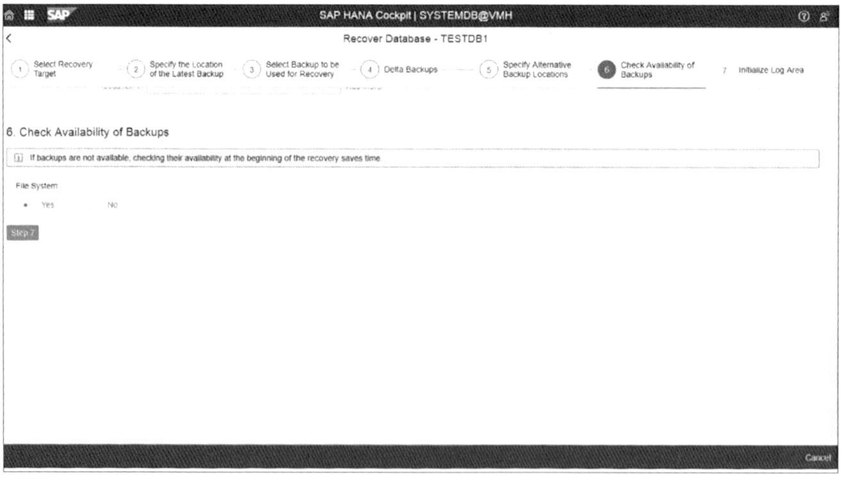

SAP HANA Cockpit | SYSTEMDB@VMH

Recover Database - TESTDB1

1 Select Recovery Target
2 Specify the Location of the Latest Backup
3 Select Backup to be Used for Recovery
4 Delta Backups
5 Specify Alternative Backup Locations
6 Check Availability of Backups
7 Initialize Log Area

6. Check Availability of Backups

If backups are not available, checking their availability at the beginning of the recovery saves time

File System

Yes No

Step 7

Cancel

図 4-212.

バックアップが使用できるかのチェックを行うかの指定です。通常 Yes にします。
「Step7」ボタンをクリックします。

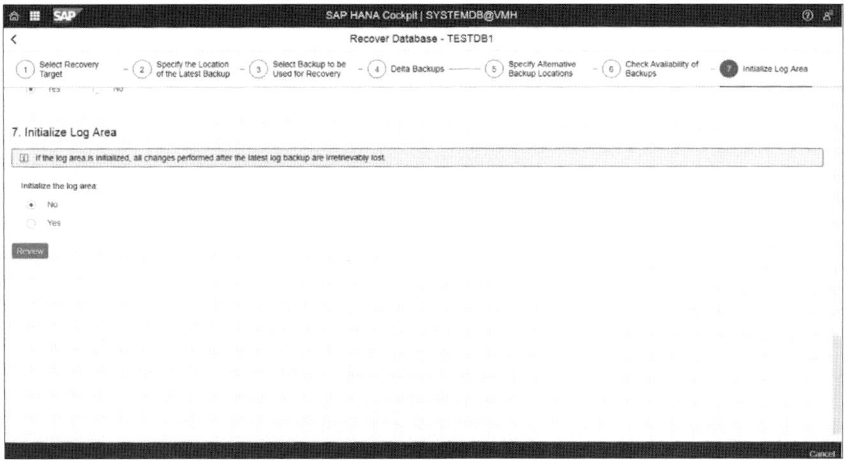

図 4-213.

リカバリ後にディスクのログ領域を初期化するかの設定です。これは現在のログ領域に存在し、まだバックアップされていないログを削除するかという意味にもなります。通常は「No」にチェックを入れ「Review」ボタンをクリックします。

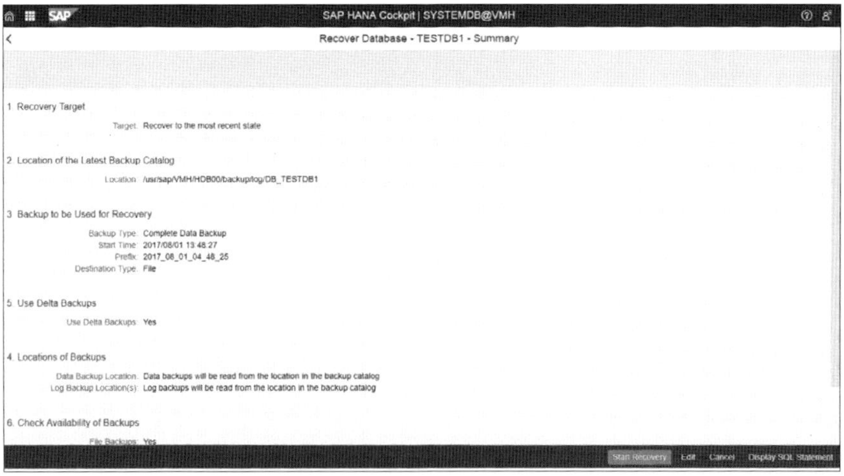

図 4-214.

最終確認画面です。設定に間違いがないか確認してください。
「Start Recovery」ボタンをクリックするとリカバリが開始します。

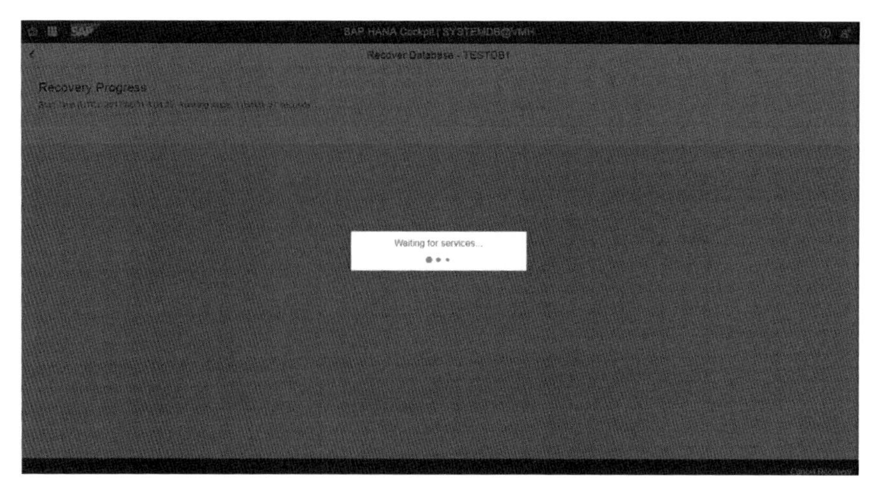

図 4-215.

リカバリ中の画面です。

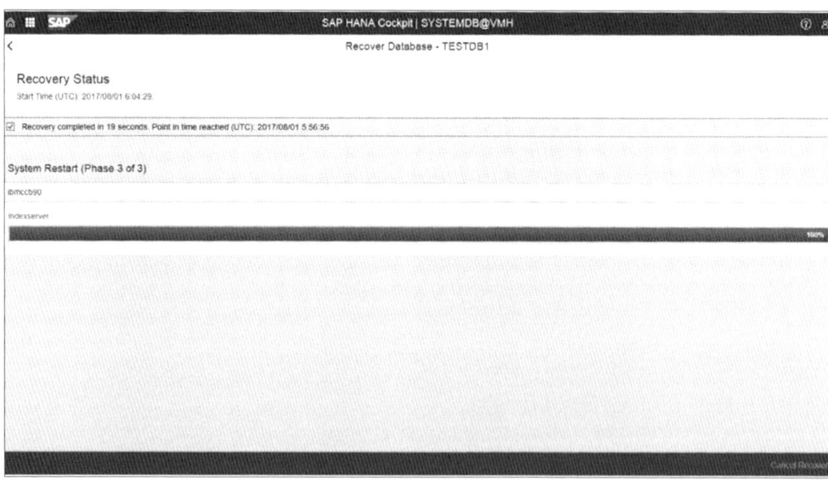

図 4-216.

リカバリが完了しました。

バックアップとリカバリはSAP HANAの保守において最も基本であり、かつ最も重要な項目となります。永続化レイヤーにダメージを与える障害が発生した場合、リカバリでのみデータを復旧することができます。バックアップは確実に行い、的確にリカバリが行えるようにしてください。

5

SAP HANA, express edition での環境構築

5-1 SAP HANA, express editionとは

読者の中には、個人的にSAP HANAの環境を持ちたいと考える方もいると思います。SAPはこのような方のために、SAP HANA, express editionを用意しています。SAP HANA, express editionは、無償で使用可能なエディションです。この章では、その入手方法と設定方法について説明します。

SAP HANA, express editionには、以下の特徴があります。

費用	最大32GBのメモリーを使用するアプリケーションの構築とデプロイは無償。有償で128GBまで拡張可能。クラウドで利用する場合は別途インフラストラクチャの費用がかかる場合があります。
メモリーの制限	32GBまで無償。有償で128GBまで拡張可能
システムの配置	**非仮想環境** SuSE Linuxもしくは RedHat Linux **仮想環境** POWER 8ベースのPower Systems上のPowerVM、Windows、MacOSX、Linux等が稼働するパーソナルコンピュータ上のVMware、Oracle VirtualBox **クラウドサービス** Google Cloud Platform、Amazon Web Servicesもしくは Microsoft Azure

表5-1. SAP HANA, express editionの特徴

上記を満たす範囲において自由にSAP HANAを利用することが可能です。なお、本来SAP HANAは最適化されたハードウエア構成のもとで最大のパフォーマンスを発揮することに留意してください。

SAP HANAはアプリケーション開発に必要な各種サービスを提供するプラットフォーム製品であることは、第1章で述べましたが、SAP HANA, express editionでは利用できる機能が一部制限されていますので、以下に有効な機能と、無効な機能について掲載します。

機能	SAP HANA, express edition
OLTP/OLAP 向け ACID 機能を満たすカラムストア機能	Yes
最適化された高圧縮機能	Yes
マルチデータベースコンテナー	Yes
SAP HANA data warehousing foundation	No
SAP HANA dynamic tiering	No
マルチホスト / スケールアウト	No
バックアップ / リカバリ	Yes
システムレプリケーション	No

表 5-2.　データベースサービス

機能	SAP HANA, express edition
SAP HANA smart data access	Yes
SAP HANA streaming analytics	Yes
SAP HANA smart data integration	No
Hadoop	Yes

表 5-3.　インテグレーションサービス

機能	SAP HANA, express edition
空間情報 /GIS	Yes
予測分析 , R	Yes (PAL, R コネクタ)
グラフエンジン	Yes
テキストサーチ	Yes
テキスト、データマイニング	Yes
SAP HANA smart data quality	No
履歴データ	Yes
AFL（Application Function Library）	Yes

表 5-4.　プロセッシングサービス

機能	SAP HANA, express edition
SAP HANA extended application services	Yes
CDS（Core Data Services）	Yes
Server-side Javascript	Yes
モデリング	Yes

表 5-5.　アプリケーションサービス

機能	SAP HANA, express edition
SAP HANA studio	Yes
SAP HANA Web-based Development Workbench	Yes
SAP Web IDE	Yes*

表 5-6.　開発ツール

機能	SAP HANA, express edition
モニタリングとトラブルシューティング	Yes
SAP SAP HANA cockpit	Yes*
セキュリティ	Yes
SAP Solution Manager	No

表 5-7.　管理／セキュリティ

＊ SAP HANA, express edition では、後述する「Server + applications virtual machine」版を利用した時利用可能。

5-2 SAP HANA, express edition 構築環境の全体構成

SAP HANA, express edition はオンプレミス、クラウドサービス、いずれかの利用を選択することができます。オンプレミスの場合はLinux環境が動作するマシンにSAP HANAのインストーラーを使用してインストールする方法と、仮想ソフトウエアが稼働する環境上でSAP HANAを含むLinuxのイメージをインストールし、動作させる方法があります。本書ではこのうち、オンプレミスのサーバで稼働する仮想ソフトウエア上での環境構築について説明します。この方法であれば条件を満たせるハードウエアと仮想ソフトウエアを用意すれば、プラットフォームに依存せずに環境を構築することができます。

SAP HANAはサーバ製品であるため、SAP HANAを動作させるためにGUIは必要ありません。仮想ソフトウエア上で動作するSAP HANA, express editionもコンソールモードのLinuxで動作するように構成されています。これはSAP HANA, express editionを稼働させる環境に求めるリソースを最小限にするためでもあります。一方で操作や管理をする場合にはGUIが便利な場合があります。本書で説明する構成は以下の様になっています。

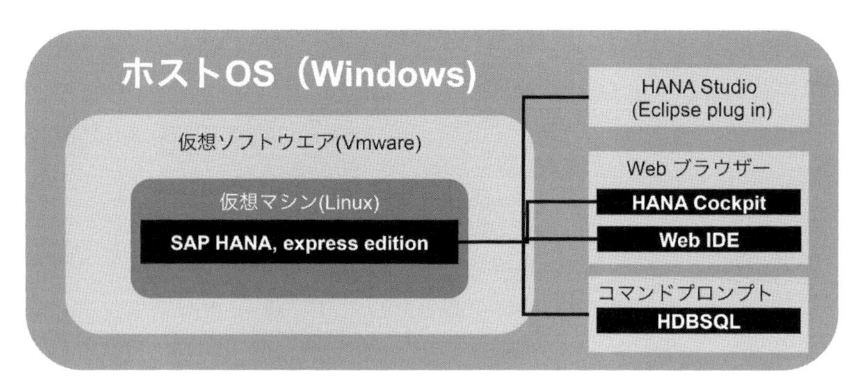

図5-1．　構成図

なお、ネットワークに関しては、使用環境によりネットワーク環境のポリシーがあると思われます。ここでは独立して閉じたネットワークで使用することを前提として解説します。

本書では仮想ソフトウエアの稼働マシンとして以下の構成で構築する方法を説明します。

Microsoft Windows

VMware Workstation Player

5-3　SAP HANA, express edition 環境構築の準備

前述の通り､事前設定済みのSAP HANAを含むLinux OSの仮想マシンイメージ（ovaファイル）を使用して、環境を構築します。この仮想マシンイメージを動作させるために必要なものは次表になります。

ハードウエア
メモリー 最低 16GB/ 推奨 24GB
コア　最低 2 コア / 推奨 4 コア
HDD 推奨 120GB 以上
ソフトウエア
Java Runtime Environment 8　ソフトウエア・ダウンロード・マネージャ利用のために
Java, Standard Edition Runtime Environment 8 (JRE8) 以上
サポートされる仮想ソフトウエア環境
VMware Workstation Player 12.x
VMware Workstation Player 7.x
VMware Workstation Pro 12.x
VMware Fusion or VMware Fusion Pro 8.x
Oracle VirtualBox　5.0.14 以上

表 5-8.

本書では JRE8 と VMware の設定に関して、解説は割愛します。本書で取り上げる SAP HANA の環境は、データベースだけでなく、アプリケーションサーバの機能も含む環境を構築するため、メモリーに関しては推奨の 24GB を用意してください。

最初に、SAP HANA, express edition の仮想マシンイメージを入手します。以下の URL を入力し、SAP HANA, express edition 専用サイトにアクセスしてください。

https://www.sap.com/japan/developer/topics/sap-hana-express.html

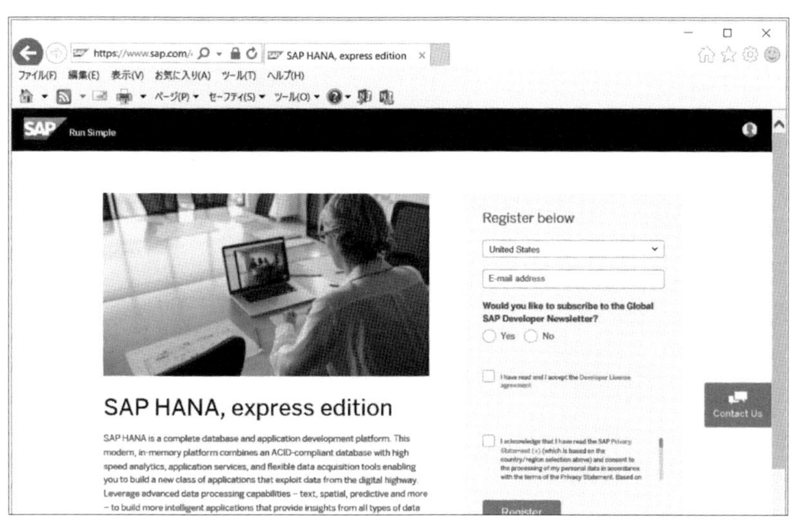

図 5-2.

このWebサイトの「無料ダウンロード」ボタンをクリックします。

図 5-3.

SAP HANA, express edition を利用するため、ユーザーの情報を登録します。登録に必要な情報は以下です。

・利用者の国名

・利用者のメールアドレス
・SAPからの関連情報の受取の可否
・SAP開発者向けニュースレターの受取の可否
・開発者用ライセンス契約への同意チェック
・国別プライバシーステートメントの確認チェック
上記の入力に問題がなければ「Register」ボタンをクリックしてください。

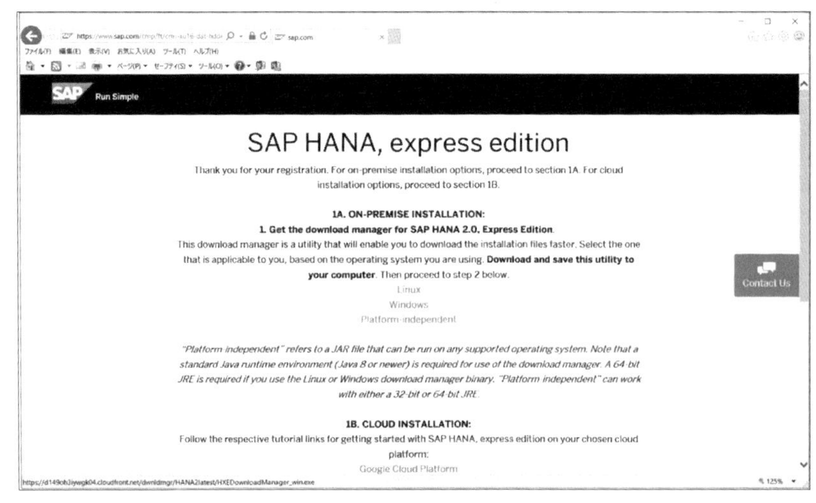

図 5-4.

上図はレジストレーションが完了した画面です。次に、「1A. ON-PREMISE INSTALLATION」の段落にある「Linux」、「Windows」、「Platform-Independent」のいずれかを選択します。これは、ホストOSの種類の選択です。本書では、Microsoft Windows上のVMware Workstation Playerを使用しますので「Windows」のリンクを選択します。MacOSの場合は、「Platform-Independent」を選択します。間もなくJAVAアプリケーションの「SAP HANA, express edition Download Manager」が起動し、ダウンロード可能なアーカイブのリストが表示されます。

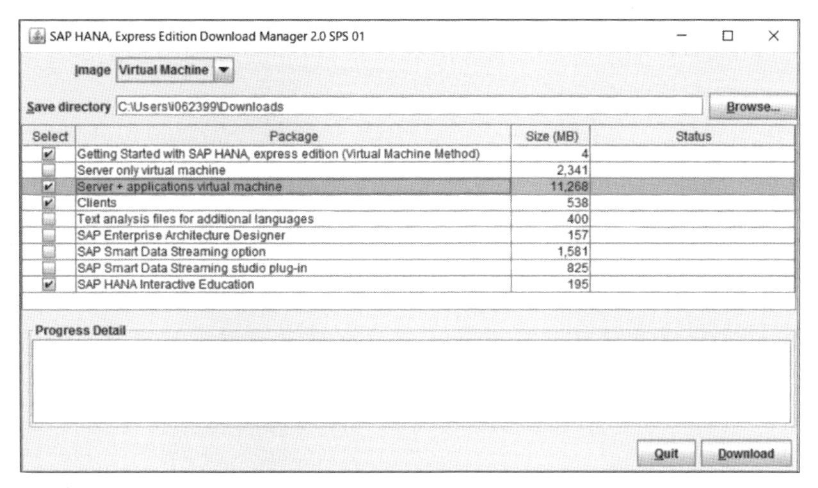

図 5-5.

Image　メニューの右にある選択ボックスに「Virtual Machine」が表示されていることを確認します。また、Save directory に任意のダウンロードフォルダを選択します。リストにあるパッケージの内容は下表の通りです。

ダウンロードイメージ名称	内容	DL
Getting Started with SAP HANA, express edition (Virtual Machine Method)	SAP HANA, express edition の VM 版利用の手引	※
Server only virtual machine	SAP HANA, express edition のデータベース機能版	
Server + applications virtual machine	SAP HANA, express edition のデータベースとアプリケーションサーバ機能版	※
Clients	SAP HANA, express edition にネットワーク経由で接続するためのクライアント	※
Text analysis files for additional languages	テキスト分析用追加言語モジュール	
SAP Enterprise Architecture Designer	ビジネスプロセスモデル、データベースモデル等のモデリングツール	
SAP Smart Data Streaming option	複合イベント処理（complex event processing）用オプション	
SAP Smart Data Streaming studio plug-in	複合イベント処理モデル作成用 Eclipse プラグイン	
SAP HANA Interactive Education	SAP HANA 用対話型学習用コンテンツ（SHINE）	※

表 5-9.

今回はこの中から表中のDL欄に※印をつけた4つのイメージをダウンロードします。「Server + applications virtual machine」版は、SAP HANA のデータベース機能に加え、アプリケーションサービスを提供するSAP HANA extended application services, advanced model が含まれています。またSAP HANA extended application services, advanced model 上でケーションとして動作する開発環境WebIDE、Web 版管理ツールSAP SAP HANA cockpit も含まれています。その他のイメージは適宜目的に合わせて利用してください。それぞれの利用方法に関しては上記でダウンロードできる「Getting Started with SAP HANA, express edition (Virtual Machine Method)」を参照してください。

ダウンロードするファイルのチェックボックスにチェックを入れ「download」ボタンをクリックします。ダウンロードが正常に完了したメッセージウインドウが表示されたら、ダウンロードフォルダを確認します。SAP HANA, express edition の仮想マシンイメージはhxexsa.ova で、Open Virtualization Format(OVF) に準拠しています。

5-4 SAP HANA, express edition の起動と停止

ダウンロードした仮想マシンイメージであるhxexsa.ova を使用してSAP HANA, express edition の環境を構成します。

5-4-1. 仮想マシンイメージの読み込み

VMware Workstation Player を起動します（それ以外の仮想ソフトウエアを使用する場合は、それぞれの環境で、該当する操作を行います。）。

メニューにある「仮想マシンを開く」をクリックします。

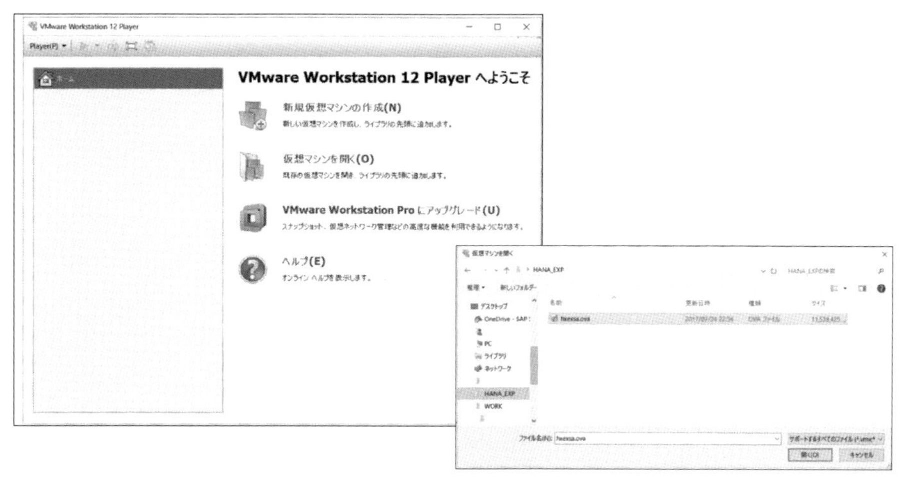

図 5-6.

ダウンロードした hxexsa.ova を選択し、「開く」をクリックします。

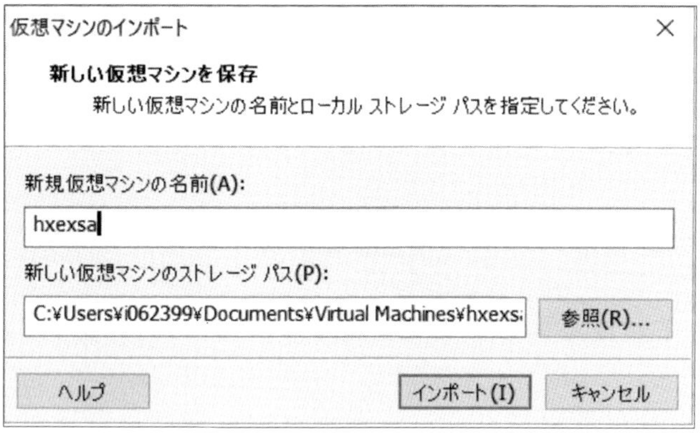

仮想マシンのインポート
新しい仮想マシンを保存
新しい仮想マシンの名前とローカル ストレージ パスを指定してください。
新規仮想マシンの名前(A):
hxexsa
新しい仮想マシンのストレージ パス(P):
C:¥Users¥i062399¥Documents¥Virtual Machines¥hxexs
参照(R)...
ヘルプ
インポート(I)
キャンセル

図 5-7.

「仮想マシンのインポート」ダイアログが開きますので、任意の新規仮想マシンの名前と適切な新しい仮想マシンのストレージパスを入力し、「インポート」をクリックします。

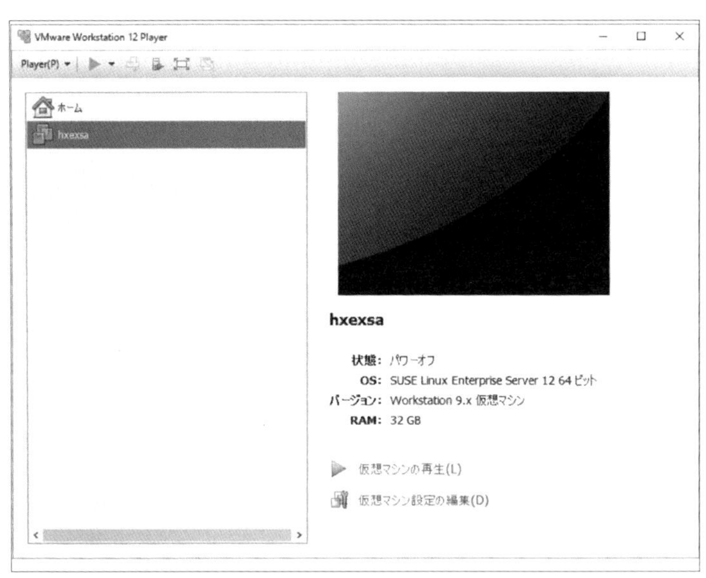

図 5-8.

インポートが完了すると、VMware Workstation Player に、インポートされた仮想マシンイメージが登録されます。これを選択し「仮想マシン設定の編集」をクリックします。ハードウエアの設定リストの中からメモリーを選択し、割当可能なメモリーを設定します。またネットワークアダプターを選択し、「ネットワーク接続」の種別を「NAT」にし、「OK」をクリックします。

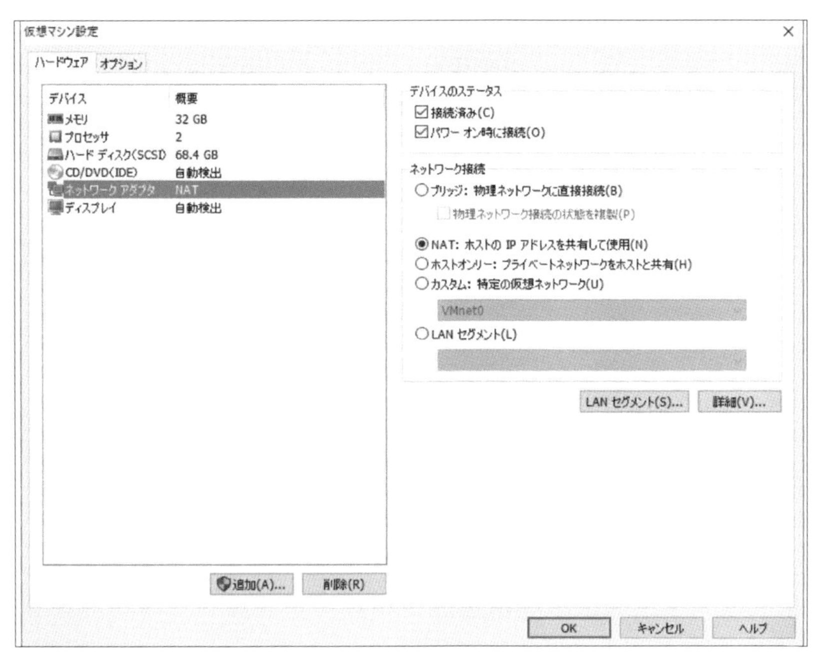

図 5-9.

5-4-2. 起動、ログイン、初期設定

初期画面に戻り、「仮想マシンの再生」をクリックします。

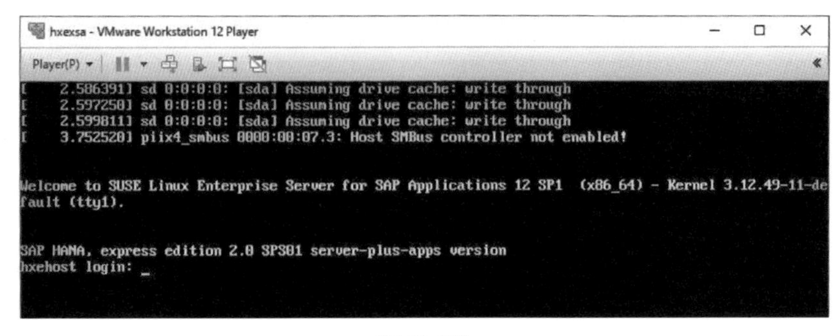

図 5-10.

Linux が CUI（コンソールモード）で起動し、ログインプロンプトが表示されると SAP HANA を稼働させる OS の起動は完了です。この Linux のホスト名は「hxehost」です。ログインプロンプトに、以下のログイン情報を入力してログインしてください。

ログイン名：hxeadm
パスワード：HXEHana1（最初のログイン時のみ有効）

なお、このLinuxログイン名「hxeadm」は、SAP HANAのSID（System ID、システムの識別子）に「adm」を加えたものになり、SAP HANA, express editionではSIDは「HXE」に固定されています。

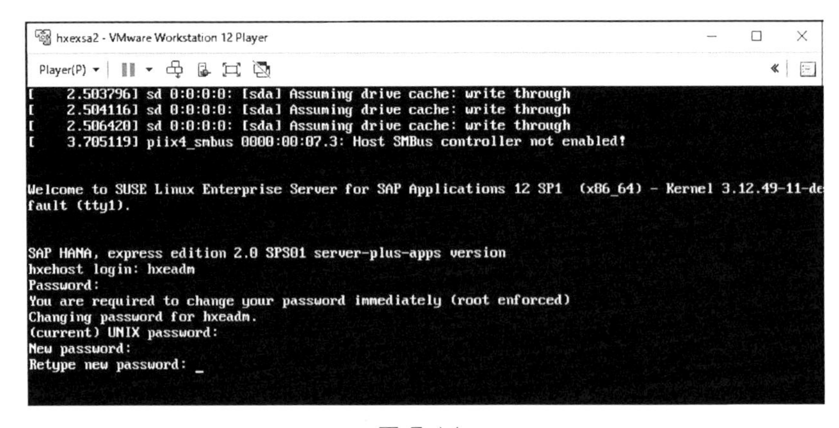

図5-11.

認証が成功すると、すぐにhxeadm用のパスワードの変更のプロセスに入ります。既存のパスワードと、新しいパスワードを決めて入力します。パスワードの決定については、5-4-5. パスワードのルールを参照してください。

current (UNIX) password : HXEHana1
New password : 任意に決めたパスワード

次に、SAP HANAのメインパスワードの設定に進みます。ここで指定したパスワードは、今後使用する以下のログインに対して有効になります。

XSA_ADMIN
XSA_DEV
XSA_SHINE
TEL_ADMIN

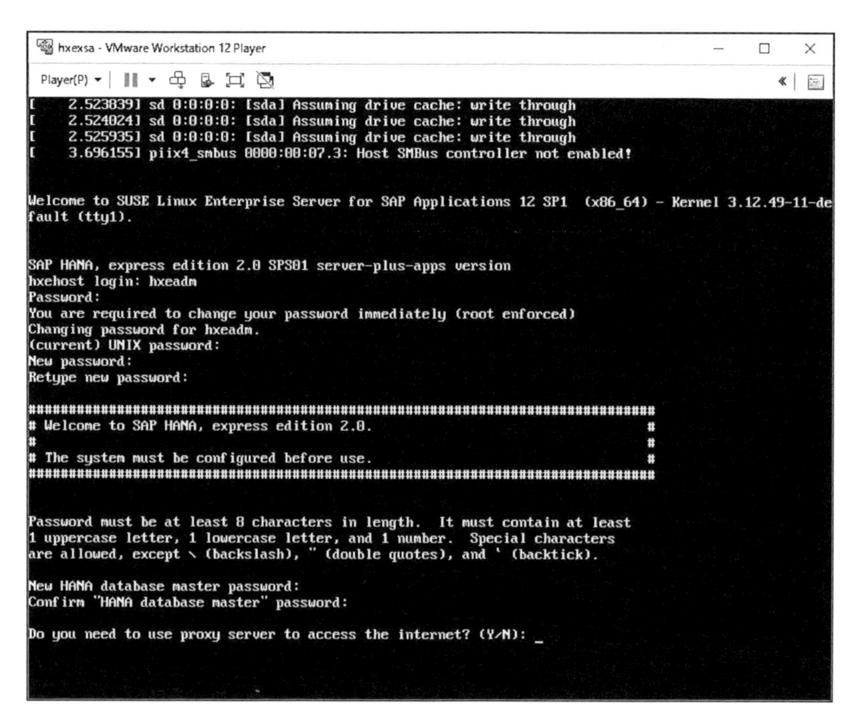

図 5-12.

先の Linux のパスワードと同じルールに基づいてパスワードを指定します。本環境がインターネットに接続する場合の Proxy Server の設定になりますので、利用する環境に基づく設定を行います。以上の設定を確認した上でこの設定を適用の可否 (Y/N) を入力すると、設定が開始され、SAP HANA, express edition の起動プロセスが開始されます。「***Congratulations! ...」の表示とともに、OS のコマンドプロンプトが戻りましたら設定作業は完了です。この最後の設定のプロセスは、最初に仮想マシンを起動した時のみ実行されます。２回目以降の仮想マシンの起動の際は、OS の起動と共に SAP HANA, express edition の起動が開始されます。

SAP HANA が起動しているかを確認するために、コマンドプロンプトで「HDB info」を実行し、以降の５つのプロセスを確認できれば、SAP HANA, express edition が利用可能です。

hdbcompileserver
hdbpreprocessor
hdbnameserver
hdbdiserver
hdbwebdispatcher

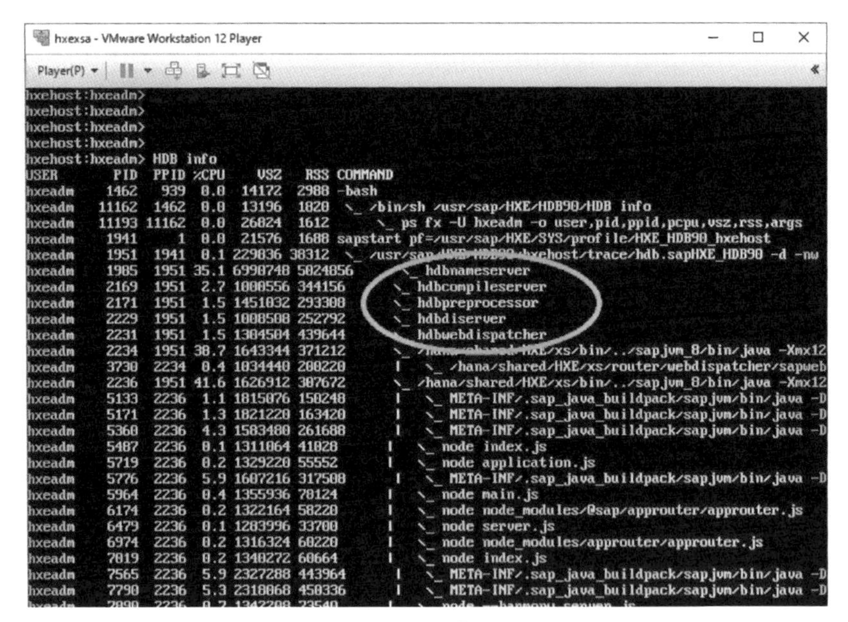

図 5-13.

もし上記の確認手順で、SAP HANA のプロセスが確認できない場合は、SAP HANA を停止後、再度起動してください。SAP HANA の起動と停止については本項の最後に記述します。

5-4-3. IP アドレスの確認と設定

これで SAP HANA, express edition を利用する環境が整いました。以降の項で仮想ソフトウエア上の SAP HANA にネットワークを介してアクセスするために、仮想ソフトウエア上の Linux に割り当てられている IP を「/sbin/ifconfig」コマンドで確認します。結果出力にある eth0 インターフェイスのリストに中にある inet addr に続く IP アドレスを確認してください。

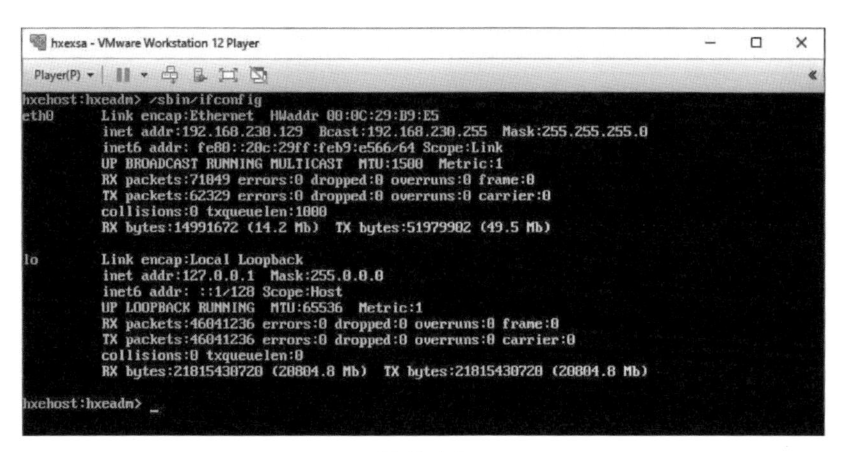

図 5-14.

このIPアドレスと、仮想ソフトウエア上のLinuxのホスト名「hxehost」を、ホストOSの「hosts」ファイルに追加することで、ホストOS上のクライアントから、TCP/IPを介して仮想ソフトウエア上のSAP HANAにアクセス可能になります。WindowsOSの場合、C:\Windows\System32\drivers\etcフォルダ下にあるhostsファイルをメモ帳等で編集します。

hosts - メモ帳
ファイル(F) 編集(E) 書式(O) 表示(V) ヘルプ(H)

```
# Copyright (c) 1993-2009 Microsoft Corp.
#
# This is a sample HOSTS file used by Microsoft TCP/IP for Windows.
#
# This file contains the mappings of IP addresses to host names. Each
# entry should be kept on an individual line. The IP address should
# be placed in the first column followed by the corresponding host name.
# The IP address and the host name should be separated by at least one
# space.
#
# Additionally, comments (such as these) may be inserted on individual
# lines or following the machine name denoted by a '#' symbol.
#
# For example:
#
#      102.54.94.97     rhino.acme.com          # source server
#       38.25.63.10     x.acme.com              # x client host

# localhost name resolution is handled within DNS itself.
#       127.0.0.1       localhost
#       ::1             localhost

192.168.230.129 hxehost
```

図 5-15.

5-4-4. SAP HANA, express editionの停止と起動

SAP HANA, express editionの環境を終了、および起動する方法について説明します。

仮想マシンのLinuxに、hxeadmユーザーでログインし、コマンドラインに次のコマンドを

入力してSAP HANAを停止します。

```
hxehost:hxeadm>  HDB stop
```

図 5-16.

コマンドラインに「hdbdaemon is Stopped」の表示が出て、コマンドプロンプトが有効になりましたら、SAP HANAは終了しています。このまま仮想マシンを停止させる場合はLinuxのshutdownコマンドを、root権限で実行するため「sudo shutdown」を実行すると、仮想マシンを終了させることができます。

```
hxehost:hxeadm>  sudo shutdown
```

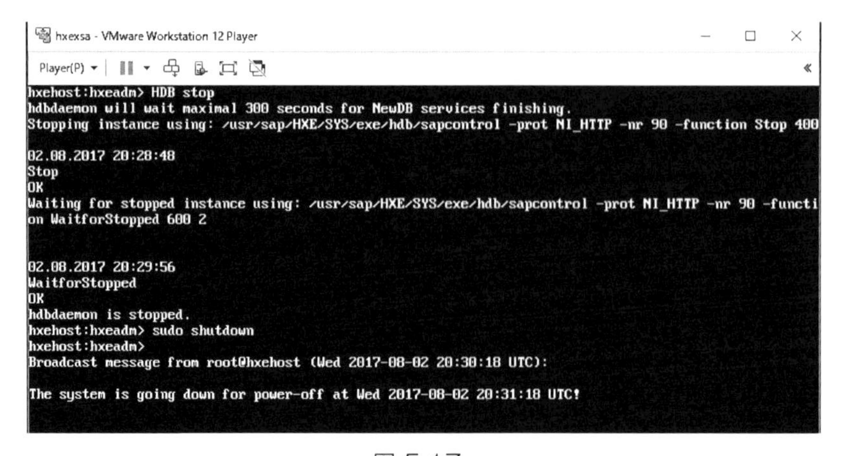

図 5-17.

SAP HANAを再度起動する場合は、コマンドラインに以下のコマンドを入力してSAP HANAを起動します。

```
hxehost:hxeadm>  HDB start
```

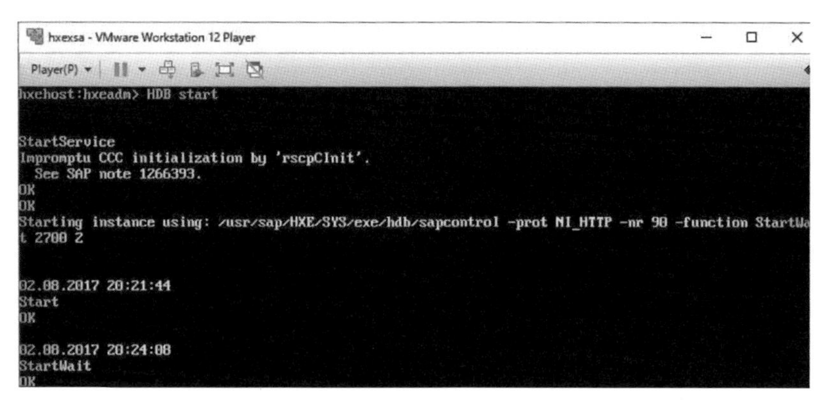

図5-18.

なお、SAP HANAの起動、停止については「4-3　SAP HANAの起動・停止」の項でも説明しています。

5-4-5. パスワードのルール

どのようなシステムでも、推察しにくいパスワードの設定は重要です。SAP HANAのパスワードの設定の標準ルールは以下の様になっています（変更も可能）。

・最低8文字以上
・1文字以上の大文字を含む
・1文字以上の小文字を含む
・1文字以上の数字を含む
・¥（バックスラッシュ）、“（ダブルクォート）、バッククォート文字を除く特殊文字
・辞書に掲載される言葉を除く
・数字またはアルファベットの昇順または降順の文字列など、容易に推察されるような値を除く

5-5 SAP HANA studio のインストール

SAP HANA の管理や、SQL の操作を行うための管理ツールである、SAP HANA studio をインストールします。SAP HANA インスタンス側の仮想マシンの LinuxOS 仮想ソフトウエア環境上の SAP HANA, express edition では GUI 環境を提供しませんので、SAP HANA studio はホスト OS 上、つまり本書では Windows 環境上にインストールします。

SAP HANA studio はオープンソースソフトウエアの統合開発環境である Eclipse にプラグインを追加することによって構成され、GUI を提供しますので、様々な管理や操作が容易になります。Eclipse 自体のインストールは、Web 上に参考になる情報が多数提供されていますので、本書では取り上げません。SAP HANA studio が利用できる Eclipse のバージョンは以下になりますので、このいずれかのバージョンの Eclipse IDE for Java EE Developers を準備してください。

Neon (バージョン 4.6)
Mars (バージョン 4.5)

5-5-1. プラグインの入手とインストール

Eclipse がインストールできたら、SAP HANA studio 用のプラグインを追加の手順に進みます。Eclipse を起動し、Welcome タブの画面が表示されたら、右上方の「Workbench」アイコンをクリックし、Eclipse のメイン画面を表示します。メニューバーの「Help」>「Install New Software...」を選択します。表示されるウィザードの「Work with：」フィールドに、以下の URL を入力してください。

Neon の場合：https://tools.hana.ondemand.com/neon/
Mars の場合：https://tools.hana.ondemand.com/mars/

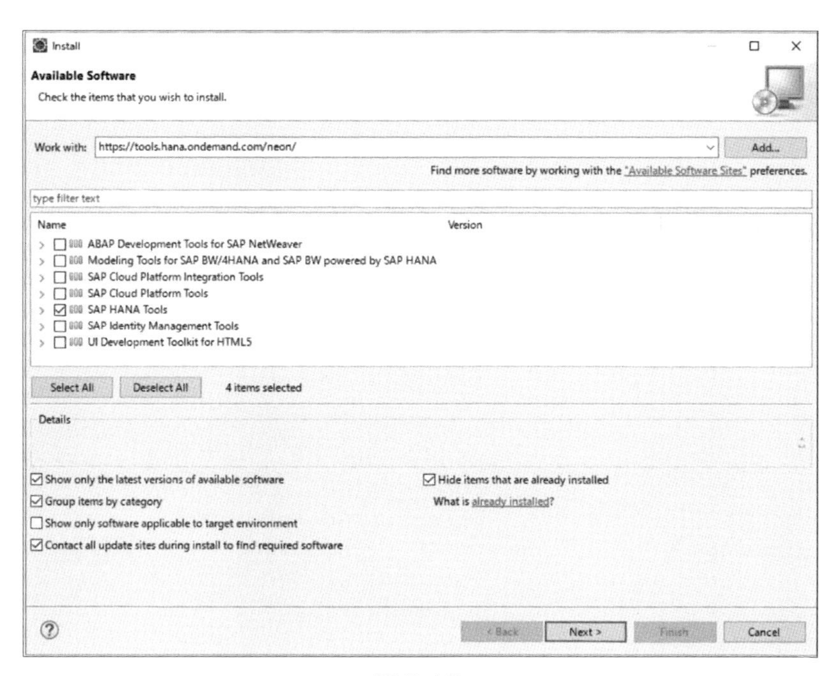

図 5-19.

URL を入力すると、追加できるプラグインのリストが表示されますので、ここから「SAP HANA Tools」を選択し、「Next」をクリック、インストールされるアイテムを確認し「Next」をクリック、最後に使用許諾契約を確認し、同意の上「Finish」をクリックするとプラグインがインストールされます。インストールが完了すると、再起動を促すダイアログボックスが表示されますので「Yes」を選択し、Eclipse を再起動します。

5-5-2. SAP HANA Administration Console のオープン

Eclipse が再起動したら、右上方の「Workbench」アイコンをクリックし、Eclipse のメイン画面を表示し、メニューバーの「Window」>「Perspective」>「Open Perspective」>「Other」をクリックし、リストボックスから「SAP HANA Administration Console」を選択し、「OK」をクリックします。

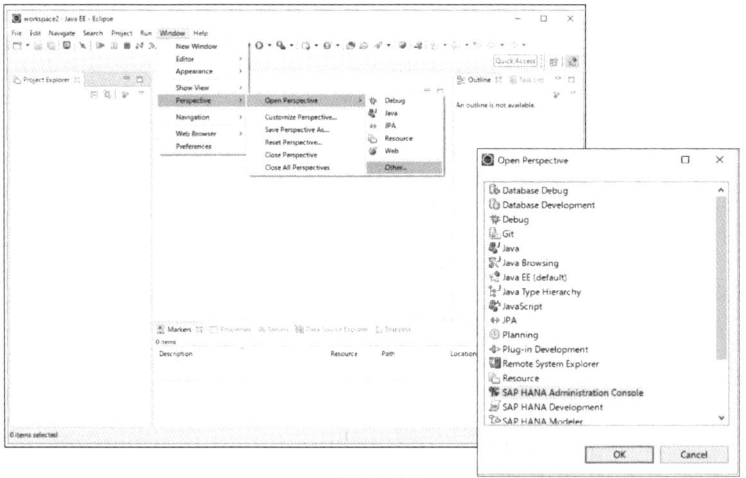

図 5-20.

ウインドウのタイトルバーに「SAP HANA Administration Console- Eclipse」が表示されます。

5-5-3. SAP HANA, express edition インスタンスへの接続

続いて起動している SAP HANA, express edition に接続します。

左ペインにある「Systems」タブのフィールド上で、右クリックしてコンテキストメニューを表示し、「Add System...」を選択します。

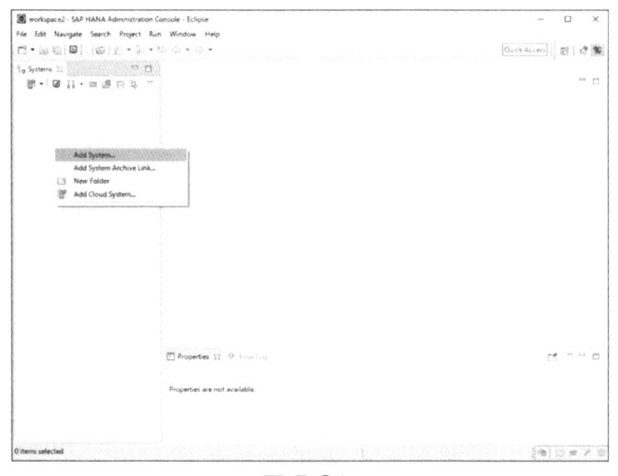

図 5-21.

表示されたダイアログボックスで以下の値を入力します。

Host Name:hxehost
Instance Number : 90
Mode : Multiple containers を選択
System database を選択

Description: 説明（オプション項目）：なし
Locale：日本語を選択
Folder：/（デフォルトのまま）

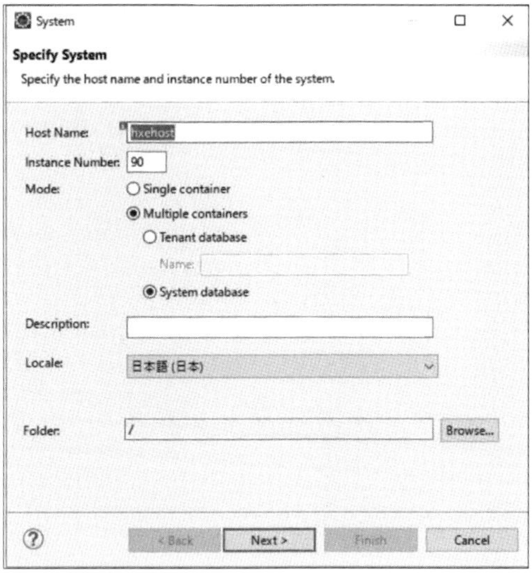

図 5-22.

入力が完了したらNextボタンをクリックします。

次の画面は接続するユーザー情報の入力です。「Authentication by database user」を選択し、User NameにSYSTEM、パスワードに設定時に指定したメインパスワードを入力して、「Next」（もしくは「Finish」で次画面をスキップも可）をクリックします。

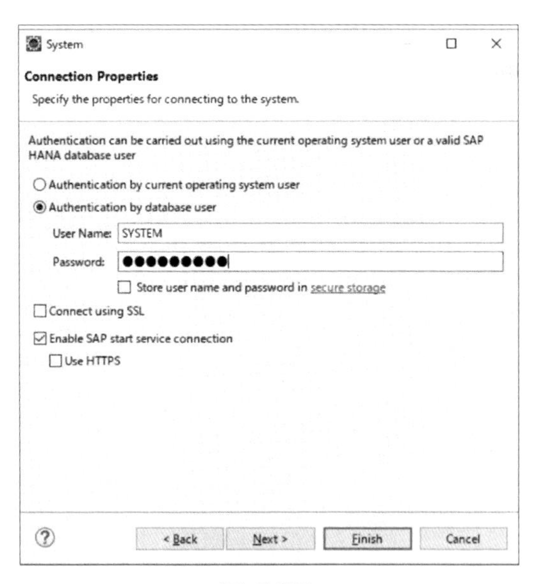

図 5-23.

接続時にオプションパラメーターの指定画面が表示されますが、今回は設定不要です。「Finish」をクリックします。

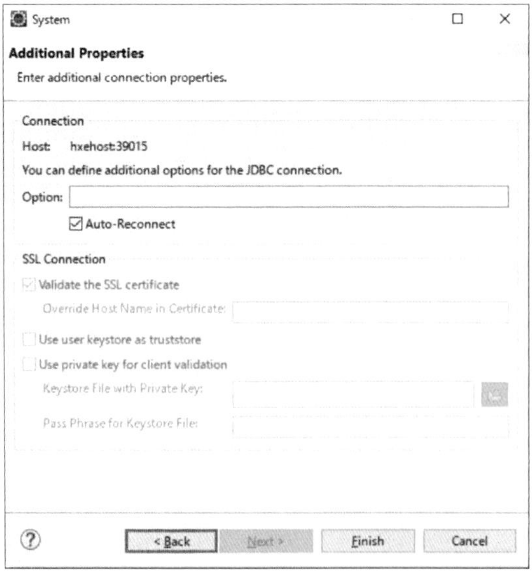

図 5-24.

Systems タブのフィールドに「SYSTEMDB」というシステム DB に接続するエントリが作成されます。

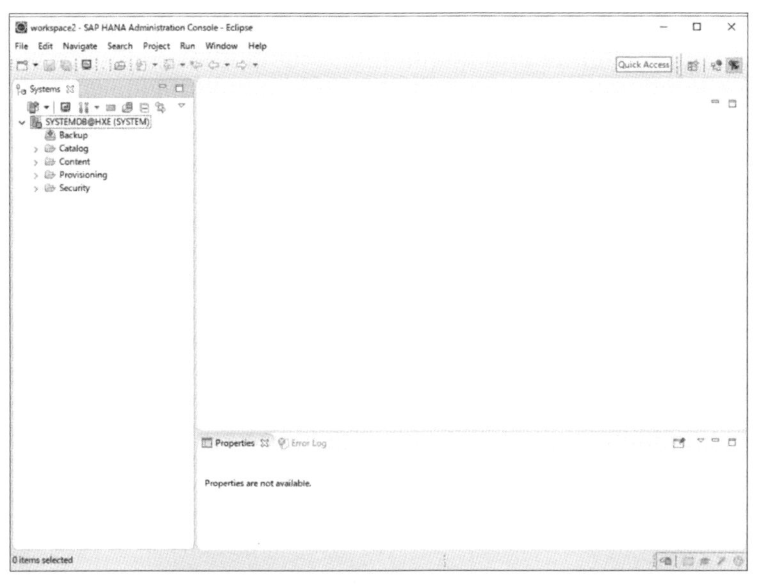

図 5-25.

追加されたエントリの最上位のアイコンをダブルクリックすると、システムの様々な情報を確認する管理画面が表示されます。現在接続している SYSTEMDB は、SAP HANA 自身の動作のためのメタデータや、様々な機能のためのデータが格納されており、ユーザーのデータを格納するには適していません（ユーザーデータを格納しないでください）。ユーザーデータは新しく作成するコンテナー DB に格納します。コンテナー DB の作成およびデータを格納する一連の手順は、後ほど、コマンドラインインタプリタの項で説明します。

なお、詳しい SAP HANA studio の操作については「4-1-3. SAP SAP HANA studio」の項でも説明しています。

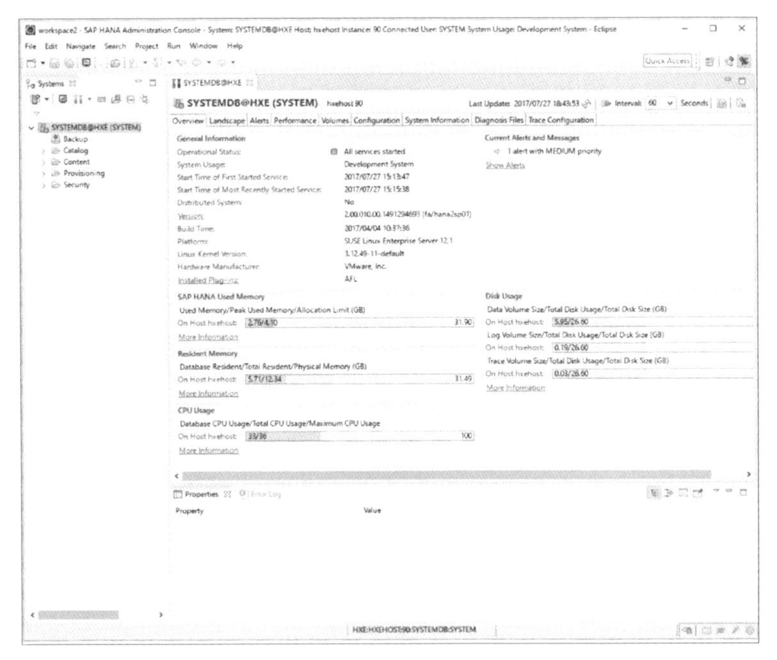

図 5-26.

5-6 SAP HANA cockpit 利用のための準備

前の項でEclipseのプラグインを使用したSAP HANA studioでSAP HANAを管理するための設定について説明しました。管理ツールとしては、SAP HANA 1.0 SPS11からWebブラウザによる管理が可能なSAP HANA cockpitも利用可能です。SAP HANA cockpitは、開発の経緯からSAP HANA extended application services, advanced modelとSAP HANA extended application services, classic modelの2種類があります。前者は、SAP HANAのアプリケーションサービスを担うモジュールですが、後者は古い仕様で互換性維持のために残されており、現在は前者の仕様が主流になっています。

SAP HANA, express editionの「Server + applications virtual machine」版のSAP HANA cockpitもSAP HANA extended application services, advanced model用のアプリケーションとして開発されています。

SAP HANA cockpitの使用方法の詳細は「4-1-1. SAP HANA cockpit」で説明していますので、ここでは、SAP HANA cockpitを利用するためのURLの確認方法を説明します。

仮想ソフトウエアで稼働しているLinuxのコンソール画面にログインし、次のコマンドでSAP HANA extended application services, advanced modelにログインします。パスワードは「5-4 SAP HANA, express editionの起動と停止」の項で設定したメインパスワードを使用します。

```
hxehost:hxeadm> xs login -u XSA_ADMIN -p "設定時に指定したメインパスワード"
-s SAP
```

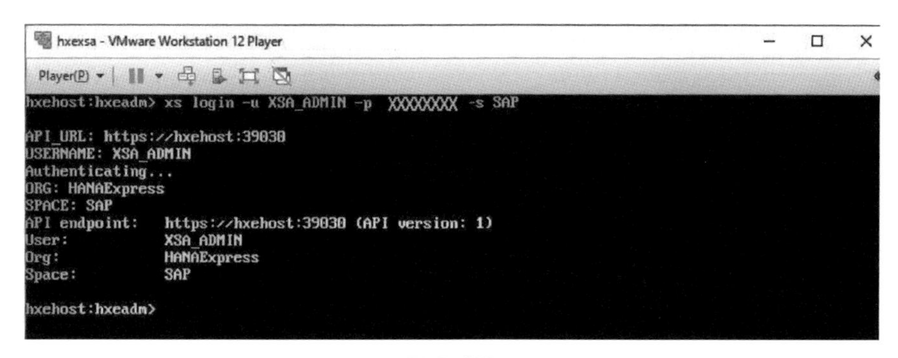

図 5-27.

正常にログインできると、各種のSAP HANA extended application services, advanced modelの情報がリストされ、Linuxのコマンドプロンプトが戻りますが、SAP HANA extended application services, advanced modelにログインした状態になります。次にSAP HANA extended application services, advanced model上のアプリケーションであるSAP HANA cockpitが起動しているか確認します。コマンドプロンプトに以下を入力します。

```
hxehost:hxeadm> xs apps
```

もしくは

```
hxehost:hxeadm> xs apps ¦ grep cockpit
```

```
hxexsa - VMware Workstation 12 Player
Player(P)
hxehost:hxeadm> xs apps | grep cockpit
cockpit-persistence-svc       STARTED        1/1        768 MB     <unlimited>    https://hxehost:
51034
cockpit-hdb-svc               STARTED        1/1        768 MB     <unlimited>    https://hxehost:
51035
cockpit-hdbui-svc             STARTED        1/1        128 MB     <unlimited>    https://hxehost:
51037
cockpit-landscape-svc         STARTED        1/1        128 MB     <unlimited>    https://hxehost:
51036
cockpit-web-app               STARTED        1/1        512 MB     <unlimited>    https://hxehost:
51038
cockpit-adminui-svc           STARTED        1/1        128 MB     <unlimited>    https://hxehost:
51039
cockpit-admin-web-app         STARTED        1/1        128 MB     <unlimited>    https://hxehost:
51040
cockpit-collection-svc        STARTED        1/1        512 MB     <unlimited>    https://hxehost:
51048
hxehost:hxeadm>
```

図 5-28.

SAP HANA extended application services, advanced modelの様々なアプリケーションがリストされ、その中から「cockpit-admin-web-app」の行を確認し、インスタンスフィールドに「1/1」が表示されていればSAP HANA cockpitを利用することが可能です。Webブラウザを起動し、上記のリストに表示されているURLを入力してSAP HANA cockpitを開始します。ログオン画面が表示されたら、以下を入力します。

HANA Username	XSA_ADMIN
HANA Password	設定時に指定したメインパスワード

ログオンすると、管理対象のデータベース情報の登録や、SAP HANA cockpitを使用するユーザーを管理するCockpit Manager画面が表示されます。SAP HANA cockpitでデータベースリソースを対象にした操作は、右下にある「Go to SAP HANA cockpit」をクリックします。より詳しいSAP HANA cockpitを使用した操作については「4-1-1.　SAP SAP HANA cockpit」の項で説明しています。

図 5-29.

5-7 SAP HANA clientのインストール

SAP HANAに対してクライアント・サーバ接続を行うためのクライアントモジュールをインストールします。これにより、ネットワークを介して異なるマシンからSAP HANAへアクセスすることが可能になります。コマンドラインによる対話式のSQLインタプリタの他、以下のアプリケーションインターフェイス用のモジュールが含まれています。

SQLDBC（SAPアプリケーション用DBのAPI）
ODBC
JDBC
Python (PyDBAPI)
Node.js
Ruby

準備の手順にてダウンロードしたイメージファイルのうちclients.zipファイルを、インストールするクライアントマシンの任意のフォルダにコピーします。本書では、SAP HANA, express editionを稼働させる仮想ソフトウエアが動作している、ホストOSのWindows上にインストールすることとします。ZIPファイルを解凍するとフォルダの中に以下のファイルが確認できます。

hdb_client_linux.tgz
hdb_client_windows.zip
xs.onpremise.runtime.client_linuxx86_64.zip
xs.onpremise.runtime.client_ntamd64.zip

Windows用のデータベースクライアントはhdb_client_windows.zipですので、このZIPファイルを解凍します。フォルダ内を確認し、SAP HANAのインストーラであるhdbsetup.exeをダブルクリックします。

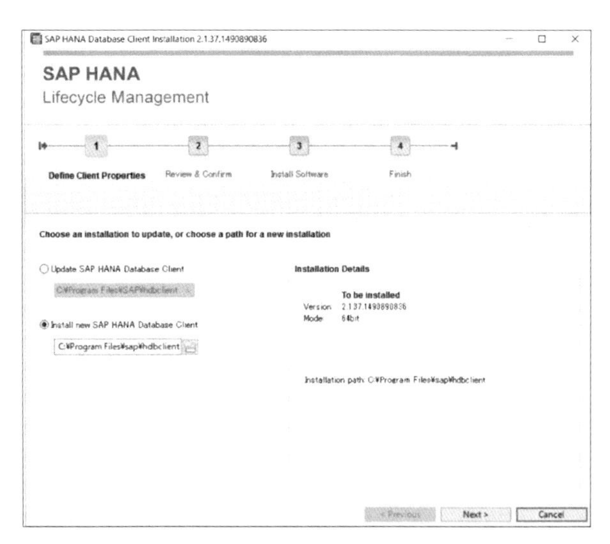

図 5-30.

SAP HANA クライアントをインストールするフォルダを選択し、「Next」をクリック、確認画面で問題なければ「Install」をクリックします。Successfully が表示されたら、インストールは完了です。「ODBC データソースアドミニストレーター」で SAP HANA に接続する DSN を定義すれば、Microsoft Excel 等から SAP HANA へアクセスが可能になります。

SQL 言語を習得されている方であれば、コマンドラインでの SQL インタプリタを利用して、SAP HANA を操作する場合もあると思いますので SAP HANA のコマンドラインによる SQL のオペレーションについて紹介します。また、SAP HANA, express edition を使って自由な操作をするための追加のユーザー DB 領域の作成についても説明します。

Windows のコマンドプロンプトを起動し、cd コマンドで、インストーラで指定したフォルダ（デフォルトの場合は C:\Program Files\sap\hdbclient）に移動します。ここで、SAP HANA の SQL コマンドインタプリタ「HDBSQL」により SAP HANA に接続します。以下のコマンドを入力してください。

```
hdbsql -n hxehost:39013 -i 90 -u SYSTEM -p パスワード
```

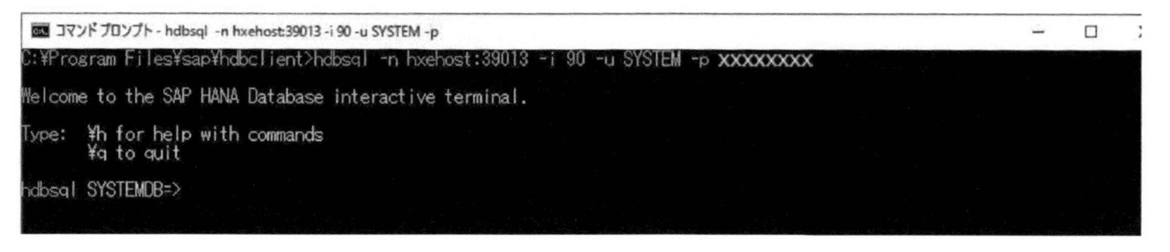

図 5-31.

オプションのスイッチの意味は以下です。

-n　接続するサーバマシン、ポート番号情報　(デフォルト：39013)

-i　インスタンス番号　(デフォルト：90)

-u　ユーザー名

-p　パスワード

-d　ログオンするテナントDB

SAP HANA の起動直後はシステム用に使われるSYSTEMDB と、SID (SAP HANA, express edition では「HXE」に固定されています) と同じ名前のテナントDB が作成されます。本章で説明する手順ではこのテナントDB「HXE」は停止した状態になっていますが、今後のSPS のリリースでは起動状態になる予定です。なお、停止しているテナントDB の起動については「4-3-3. テナントデータベースの起動方法」に示してありますので、こちらを参照してテナントDB「HXE」をご利用頂くことも可能ですが、ここでは任意に名前をつけられるようテナントDB を一つ追加し、一般ユーザーも作成して利用する手順を示します。テナントDB に関しては「3-13　マルチテナントデータベースコンテナー」の項を、また、ユーザー、スキーマについては「4-1-4 ユーザー・スキーマ作成」の項も合わせてご参照ください。

新規のテナントDB「USERDB」を作成し、SYSTEM ユーザーでログインするためのパスワードを “Welcome1” とします

```
hdbsql SYSTEMDB=> CREATE DATABASE USERDB SYSTEM USER
PASSWORD Welcome1
```

図 5-32.

コマンドプロンプトが戻りましたら、SAP HANA からログアウトします。

```
hdsql SYSTEMDB=> EXIT
```

先程作成したテナント DB に“SYSTEM“ユーザーで接続します。

```
hdbsql -n hxehost:39013 -i 90 -u SYSTEM -p Welcome1   -d USERDB
```

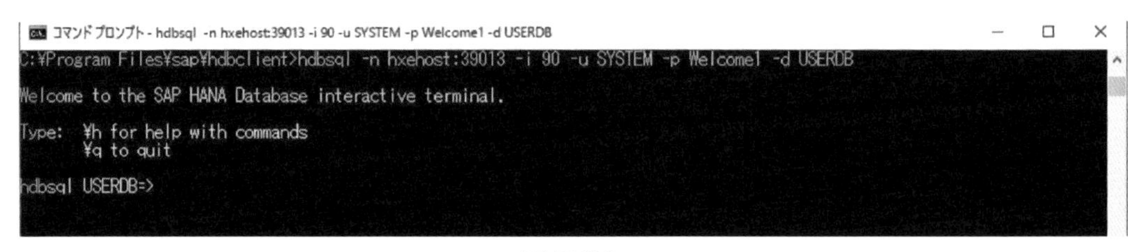

図 5-33.

このテナント DB に一般ユーザー用のログオンアカウント“USER1”を作ります。初期パスワードとして“Welcome1”を設定します。

```
hdsql USERDB=> CREATE USER USER1 PASSWORD Welcome1
```

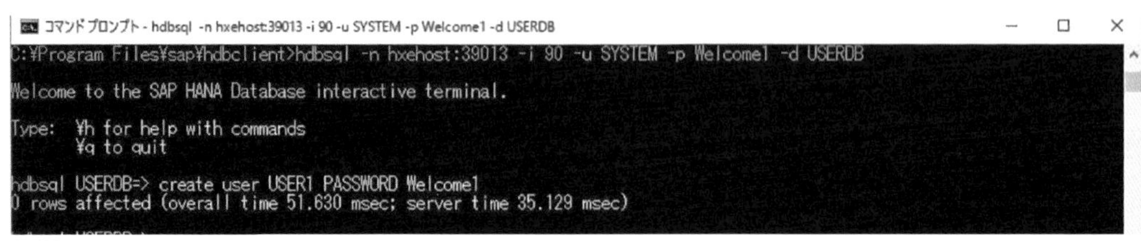

図 5-34.

コマンドプロンプトが戻りましたら、SAP HANA からログアウトします。

```
hdsql USERDB=> EXIT
```

先程作成した“USER1”で、テナント DB“USERDB”に接続します。“USER1”のログオン用パスワードは初回のみ有効で、認証直後にパスワードの変更が必要ですので、新たなパスワードを設定してください。

```
hdbsql -n hxehost:39013 -i 90 -u USER1 -p Welcome1   -d USERDB
```

```
コマンドプロンプト - hdbsql -n hxehost:39013 -i 90 -u USER1 -p Welcome1 -d USERDB
C:¥Program Files¥sap¥hdbclient>hdbsql -n hxehost:39013 -i 90 -u USER1 -p Welcome1 -d USERDB
You have to change your password.
Enter new Password:
Confirm new Password:

Welcome to the SAP HANA Database interactive terminal.

Type:  ¥h for help with commands
       ¥q to quit
```

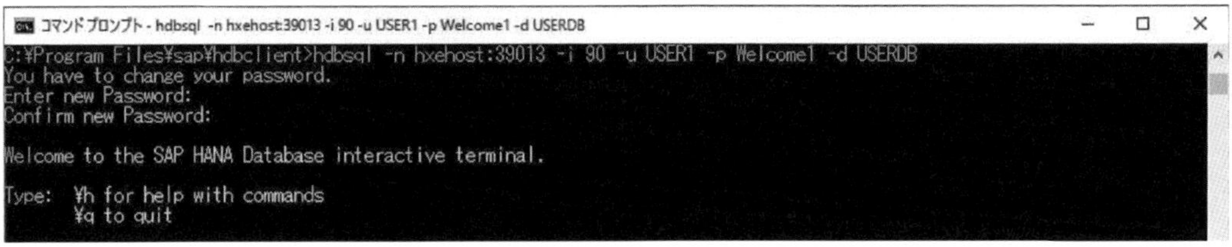

図 5-35.

以上で、ユーザー用の DB 領域（テナント DB）と、ユーザーのアカウントが作成されました。以後、ユーザーのデータを格納するテーブルの作成等を行う事ができます。

ここでテーブルを作成します。後ほどデータを確認するためのデータを一件 insert します。なお、ここで作成するのは、SAP HANA の特徴でもあるカラムストア型のテーブルになります。カラムストア型のテーブルに関しては「4-1-5. テーブル作成」で説明しています。

```
hdsql USERDB=> CREATE COLUMN TABLE TAB1
 (COL1 INT, COL2 VARCHAR(10))
hdsql USERDB=> INSERT INTO TAB1 VALUES(1,’SAP JAPAN’)
```

```
コマンドプロンプト - hdbsql -n hxehost:39013 -i 90 -u USER1 -p Welcome1 -d USERDB
hdbsql USERDB=> create table tab1(col1 int, col2 varchar(10))
0 rows affected (overall time 5978 usec; server time 2555 usec)

hdbsql USERDB=> insert into tab1 values(1,'SAP JAPAN')
1 row affected (overall time 8504 usec; server time 357 usec)

hdbsql USERDB=>
```

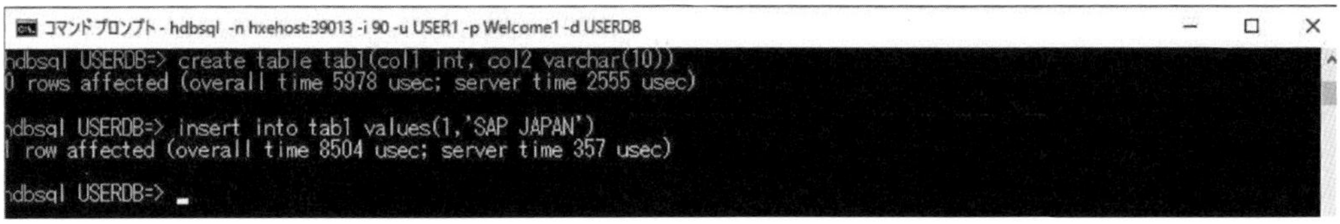

図 5-36.

ここまでのコマンドラインでの操作の結果を、SAP HANA studioから確認してみます。

SAP HANA studioを起動したら、Systemタブのフィールドで右クリックしてコンテキストメニューを表示し、「Add System」を選択します。表示されたダイアログボックスで以下の値を入力します。

Host Name:hxehost
Instance Number : 90
Mode : Multiple containersを選択
Tenant databaseを選択し、NameにUSERDBを入力

Description: 説明（オプション項目）：なし
Locale：日本語を選択
Folder：/（デフォルトのまま）

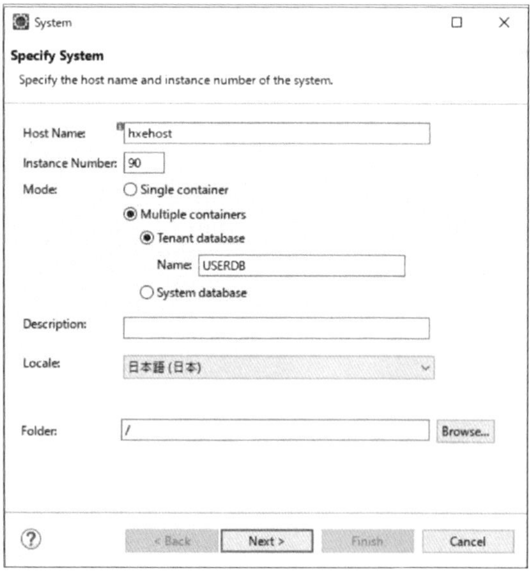

図5-37.

入力が完了したらNextボタンをクリックします。

次の画面は接続するユーザー情報の入力です。「Authentication by database user」を選択し、User NameにUSER1、パスワードに先程HDBSQLのログオン時に変更したパスワードを入力して、「Next」（もしくは「Finish」で次画面をスキップも可）をクリックします。

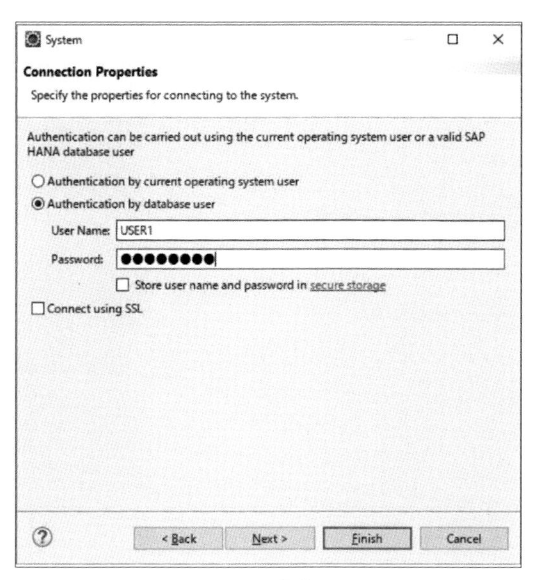

図 5-38.

接続時にオプションパラメーターの指定画面が表示されますが、今回は設定不要です。「Finish」をクリックします。

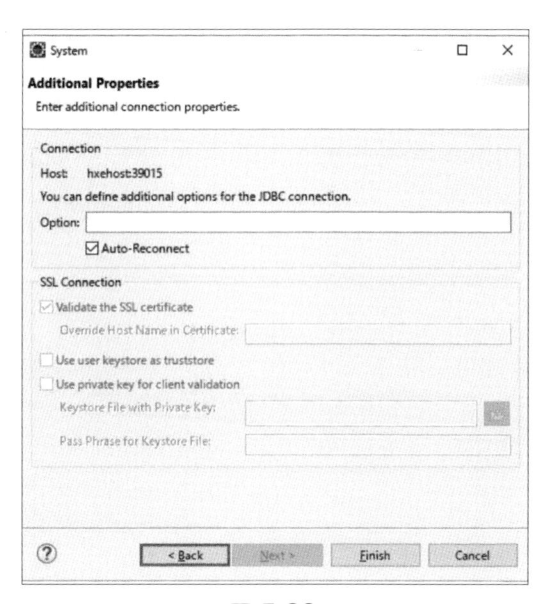

図 5-39.

System タブのフィールドに、USERDB の管理用のアイコンが追加され、スキーマが格納されている「Catalog」フォルダを展開すると、「USER1」スキーマが確認できます。このアイコンをダブルクリックし、オブジェクトの格納フォルダのうち「Tables」フォルダをダブルクリックすると、先程 SQL コマンドで作成した「TAB1」テーブルが確認できます。また、この TAB1 テーブルを右クリックしてコンテキストメニューを表示し「Open Data Preview」を選択すると、右のペインにデータが表示されます。

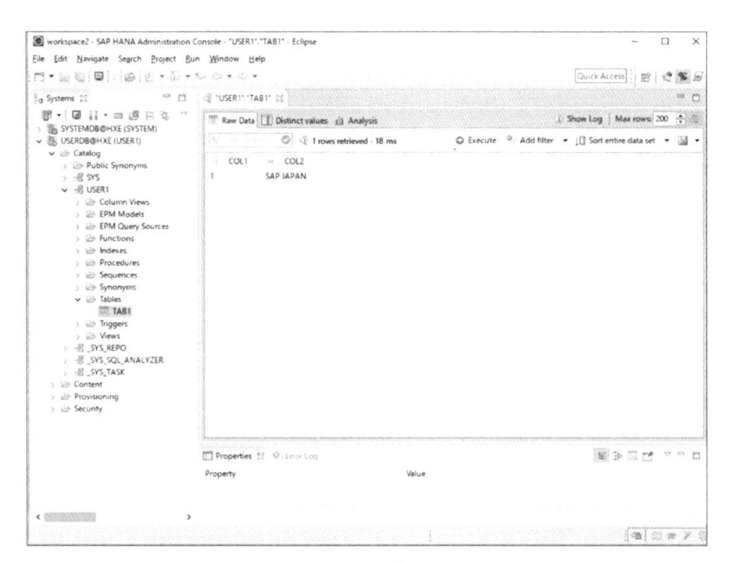

図 5-40.

SAP HANA studio の GUI 環境から SQL コマンドを実行する場合は、USERDB の管理用のアイコンを右クリックして表示されるコンテキストメニューから「Open SQL Console」を選択します。

5-8 SAP Web IDE 利用の準備

SAP Web IDE は SAP HANA のアプリケーション開発を強力に支援する Web ベースの統合開発環境です。ウィザード、テンプレート、グラフィカルエディタ、モデラー等を使用して、アプリケーションの作成、デバッグ、テスト、拡張、展開を行うことができます。SAP Web IDE によりデータベース内で動作するストアドプロシージャや、インフォメーションビューの作成、SAP HANA のアプリケーションサービスで動作する JavaScript アプリケーションや

HTML5の技術をベースとしたSAP FioriによるWebアプリケーションを作成して、モバイルデバイスで利用することもできます。

SAP Web IDEを利用するために、アプリケーションの起動を確認します。「5-6 SAP HANA cockpit利用のための準備」の項で説明した、SAP HANA extended application services, advanced modelにログインした状態で、SAP HANA extended application services, advanced model上のアプリケーションのSAP Web IDEが起動しているかどうかを確認します。

```
hxeadm:hxehost > xs apps
```

もしくは

```
hxeadm:hxehost > xs apps ¦ grep webide
```

```
hxexsa - VMware Workstation 12 Player
Player(P)
hxehost:hxeadm> xs apps | grep webide
webide                    STARTED         1/1         512 MB     <unlimited>    https://hxehost:
53075
hxehost:hxeadm>
```

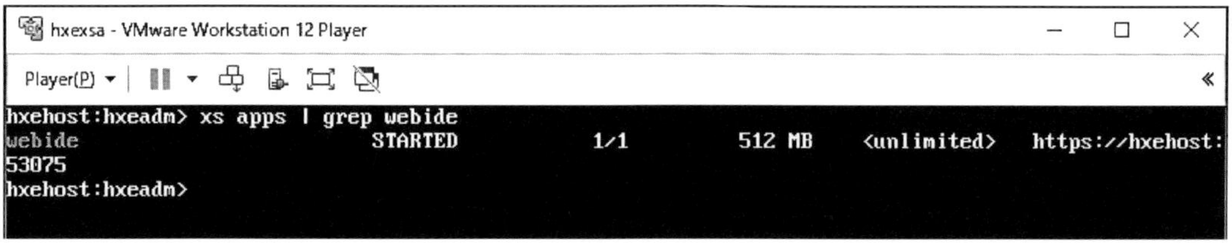

図5-41.

「webide」の行を確認し、インスタンスフィールドに「1/1」が表示されていればSAP Web IDEを利用することが可能です。Webブラウザを起動し、上記のリストに表示されているURLを入力してSAP Web IDEを開始します。ログオン画面が表示されたら、ユーザー名とパスワードを入力します。

HANA Username	XSA_DEV
HANA Password	設定時に指定したメインパスワード

ログオンすると、次の様な画面が表示されます。

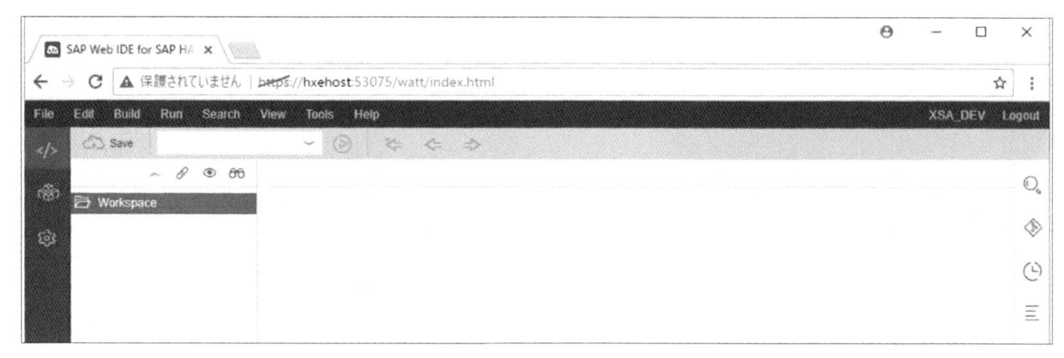

図 5-42.

SAP Web IDE の使い方、チュートリアルに関して、SAP HANA のクラウドサービスである SAP　Cloud Platform を使用したものですが参考になる情報が以下のサイトにて提供されています。こちらも参考にしてください。

https://www.sap.com/japan/developer/topics/sap-webide.tutorials.html

図 5-43.

5-9 SAP HANA用対話型学習用コンテンツ(SHINE)

SAP HANA Interactive Education（SHINE）は、SAP HANA アプリケーションサービス上で実行されるアプリケーションの開発、配布の方法を学習するための教育コンテンツです。SHINE により、新たな SAP HANA アプリケーション開発を目指す方に、効率的に開発方法を学習することができます。 SHINE コンテンツは、SAP が提供する EPM（Enterprise Procurement Model）フレームワーク上に設計、構築されており、実際のエンタープライズ・ユース・ケースに基づくデータ・モデル、表、ビュー、ダッシュボードなどを含んでいます。

準備の手順にてダウンロードしたイメージファイルのうち shine.tgz ファイルを、仮想ソフトウエア上 Linux の任意のローカルディレクトリにコピーします。shine.tgz ファイルがホスト OS の Windows 上にある場合は、SFTP プロトコルをサポートするツール等を利用して、Linux に転送してください。転送が完了したら、Linux のコンソールから以下のコマンドで、ファイルを解凍します。

```
hxeadm:hxehost > tar zxvf shine.tgz
```

TGZ ファイルを解凍すると HANA_EXPRESS_20 というディレクトリが作成され、その中に以下が確認できます。

```
DATA_UNITS     <ディレクトリ>
install_shine.sh
```

ここに含まれるインストール用の shell コマンドを、Linux のコマンドプロンプトから実行します。

```
hxeadm:hxehost > ./install_shine.sh
```

```
hxexsa - VMware Workstation 12 Player
Player(P)
hxehost:hxeadm> ./install_shine.sh
Enter HANA instance number [90]:
Enter "System database user (SYSTEM)" password :
Enter "XSA administrator (XSA_ADMIN)" password :
Enter "SHINE user (XSA_SHINE)" password :

###############################################################################
# Summary before execution                                                    #
###############################################################################
HANA, express edition installer : /tmp/SHINE/HANA_EXPRESS_20
  Component(s) to install     : SHINE
  HANA system ID              : HXE
  HANA instance number        : 90
  System database pasword     : ********
  XSA administrator password  : ********
  SHINE user password         : ********
Proceed with installation? (Y/N) :
```

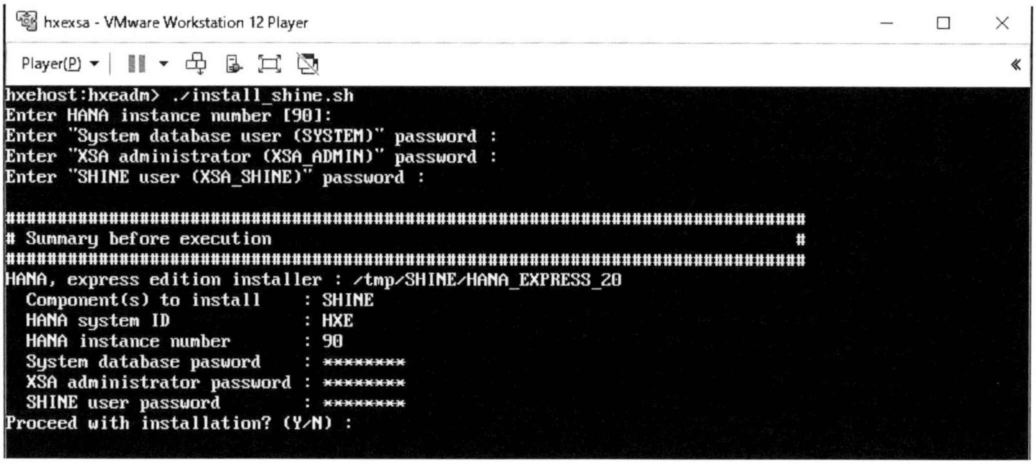

図 5-44.

インストールに必要な以下の情報を入力します。

```
HANA instance number [90]:                 何も入力せずに Enter（デフォルト [90] を使用）
System database user (SYSTEM) password:   設定時に指定したメインパスワード
XSA Administrator (XSA_ADMIN) password:   設定時に指定したメインパスワード
SHINE user (XSA_SHINE) password:          設定時に指定したメインパスワード
```

入力すると、設定の確認画面の後、インストールの実行の可否を確認されますので、「y」を入力し、インストールを開始します。

インストールの経過出力の中に「Installation of archive file ～ファイルパス略～ finished successfully」が現れ、コマンドプロンプトが戻りましたら、インストールは完了です。

SHINEは、SAP HANAのアプリケーション開発の学習用コンテンツとして、SAP HANA1.0から提供されています。現在、SAP HANAのアプリケーションサーバとして、SAP HANA extended application services, classic model と SAP HANA extended application services, advanced modelが利用できますが、SHINEには、各アプリケーションサーバ向けのコンテンツがあり、それぞれオンラインマニュアルが用意されています。また、SAP HANA extended application services, classic model版のSHINEを利用するチュートリアルが、openSAPで提供されています。

本書巻末の補足に記載されているSAP HANAプラットフォームオンラインマニュアル、およびopenSAPのURLにアクセスして、SHINEの詳細を確認し、SAP HANAの学習に役立ててください。

補足

オンライン技術情報の紹介

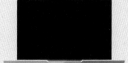

補足 オンライン技術情報の紹介

● SAP HANA プラットフォーム オンラインマニュアル

https://help.sap.com/viewer/p/SAP_HANA_PLATFORM

● SAP HANA ExpressEdition 専用サイト

https://www.sap.com/japan/developer/topics/sap-hana-express.html

● SAP HANA 専用 YouTube チャンネル　SAP HANA Academy

https://www.youtube.com/user/saphanaacademy

● openSAP SAP が提供するオープンオンラインコース(SAP HANA トピック)

https://open.sap.com/courses?topic=SAP%20HANA

● SAP HANA In-Memory Computing Community

https://www.sap.com/japan/community/topic/hana.html

● SAP HANA Developer web site: チュートリアル

https://www.sap.com/developer/topics/sap-hana.tutorials.html

● SAP HANA 認定ハードウエア情報

https://www.sap.com/dmc/exp/2014-09-02-hana-hardware/enEN/index.html

● SAP HANA ブログ

https://www.sapjp.com/blog/archives/tag/sap-hana

● SAP のトレーニングと認定資格

https://www.sap.com/japan/training-certification.html

● SAP HANA on IBM Power Systems ご紹介サイト

https://ibm.biz/BdjjzS

● SAP HANA on IBM Power Systems 技術文書掲載サイト

https://ibm.biz/Bdjjfi

● SAP HANA 向けプラットフォーム 特設サイト

https://ibm.biz/BdjjzQ

● IBM Solution for SAP HANA 紹介サイト

https://ibm.biz/Bdjjqy

● SAP HANA on IBM Power Systems に関する IDC レポートの紹介サイト

～ SAP HANA、SAP S/4HANA のためのハードウェアの新たな選択肢～

http://wp.techtarget.itmedia.co.jp/contents/?cid=23853

● 導入事例の紹介サイト

https://ibm.biz/Bdjjze

● 導入事例ビデオの紹介サイト

https://www.youtube.com/watch?v=7oSxn0ZPz1E

● SAP & IBM アライアンス紹介サイト

https://ibm.biz/BdjjzA

● SAP & IBM アライアンス Twitter サイト

https://ibm.biz/BdHxg6

【SAP HANA on Power Systems 索引】

本書内容に関するお問い合わせについて

このたびは翔泳社の書籍をお買い上げいただき、誠にありがとうございます。弊社では、読者の皆様からのお問い合わせに適切に対応させていただくため、以下のガイドラインへのご協力をお願い致しております。下記項目をお読みいただき、手順に従ってお問い合わせください。

●ご質問される前に

弊社 Web サイトの「正誤表」をご参照ください。これまでに判明した正誤や追加情報を掲載しています。

正誤表　http://www.shoeisha.co.jp/book/errata/

●ご質問方法

弊社 Web サイトの「刊行物 Q&A」をご利用ください。

刊行物 Q&A　http://www.shoeisha.co.jp/book/qa/

インターネットをご利用でない場合は、FAX または郵便にて、下記“翔泳社 愛読者サービスセンター”までお問い合わせください。電話でのご質問は、お受けしておりません。

●回答について

回答は、ご質問いただいた手段によってご返事申し上げます。ご質問の内容によっては、回答に数日ないしはそれ以上の期間を要する場合があります。

●ご質問に際してのご注意

本書の対象を越えるもの、記述個所を特定されないもの、また読者固有の環境に起因するご質問等にはお答えできませんので、あらかじめご了承ください。

●郵便物送付先および FAX 番号

送付先住所 〒160-0006　東京都新宿区舟町 5　FAX 番号 03-5362-3818

宛先（株）翔泳社 愛読者サービスセンター

※本書に記載された URL 等は予告なく変更される場合があります。

※本書の出版にあたっては正確な記述につとめましたが、著者や出版社などのいずれも、本書の内容に対してなんらかの保証をするものではなく、内容やサンプルに基づくいかなる運用結果に関してもいっさいの責任を負いません。

※本書に記載されている会社名、製品名はそれぞれ各社の商標および登録商標です。

※本書では TM、®、© は割愛させていただいております。

【著者】
SAP HANA on Power Systems 出版チーム

池口大輔
江口仁志
久野朗
近藤祥行
境直人
新久保浩二
鳥谷健史
花木敏久
弘中信夫
矢川文久

Editorial & Design by Little Wing

SAP HANA入門
Powered by IBM Power Systems

2017年9月30日　初版第1刷発行（オンデマンド印刷版 Ver.1.0）

著　　者　SAP HANA on Power Systems 出版チーム
発 行 人　佐々木 幹夫
発　　行　株式会社翔泳社（http://www.shoeisha.co.jp）
印刷・製本　大日本印刷株式会社

ISBN978-4-7981-5488-6　　Printed in Japan